鄂尔多斯盆地富水致密砂岩气藏高效开发技术与实践
——以苏75区块为例

赵立平 付亮亮 李祖兵◎等著

石油工业出版社

内容提要

本书以鄂尔多斯盆地苏里格气田的苏 75 区块致密砂岩气藏为例,详细介绍了该气藏的地质特征和气藏工程特征,总结、凝练了该富水致密砂岩气藏在不同开发阶段中的储层评价、气水分布刻画、有利目标优选、气藏产能评价、储量动用评价及井网优化等技术,以及高效开发的实践措施。形成的技术及开发实践经验对该气藏目前及未来一段时间内的开发都有指导意义,对国内外具有类似地质条件及气藏特征的致密砂岩气藏的开发也具有重要的借鉴意义。同时,本书可为具有类似沉积特征、气藏工程特征的其他碎屑岩气藏的高效开发提供借鉴。

本书可供从事致密砂岩气藏储层评价、地质甜点优选及高效开发有水气藏理论研究的科研与管理人员阅读,还可作为从事非常规天然气勘探开发的相关院校或科研机构参考用书。

图书在版编目(CIP)数据

鄂尔多斯盆地富水致密砂岩气藏高效开发技术与实践:以苏 75 区块为例 / 赵立平等著. -- 北京:石油工业出版社,2025.4. --ISBN 978-7-5183-7079-5

Ⅰ.P618.130.8

中国国家版本馆 CIP 数据核字第 2024KK0064 号

出版发行:石油工业出版社
（北京安定门外安华里 2 区 1 号楼　100011）
网　　址:www.petropub.com
编辑部:（010）64523708　　图书营销中心:（010）64523633
经　　销:全国新华书店
印　　刷:北京中石油彩色印刷有限责任公司

2025 年 4 月第 1 版　2025 年 4 月第 1 次印刷
787×1092 毫米　开本:1/16　印张:15.75
字数:410 千字

定价:150.00 元
（如出现印装质量问题,我社图书营销中心负责调换）
版权所有,翻印必究

《鄂尔多斯盆地富水致密砂岩气藏高效开发技术与实践——以苏 75 区块为例》

编 写 组

组　　长：赵立平
副 组 长：付亮亮　李祖兵
成　　员：孟　杰　刘　冀　杜泽宏　庞　进　闫林林
　　　　　王　亮　陈　力　王　萌　荆志强　赵　克
　　　　　李宁涛　沈家训　张桂萍　涂先俊　张　震

前 言

致密砂岩气是目前开发规模最大的非常规天然气之一，蕴藏着丰富的地质储量，是现在和未来一定时期主要的天然气开采对象。中国石油第四次油气资源评价结果表明，我国陆上致密砂岩气地质资源主要分布在鄂尔多斯盆地、四川盆地、松辽盆地与塔里木盆地，累计地质资源量达 $20.92\times10^{12}m^3$。其次是准噶尔盆地、吐哈盆地和渤海湾盆地，累计地质资源量达 $1.08\times10^{12}m^3$。其中，鄂尔多斯盆地上古生界是致密砂岩气分布的主体区，资源总量占我国陆上致密气资源的 60%，但目前的探明率仅为 30.5%，具有很大的资源潜力。因此加快致密砂岩气藏的勘探开发是石油工业未来发展的一个重要领域，总结、凝练鄂尔多斯盆地致密砂岩气的高效开发技术不仅可以丰富非常规油气藏的勘探开发理论，还可以为国内外同类气藏的开发起到借鉴和参考的作用。

苏里格气田位于鄂尔多斯盆地伊陕斜坡北部，2022年产量突破 $300\times10^8m^3$，是我国目前发现的规模最大的致密砂岩气田。主力含气层系为古生界二叠系下石盒子组盒8段和山西组山1段，地层厚度介于 $100\sim140m$。储层整体非均质性强，低渗透、低压、低丰度的特征明显。平面上分为东区、中区、西区、南区、苏东南和道达尔国际合作6个区域。随着苏里格气田勘探开发的持续推进，逐步探索形成了大型致密砂岩气藏准连续成藏理论，即大面积准连续分布成藏，无明确气藏边界；广覆式生烃，弥漫式充注；气水关系复杂，无明显边底水；气藏分布基本不受构造控制。在该理论的指导下，中区和东区的储量实现了快速动用，为苏里格气田上产 $300\times10^8m^3/a$ 作出了重要贡献，在致密砂岩气藏开发领域取得了令世人瞩目的成就。然而随着气田开发工作的不断深入，开发规模及开发范围的不断扩大，在苏里格气田西区的开发过程中，气井投产普遍出水，生产阶段压力和产量下降快，标定单井 EUR 远低于效益开发指标，属于典型的富水区气藏或富水气藏。开发实践证实，在富水气藏区域的大背景下局部发育有高产富集条带，在以中区为例的富集区内又零散发育富水条带，这种独特的气水分布规律和异常复杂的气水关系用现有的准连续成藏理论已无法完全解释。总之，富水气藏的成因机制和富集规律的再认识，对气田年度效益建产任务完成乃至实现苏里格气区的长期稳产至关重要。

苏里格西区剩余未动用储量 $7300\times10^8m^3$，2022年产气 $42.8\times10^8m^3$，储层气水关系复杂，气井普遍高产水。储层为多层透镜状，单层厚2~5m，单井3~5层，直井前三年日产 $0.9\times10^4m^3$，气井平均 EUR $1300\times10^4m^3$，总体平均水气比 $1.4m^3/10^4m^3$ 左右。

苏75区块位于鄂尔多斯盆地苏里格气田西区北部，南北长约65km，东西约宽19.6km，总面积989km^2，是华北油田2008年在苏里格气田第二期合作开发中标区块，是典型的富水致密砂岩气藏。苏75区块早期评价的天然气地质储量为 $1157.7\times10^8m^3$。其中，盒8段地质储量 $809\times10^8m^3$，占比69.9%；山西组地质储量 $348.7\times10^8m^3$，占比30.1%。开发方案设计区块年产气量 $8\times10^8m^3$，稳产20年。2008年6月开始区域评价，钻井71口。其中探井10口，评价井20口，开发井41口。2009—2010年规模建产，实施钻井120口，取得了"一年评价、两年建成 $8\times10^8m^3/a$ 规模"的成绩。2011—2022年年底，实现连续12年稳产 $8\times10^8m^3$，累计生产天然气 $103.22\times10^8m^3$，在陆上第一大气田开发进程中，打造了华北油田的一张靓丽名片。苏75区块的高效开发实例，在中国石油天然气股份有限公司组织的专家研讨会上，得到与会专家的一致认可，成为富水致密砂岩气藏高效开发的示范区。

随着区块开发工作的不断深入，优质储量动用殆尽，低效井逐年增加，开发技术亟须升级。特别是气藏逐步暴露出的富水区未动用储量大，区块积液井逐年增加等亟须高效开发技术和实施综合治理等问题。截至2021年底，区块储量复算及储量分类动用统计结果表明，区块探明储量由复算前的 $915\times10^8m^3$ 修正为 $850\times10^8m^3$，其中已动用 $350\times10^8m^3$，剩余储量 $500\times10^8m^3$。Ⅰ类储量已动用 $179.78\times10^8m^3$，未动用储量 $30.04\times10^8m^3$；Ⅱ类储量已动用 $112.23\times10^8m^3$，未动用 $124.14\times10^8m^3$；Ⅲ类储量已动用 $76.93\times10^8m^3$，未动用储量 $214.87\times10^8m^3$；Ⅳ类储量 $130.97\times10^8m^3$，目前处于未动用状态。区块目前产建区域主要集中在Ⅰ、Ⅱ类储量区，剩余未动用储量绝大部分处于富水区，评价开发难度大。区块积液井从2011年135口，攀升至2021年463口，积液井占比逐年增加，加剧了区块稳产的难度，亟须开展积液井综合治理。

尽管气藏经过近15年的高效开发实践，在前期开发过程中取得了一些研究成果及开发经验。但随着开发的不断深入，气藏特征及气藏流体的空间展布已发生了明显的变化，与气藏早期开发的认识完全不同，先期的研究成果及技术手段已不能完全适应于目前的生产要求。为此，非常有必要对前期开发过程中形成的开发技术及高效开发实践经验进行凝练和总结，特别是在高含水状况下的天然气富集区的优选技术、储层评价技术、气水空间分布刻画技术、气藏产能评价技术、储量动用评价技术及井网优化技术等对气藏目前及未来一段时间内实现高效开发都有借鉴意义。

在气藏高效开发的 15 年中，对气藏的地质特征、气藏工程特征及开发技术均已开展过大量的研究与实践工作，取得了较为丰硕的研究成果和开发经验。为使气藏在未来一段时间内仍然保持高效地开发，华北石油管理局有限公司苏里格勘探开发分公司组织了一批曾参与该区块地质评价、井位部署、储层改造、生产管控等开发过程的专家及技术人员一同总结和凝练高效开发过程中所采用的核心技术及可靠的工艺措施。

本书共分七章。第一章为概述，由赵立平编写，重点介绍了致密砂岩气藏的相关概念、国内外致密砂岩气资源的分布特征、致密砂岩气研究的意义、致密气藏的划分标准，明确了本书对致密砂岩气储层界定所采用的标准。通过对国内外致密砂岩气的分布层位、埋藏深度、物性特征及开发特征的调研，结合苏 75 区块的气藏的地质特征及气藏工程特征，讨论致密砂岩气藏勘探开发所面临的问题；第二章为致密砂岩气藏地质评价技术，由赵立平、付亮亮、刘冀、王萌、赵克、李宁涛、涂先俊编写，重点介绍了苏 75 区块的构造表征技术、沉积微相刻画技术、致密砂岩储层评价技术、致密砂岩气藏气水分布刻画技术及致密砂岩气富集区域优选技术。第三章为致密砂岩气藏的渗流机理及评价技术，由赵立平、李祖兵、付亮亮、孟杰、杜泽宏、王亮、荆志强编写，主要分析了致密砂岩的应力敏感特征、气体流动的启动压差特征、低速非线性渗流特征，并结合苏 75 区块的试井资料，对苏 75 区块致密砂岩的不稳定试井的渗流特征进行了评价。第四章为致密砂岩气藏产能评价技术，由付亮亮、庞进、孟杰、杜泽宏、王亮、闫林林、张桂萍、张震编写，在结合苏 75 区块的单井生产特征的基础上，对该气藏的产能特征、气井的合理配产及单井间开的生产管理进行了研究。第五章为致密砂岩气藏产量递减分析技术，由赵立平、付亮亮、孟杰、刘冀、杜泽宏、王亮、陈力、沈家训编写，采用产量递减理论与苏 75 区块单井的实际情况，总结归纳了苏 75 区块直井、水平井及整个气藏的递减规律。第六章为致密砂岩气藏储量动用评价技术，由赵立平、孟杰、陈力、闫林林、荆志强、张桂萍、沈家训编写，重点对苏 75 区块气藏的地层压力特征及变化规律进行了研究，并采用压降法、流动物质平衡法及产量递减法对苏 75 区块气藏储量动态情况进行了研究。第七章为致密砂岩气藏井网优化部署，由付亮亮、刘冀、王萌、赵克、李宁涛、涂先俊编写，讨论了井网优化的主要影响因素，并结合苏 75 区块致密气藏的实际情况，探讨了苏

75区块致密砂岩气藏井网适应性、井网对气藏储层物性的适应性及井网对经济的适应性。

为了让凝练的技术在未来一段时间更加符合气藏的开采实际，对气藏的开发有指导意义，专门成立了著作的编委会，分别由勘探开发分公司的赵立平、付亮亮、孟杰、刘冀、王亮及重庆科技大学的李祖兵、庞进、张震等人组成，负责著作所需资料的收集、整理、技术的凝练等工作。

本书在编写过程中还得到了华北石油管理局领导的关心和大力支持，也得到了苏里格勘探分公司相关科室同仁，以及重庆科技大学相关老师和研究生的支持和帮助，在此一并感谢！

目 录

第一章　概述 ··· 1
第一节　致密砂岩气藏的界定标准及分布特征 ··· 1
第二节　致密砂岩气藏的地质及开发特征 ··· 5
第三节　苏 75 区块气藏基本特征 ··· 21

第二章　致密砂岩气藏地质评价技术 ··· 25
第一节　地层特征及沉积相刻画技术 ··· 25
第二节　致密储层评价技术 ··· 40
第三节　致密砂岩气藏气水分布刻画技术 ··· 58
第四节　致密气富集区域优选技术 ··· 63

第三章　致密砂岩气藏渗流机理及评价技术 ··· 72
第一节　致密砂岩应力敏感特征 ··· 72
第二节　启动压力 ··· 79
第三节　低速非线性渗流特征 ··· 85
第四节　滑脱效应 ··· 96
第五节　可动水渗流特征 ··· 99
第六节　不稳定试井评价渗流特征 ··· 108

第四章　致密砂岩气藏产能评价技术 ··· 124
第一节　产能测试和分析 ··· 124
第二节　气井初期合理配产技术 ··· 140
第三节　间开井生产管理 ··· 152

第五章　致密砂岩气藏产量递减分析技术 ··· 159
第一节　致密气产量递减分析方法 ··· 159

第二节　气井产量递减分析 ·· 168

第六章　致密砂岩气藏储量动用评价技术 ································· **175**
　　第一节　气藏地层压力评价 ·· 175
　　第二节　气藏动态储量评价 ·· 208

第七章　致密砂岩气藏井网优化部署 ·· **222**
　　第一节　致密砂岩气藏井网设计 ·· 222
　　第二节　苏 75 区井网优化 ·· 225

参考文献 ··· **237**

第一章 概 述

第一节 致密砂岩气藏的界定标准及分布特征

一、致密气藏的相关概念及界定标准

随着全球对油气资源勘探、开发的不断深入，以及全世界石油资源供需矛盾的加剧，天然气储采比例持续下降，人们对清洁、环保和高效的非常规油气资源，特别是非常规天然气资源的勘探开发关注程度也日益增加。非常规天然气指储藏在地质条件比较复杂的非常规储层中，不仅成藏过程及聚集成藏的条件较为复杂，开发过程也不同于常规的天然气藏。该类气藏通常不具有自然产能，需要压裂改造或工艺措施才能达到工业开采的标准。主要包括致密砂岩气、煤层甲烷气、天然气水合物及页岩气等，而致密砂岩气是目前开发规模最大的非常规天然气。致密砂岩气是富集在致密砂岩储层中的天然气，储层的孔隙性和渗透性都较差，同样需要压裂改造措施后才可达到工业气流标准。

截至目前，国内外对致密砂岩气藏的概念及内涵的认识还未达成一致，对其称谓也不完全相同。多数学者从储层的渗透性角度进行定义和界定，部分学者从开采技术角度进行界定，也有学者从经济政策和产量的角度对其进行定义。如美国联邦能源管理委员会（FERC）在 1978 年根据美国天然气政策法案，将原地渗透率小于 0.1mD 的气藏界定为致密气藏。Kuuakfaa 和 Haa（1988）、Spencer（1989）、Law 和 Curti（2002）等把渗透率值为 0.1mD 作为致密砂岩储层的渗流上限。Spencer（1989）根据砂岩储层的渗流特征将气藏储层分为 3 类，即渗透率大于 1mD 为常规气藏，原地渗透率介于 0.1~1mD 为近致密砂岩气藏，原地渗透率小于 0.1mD 为致密气藏。Kazemi（1982）将储层渗透率小于 1mD 的称为低渗透或致密储层，将渗透率大于 1mD 的称常规天然气储层。德国石油与煤科学技术协会（DGMK）界定致密气藏的平均有效气渗透率小于 0.6mD。

其实，国内外对低渗透储层（气藏）和致密储层（气藏）没有明显的界限，几乎在混淆使用。有的低渗透气藏也包括致密气藏，有的则将二者分开。低渗透气藏和致密气藏的区别较大，不仅体现在概念上的不同，其物性下限也不一样。若将二者概念进行混淆，可能会影响对气藏的地质认识、开发思路及开发政策的制定。目前对低渗透气藏、致密气藏及常规气藏的界定主要还是从渗透率的角度进行界定。赵靖舟（2012）参考国内外专家学者的研究成果，结合国内致密气藏、低渗透气藏及常规气藏特征，将渗透率小于 0.1mD 的界定为致密气藏，将渗透率介于 0.1~1mD 的界定为低渗透气藏（近致密砂岩气藏），将渗透率大于 1mD 的界定为常规气藏。

也有学者认为，对致密砂岩气藏的界定不能仅从砂岩储层本身渗流特征的角度去考

虑，还应考虑成藏过程和现场施工的特点进行界定。Holditch（2006）认为，致密砂岩气藏最好定义为"除非经历过大型水力压裂或者采用水平井或多分支井技术，否则既不能获得经济产量，又不能获得经济数量的天然气储层"。加拿大非常规天然气协会将致密气定义为"在区域性弥漫式分布的连续天然气聚集中，以游离式储集于碎屑岩和碳酸盐岩储层孔隙中的所有天然气资源"。将致密储层的概念不局限于碎屑岩中，扩展到了碳酸盐岩储层中。

在国内，致密砂岩气的概念在20世纪80年代才开始出现，直到90年代才对其概念有了较为明确的界定，并引起较大的关注和研究。关德师（1993）最早提出了致密砂岩气的概念，并将致密砂岩气定义为储层孔隙度小于12%、渗透率小于1mD、含气饱和度低于60%，天然气在储层中流动速度缓慢的一类砂岩气藏。袁政文（1993）、杨晓宁（2005）等给出致密砂岩气的界限为孔隙度小于12%、空气渗透率小于1mD，并定义低渗透砂岩储层为常规条件下即可获得低产工业气流的一类储层。王金琪（1993）根据砂岩储层的孔隙度和渗透率分布特征将储层划分为5种类型，并确定了致密砂岩储层（孔隙度6%～15%、渗透率为0.005～5mD）和超致密砂岩储层（孔隙度为2.5%～7%、渗透率为0.0001～0.01mD）的物性分布范围。刘吉余（2008）、张哨楠（2008）将致密砂岩储层定义为绝对孔隙度小于10%、渗透率小于1mD的储层。邹才能等（2011、2009）也给出了致密砂岩气储层的定义，认为致密砂岩储层的孔隙度一般小于10%，空气渗透率小于1mD，孔喉半径整体小于1μm，不采取工业措施则无法自然达到工业产量的一类储层。

调研发现，随着我国致密砂岩气勘探开发的不断推进，致密砂岩储层的评价方法也在不断改进。自2011年中国国家能源局正式发布《致密砂岩气地质评价方法》之后，中国石油勘探开发研究院邹才能等人分别在2014年和2022年分别制定了GB/T 30501—2014（已废止）和GB/T 30501—2022《致密砂岩气地质评价方法》国家标准，将致密砂岩气定义为覆压基质渗透率小于或等于0.1mD的砂岩类气层，单井一般无自然产能或自然产能低于工业气流下限，但一定经济条件和技术措施下可获得工业天然气产量（措施主要包括压裂、水平井、多分支井，工业下限满足DZ/T 0217—2020《石油储量估算规范》）。

本书采用GB/T 30501—2022的评价标准，将覆压孔隙度小于10%，渗透率小于0.1mD的砂岩储层界定为致密砂岩储层。

二、致密气资源分布特征

与常规天然气相比，非常规天然气具有分布范围广、资源量大、赋存形式多样的特点。Masters于1980年对世界范围内天然气资源的分布特征进行了研究，总结了天然气资源分布的金字塔示意图（图1-1-1），分析了各类天然气储层的渗流特征、孔渗关系、微观结构、资源潜力及未来一段时间所处的地位。图中显示致密砂岩气、煤层气、页岩气等非常规天然气不仅具有较小的孔喉指数、较小的K/ϕ，也指出了致密气等非常规天然气将是在未来很长一段时间内的主要开发对象。致密气等非常规天然气处于金字塔的低端，较好的储层和一般储层有更大空间分布和资源量潜力。

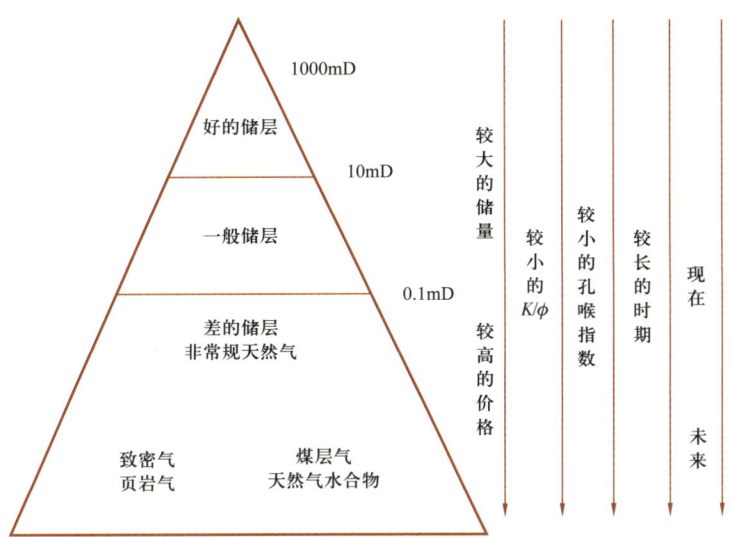

图 1-1-1　天然气资源金字塔示意图（据 Masters，1980）

致密气是目前开发规模最大的非常规天然气之一（贾爱林，2022），蕴藏着规模较大的地质储量。截至目前，全球发育致密气的盆地约 70 个，总资源量为 $210 \times 10^{12} m^3$，剩余技术可采资源量约 $81 \times 10^{12} m^3$。但致密气的空间分布极不均衡，在亚太、北美、拉丁美洲、中亚、北亚、欧洲东部及中东等区域都有分布，但亚太地区和北美区域是致密砂岩气资源的主要分布区域，其资源量占比超过了全球的 60%，剩余可采储量超过了全球的 45%（图 1-1-2）。其次是拉丁美洲和中亚、北亚地区，其资源总量占比超过了全球总量的 30%，剩余可采资源量超过了全球的 27%。

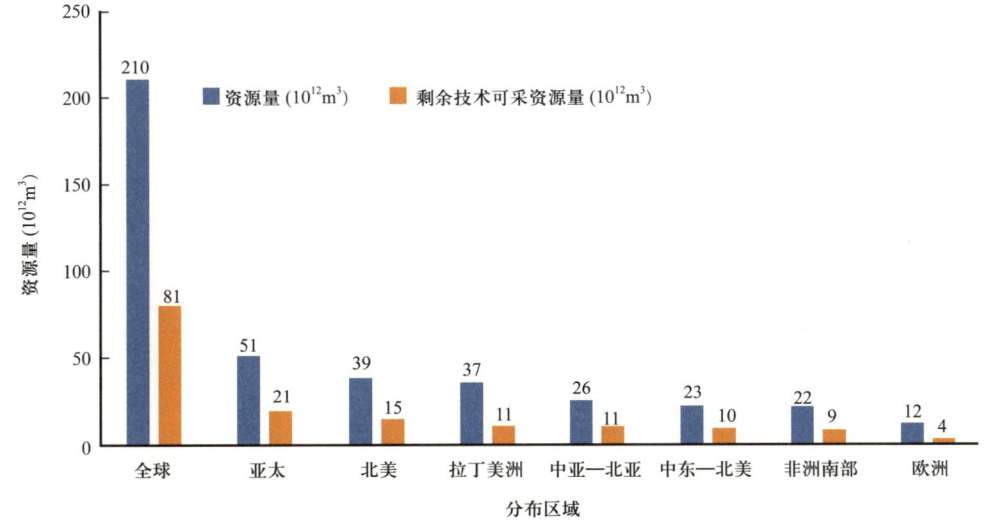

图 1-1-2　全球致密气资源量与剩余技术可采资源量分布图（据贾爱林，2022）

根据中国石油天然气股份有限公司第四次油气资源评价的结果，我国陆上致密气总资源量为 $21.85 \times 10^{12} m^3$。其中，鄂尔多斯盆地上古生界为 $13.32 \times 10^{12} m^3$，占总资源量的

60%以上,其次是四川盆地和松辽盆地,其地质资源量均超过$2.00×10^{12}m^3$,塔里木盆地的资源量超过了$1.00×10^{12}m^3$(表1-1-1),在准噶尔盆地、吐哈盆地和渤海湾盆地也有分布。

表1-1-1 我国陆上致密气资源量、探明储量与产量表(据贾爱林,2022)

层次	盆地	勘探区带或领域	地质资源量① ($10^{12}m^3$)	2020年累计探明地质储量 ($10^{12}m^3$)	目前资源探明率 (%)	2020年产气量 (10^8m^3)
主体区	鄂尔多斯	上古生界	13.32	4.06	30.50	430
接替区	四川	侏罗系沙溪庙组、三叠系须家河组	3.98	1.36	34.20	35
突破区	松辽	白垩系营城组、登娄库组、沙河子组	2.24	0.06	2.70	5
突破区	塔里木	库车坳陷侏罗系	1.23	—	0	—
突破区	准噶尔	南缘深层侏罗系	0.15	—	0	—
远景区	吐哈	台北凹陷深层、北部山前带	0.51	0.01	2.00	—
远景区	渤海湾	东部断陷群	0.42	—	0	—
合计			21.85	5.49	25.10	470

注:①中国石油第四次油气资源评价结果。

截至2020年底,我国陆上致密气探明地质储量$5.49×10^{12}m^3$,探明率仅为25.1%,仍处于勘探早中期,探明储量具备进一步增加的潜力。而2020年的年开采量为$470×10^8m^3$,占总资源量的0.22%,占探明储量的0.85%,占全国天然气总产量的24.4%。其中,鄂尔多斯盆地为$430×10^8m^3$、四川盆地为$35×10^8m^3$、松辽盆地为$5×10^8m^3$。鄂尔多斯盆地致密气产量超过全国致密气总产量的90%,是我国当前致密气开发的核心区,未来也是致密气开发的主力区(表1-1-1)。

三、致密砂岩气的研究意义

1. 可以丰富天然气的成藏理论

常规气藏理论是指天然气聚集成藏过程需要从静态的"生、储、盖"和动态的"圈、运、保"等6个要素分析成藏过程。强调烃源岩的生烃能力、储层的储渗能力和圈闭保存能力,同时也强调生产的天然气如何运移到合适的圈闭中、如何在圈闭中保存不易散失。而致密砂岩气藏主要表现为含气面积大、单井产能低、气水分布没有明显的界限、没有统一的气水界面,甚至部分区域出现气水倒置的现象。针对致密砂岩气藏的气水分布特征,已有专家学者对天然气成藏提出了"连续型（准连续型）、不连续型"模式。

连续性（准连续型）聚集模式是指储集油气的砂体分布范围较大、无清晰边界的油气聚集，不依赖水柱、不依赖水中的油或气在水中的浮力而存在。常分布于饱和水的岩石下倾方向，缺乏明显的圈闭和盖层。岩石中的油或气充注程度高，分布范围广，直接与烃源岩接触。邹才能等（2009）认为"连续型"油气藏是指低孔渗储集体系中油气运聚条件相似、流体饱和度不均的非圈闭油气藏。在大范围非常规储集体系中，油气连续分布的非常规圈闭油气藏，与传统意义上的单一圈闭油气藏有本质的区别。

通过前期的开发实践表明，苏75区块盒8段致密砂岩气藏具有大面积的准连续分布、无明确气水边界；广覆式生烃、弥漫式充注；储层物性差、非均质性强；圈闭介于常规圈闭和无圈闭之间，气水分异差，无明显边、底水，气藏压力系统复杂，多具负压异常等特征。用传统的常规气藏成藏模式已无法解释苏75区块的气藏分布特征及复杂的气水分布格局，尤其是从天然气富集理论上去解释大面积气藏的空间分布具有很大困难。

2. 可以起到示范和引领的作用

我国对致密砂岩气、致密砂岩气储层等相关研究起步较晚，无论是对致密砂岩气（藏）概念的界定及内涵的理解，还是对致密砂岩气藏的勘探开发等方面都还有很多亟须解决的问题，特别是富水致密砂岩气藏高效开发过程中面临的关键技术的解决。

鄂尔多斯盆地致密砂岩气资源在国内排名第一，目前的探明率仅为30.50%，还有大量的资源没有探明。解决苏75区块这种富水致密砂岩气藏高效开发过程中所面临的技术问题，可以有效地示范于鄂尔多斯盆地其他区域的致密砂岩气藏的高效开发，同时也为国内其他盆地中具有类似地质条件、气藏工程特征的致密砂岩气藏的开发起到示范作用。

第二节　致密砂岩气藏的地质及开发特征

当前全球正在进行致密砂岩气开采的国家主要有美国、加拿大、澳大利亚、埃及、中国等十几个国家。美国从20世纪70年代开始进行致密砂岩气的勘探与开发，目前所掌握的勘探开发技术较为成熟。其他国家对致密砂岩气的勘探与开发相对较晚，特别是我国真正意义上对致密砂岩气的工业化勘探与开发始于1995年。1971年对四川盆地中坝致密砂岩气田勘探成功后，才逐渐开展对致密砂岩气藏的研究工作，后续也发现了一些小型致密气藏或气田，但勘探开发的进展相对缓慢。直到1995年，我国相继在鄂尔多斯盆地上古生界的乌审旗、榆林、米脂、大牛地及其他一些区域发现了工业气流的致密砂岩气藏后，对致密砂岩气藏地质特征的认识及致密砂岩气的富集成藏理论才有了新的突破。后续在川西、松辽盆地及淮南等地相继获得突破。经过几十年的勘探与开发实践，人们对致密砂岩气藏的地质特征及开发特征均有了一定的认识。

一、致密砂岩气藏的地质特征

1. 致密砂岩气藏纵向分布的层位较多，且埋藏深度范围分布较广

根据全球大区级别比较典型的致密气沉积盆地的统计分析（表1-2-1），致密砂岩气主要分布在侏罗系和白垩系中，少部分发育于二叠系、三叠系、古近系及新近系中。

表1-2-1 全球大区级别致密气沉积及埋深统计表（据王朋岩，修改）

序号	区域	盆地数（个）	埋藏深度（m）	沉积相带	分布层位
1	北美洲	23	1000m以内为16%，1000~3000m为62%，超过3000m为22%	海相为64%，海陆过渡相为7%，陆相为29%	白垩系（52%）、古近系—新近系（16%）
2	南美洲	4	1000m以内为75%，1000~3000m为25%	海相为75%，陆相25%	侏罗系（40%）与白垩系（40%）、古近系—新近系（20%）
3	非洲	3	主要分布在1000~2000m，分布在3000m以深的区域较少	海相为主，陆相次之	侏罗系为主、奥陶系次之
4	大洋洲	3	主要分布在3000m以深的区域，2000~3000m次之	陆相沉积为主，海相和海陆过渡相次之	二叠系、侏罗系和白垩系
5	欧洲	6	在1000~3000m均有分布	海相和陆相均有分布	石炭系（33%）、二叠系（33%）、白垩系（17%）、古近系—新近系（17%）
6	中东	2	主要集中在2000~3000m以浅的区域	以陆相沉积为主	主要集中在奥陶系和志留系
7	亚洲	3	主要分布在1000~3000m范围内	海相和陆相均有分布	二叠系、白垩系和古近系—新近系

致密砂岩气藏的埋藏深度分布范围较广，在浅层、中深层和超深层中均有分布（表1-2-2）。埋藏深度有分布在3500m以浅的1000~3000m的层位，也有3500m以深的层位。美国圣胡安盆地的致密砂岩气藏埋深在750~2650m，西加拿大Montney盆地的致密砂岩气藏埋深在750~2650m，我国的鄂尔多斯盆地苏里格气藏致密砂岩气的埋深在2500~3700m，四川盆地沙溪庙组致密气藏埋深为1300~3000m。从表1-2-3中也可以看出，致密砂岩气也有分布在超过4500m的深层区域，如塔里木盆地库车白垩系巴什基奇克组的致密砂岩气，其埋藏深度为5500~8000m。

2. 致密砂岩储层的储层物性差，孔喉较细

从表1-2-1和表1-2-2中可以看出，所对比的4个致密砂岩气藏中，除四川盆地沙溪庙组气藏的孔隙度为9%~16%，渗透率为0.001~16mD外，其余3个气田的储层最大孔隙度均未超过10%，渗透率为0.001~0.1mD。

表1-2-2 北美与我国典型致密砂岩气藏特征对比表（据贾爱林，修改）

对比指标	美国圣胡安盆地	西加拿大Montney盆地	鄂尔多斯盆地苏里格气田苏75区块盒8段气藏	四川盆地沙溪庙组气藏
沉积类型	滨岸平原沙坝为主	滨岸平原风成砂为主	辫状河	陆相河道沉积
气层厚度（m）	40~100	60~180	5~8.5	10~32
气层分布特点	分布稳定	分布稳定	砂体小、层数多	河道砂体广泛分布
天然裂缝	局部裂缝发育	局部裂缝发育	裂缝不发育	裂缝不发育
储集条件	孔隙度3%~10%；渗透率0.001~0.1mD	孔隙度3%~8%；渗透率0.001~0.03mD	孔隙度3%~8%；渗透率0.001~0.1mD	孔隙度9%~16%；渗透率0.001~16mD
储集类型	孔隙为主型	孔隙为主型	孔隙型	孔隙型
埋藏深度（m）	700~2650	2100~3000	2500~3700	1300~3000
含气饱和度（%）	60	60	50~65	30~60
储量丰度（$10^8m^3/km^2$）	5.00	6.00~9.00	0.50~0.81	2.31
单井累计产量（10^8m^3）	直井0.2~1.0	水平井大于1.00	单井平均0.17	水平井

表1-2-3 国内典型致密砂岩特征统计表

类别	鄂尔多斯盆地	四川盆地	松辽盆地南部	松辽盆地北部	吐哈盆地	准噶尔盆地	塔里木盆地	
地层	石炭系—二叠系	上三叠统须家河组	白垩系登娄库组	泉头组二段—火石岭组	侏罗系水西沟群	侏罗系八道湾	志留系	库车东部侏罗系	库车白垩系巴什基奇克组
沉积相	河流、辫状河、曲流河三角洲、滨浅湖滩坝	辫状河、曲流河三角洲、扇三角洲、滨浅湖滩坝	河流、辫状河三角洲、扇三角洲、曲流河三角洲	辫状河三角洲、曲流河三角洲	辫状河三角洲	辫状河三角洲、曲流河三角洲	滨岸、辫状河三角洲	河流、曲流河三角洲	辫状河三角洲、扇三角洲
岩石类型	岩屑砂岩、岩屑石英砂岩、石英砂岩	长石岩屑砂岩、岩屑砂岩、岩屑石英砂岩、长石石英砂岩	长石石英砂岩、岩屑砂岩	岩屑长石砂岩、岩屑砂岩和长石砂岩	长石岩屑砂岩	长石岩屑砂岩和岩屑砂岩	中、细粒岩屑砂岩	岩屑砂岩、长石岩屑砂岩	含灰质细粒岩屑砂岩、不等粒岩屑砂岩

续表

类别	鄂尔多斯盆地	四川盆地	松辽盆地南部	松辽盆地北部	吐哈盆地	准噶尔盆地	塔里木盆地		
埋深（m）	2000~5000	2000~5200	2300~3500	2300~4000	3000~3650	4200~4500	4860~6500	3800~4900	5500~8000
成岩阶段	中成岩A2期—B期	中成岩A期—B期	中成岩A2期	中成岩A期—晚成岩期	中成岩B期—晚成岩期	中成岩A1—A2期	中成岩A期—B期	中成岩A期—B期	中成岩A期—B期
孔隙类型	残余粒间孔、粒间和粒内溶孔、高岭石晶间孔	孔隙型、裂缝—孔隙型和孔隙—裂缝型	残余粒间孔、粒间溶孔、粒内溶孔	缩小粒间孔、溶孔、粒内溶孔	粒内、粒间溶孔	粒间孔、颗粒溶孔、基质收缩孔、溶孔	残余粒间孔、粒内溶孔	粒间、粒内溶孔、微孔隙和微裂缝	残余粒间孔、颗粒与粒内溶孔、杂基溶孔

国内其他致密砂岩气藏也具有相似的低孔低渗透特征。李松（2023）研究苏里格气田彬长地区致密砂岩气藏的储层特征表明，上古生界砂岩物性整体致密低渗透。盒1段孔隙度大多在2%~8%，渗透率多在0.1~1.0mD；盒7段砂岩孔渗变化范围较大，物性好于盒1段，孔隙度多分布在3%~10%，渗透率多在0.07~1.6mD。任杰（2023）在研究四川盆地通南巴气田须家河组致密砂岩储层特征表明，孔隙度为0.2%~7.3%，主要集中于1.0%~4.0%，平均孔隙度为2.6%，渗透率为0.002~18.500mD，主要集中于0.01~0.30mD，平均渗透率为0.097mD。崔明明（2024）在研究鄂尔多斯盆地苏里格气田西南部致密砂岩储层非均质性时指出，该区域山1段孔隙度为2.1%~14.6%，平均为7.1%，渗透率为0.01~1.92mD，平均为0.42mD。盒8段孔隙度2.2%~13.1%，平均为8.7%，渗透率为0.10~2.86mD，平均为0.56mD。

致密砂岩气储层不仅具有较低的孔隙度和渗透率特征，其微观结构特征上主要表现为排驱压力高、孔喉半径小，在压汞曲线上表现为最大进汞饱和度一般不超过90%，退汞效率低（图1-2-1、图1-2-2）。

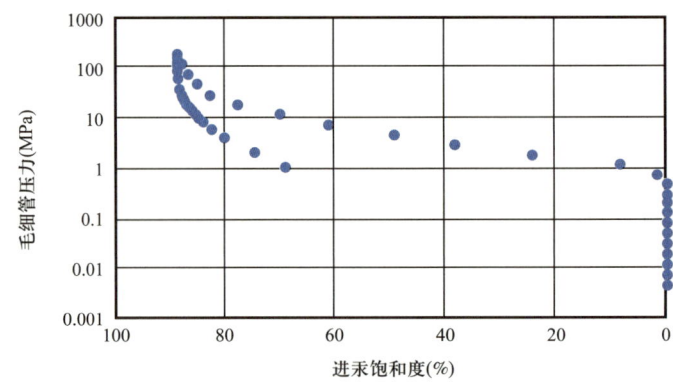

图1-2-1 苏75区块盒8段3438.82m毛细管曲线特征

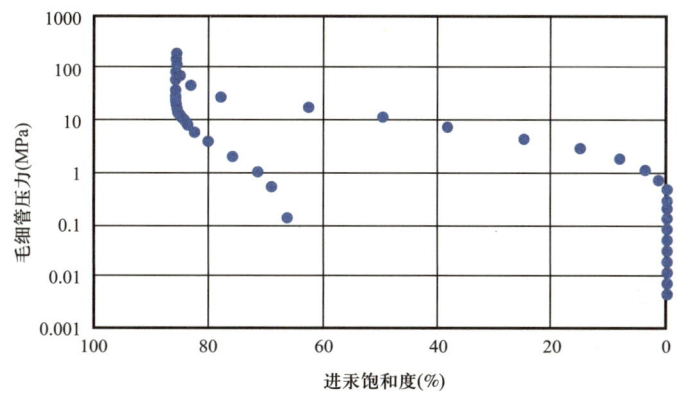

图 1-2-2　苏 75 区块盒 8 段 3433.53m 毛细管曲线特征

3. 致密砂岩岩石类型较多，储层形成过程较为复杂

致密砂岩储层不仅有多样的沉积环境，也有较为复杂的成岩过程。调研国内的鄂尔多斯盆地、四川盆地、松辽盆地等主要致密砂岩气储层特征后发现，致密砂岩有海相形成的，也有陆相形成的（表 1-2-3）。典型海相致密砂岩储层如四川盆地川东南志留系龙马溪组的致密砂岩和小河坝组的致密砂岩、鄂西渝东建南气田及周缘的志留系致密砂岩等均属于海相成因的砂岩，其表现为分选好、磨圆度高。陆相成因的砂体较为普遍，如鄂尔多斯盆地的石炭系至二叠系的致密砂岩、四川盆地川中地区上三叠统须家河组致密砂岩、吐哈盆地温吉桑区块三工河组致密砂岩等均属于陆相成因的砂岩。

致密砂岩的岩石类型组成较为复杂，有岩屑砂岩、岩屑石英砂岩、石英砂岩、长石岩屑砂岩、长石石英砂岩及含灰质细粒岩屑砂岩、不等粒岩屑砂岩等类型。其中，岩屑砂岩、岩屑石英砂岩及石英砂岩的成分成熟度较高，而长石岩屑砂岩、长石砂岩的成分成熟度较低。间接反映出致密砂岩在形成过程中可以是长距离的搬运而成，也可以是短距离沉积。从表 1-2-3 中还可看出，库车白垩系巴什基奇克组致密砂岩为搬运不远的岩屑砂岩和不等粒砂岩，目前埋深在 5500～8000m，分选不好，属于典型的快速沉积而成的致密砂岩。四川盆地上三叠统须家河组的致密砂岩，主要由长石岩屑砂岩、岩屑砂岩、岩屑石英砂岩、长石石英砂岩组成，埋藏深度在 2000～5200m，其形成过程较含砾砂岩搬运的距离要远，其致密化应该在成岩过程中所形成。因此，按致密砂岩的形成机制，可以分为原生沉积型致密砂岩和成岩型致密砂岩。

（1）原生沉积型致密砂岩储层。国内陆相沉积盆地原生沉积型致密砂岩储层，多分布于冲积扇与三角洲前缘相带内。冲积扇致密砂岩储层的主要特征是颗粒杂基支撑、分选差、泥质含量高；湖盆三角洲前缘相致密砂岩储层的主要特征是岩石颗粒细、分选差、泥质含量高。

（2）成岩型致密砂岩储层。陆相成岩型致密砂岩储层，大多埋藏深度大。成岩演化程度较高，多已演化至中成岩晚成岩阶段，压实、压溶作用和胶结充填作用表现较为强烈。机械压实作用在早成岩期强度最大，使沉积物由未接触到点接触、线接触，损失大量粒间孔隙。沉积物随埋深增加，颗粒接触处将发生晶格变形和溶解作用；随着颗粒所受压力的不断增加和地质时间的推移，颗粒压溶处的形态将依次由点接触演化为线接触、凹凸接触和缝合线接触，压溶作用为硅质胶结物提供了一定的二氧化硅。如四川盆地上三叠统须家河组致密砂岩储层，在显微镜下常见石英颗粒间呈线—凹凸接触，甚至缝合线接触，可见塑性岩屑、斜长石聚片双晶弯曲折断、石英颗粒间的微缝合线接触（图1-2-3～图1-2-6）。

图 1-2-3 Y2× 井（2214m）岩石薄片
须家河组，细粒岩屑砂岩中云母压实弯曲，长石绢云母化，正交光

图 1-2-4 Y2× 井（2219.46m）岩石薄片
须家河组，多粒石英富集处硅质胶结发育；压实作用使长石双晶纹弯曲；见基性岩屑，正交光

图 1-2-5 官 14× 井（2431.7m）岩石薄片
二叠系，发育裂缝，单偏光

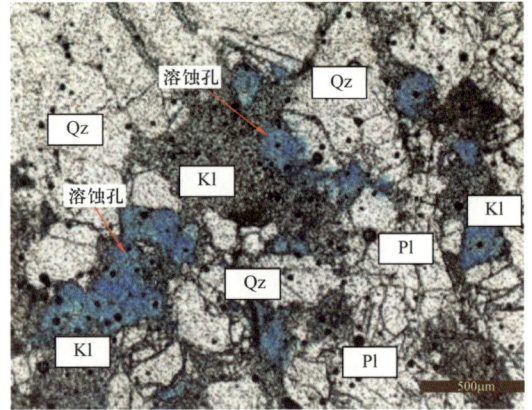

图 1-2-6 苏 7×-5×-3× 井（3474.45m）岩石薄片
山西组，高岭石晶间孔，长石粒内溶孔，石英、长石粒间溶孔

从致密砂岩的储集空间组成不难看出，致密砂岩的储集空间主要为次生孔隙组成的储集空间，原生的粒间孔隙非常少。多数致密砂岩储层在埋藏过程中会发生各种溶蚀作用形成各种溶蚀孔隙、受上覆地层及构造应力作用形成各种微裂缝（图1-2-7～图1-2-10）。微裂缝的存在极大地改善了致密砂岩储层的储集空间和渗流能力，使得地下流体可以沿着微裂隙发生溶蚀作用形成溶蚀缝。

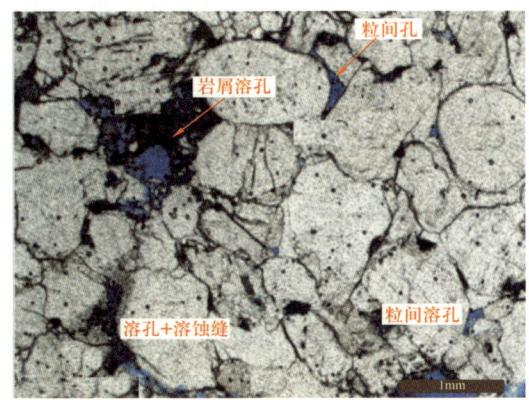
图1-2-7 苏7×-5×-× 井（3420.86m）
盒8段，发育原生粒间孔、岩屑溶蚀孔隙及少量的微裂缝

图1-2-8 苏7×-6×-2× 井（3453.39m）
盒8段，次生溶孔、晶间孔和微裂缝发育

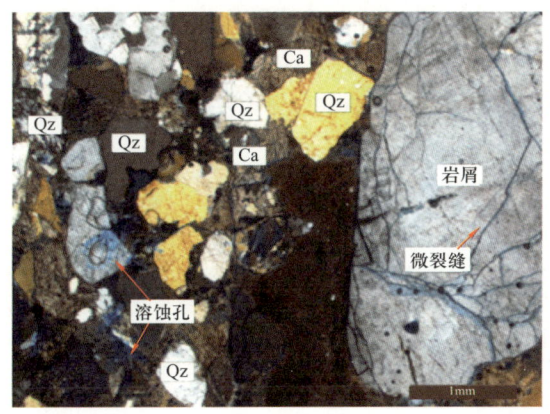
图1-2-9 苏7×-6×-2× 井（3490.52m）
山西组，溶蚀孔隙发育于石英及填隙物中，微裂缝发育

图1-2-10 苏7×-7×-2× 井（3487.75m）
盒8段，发育岩屑溶孔、石英溶孔、晶间孔、微裂缝及溶蚀缝

表1-2-3中所统计的致密砂岩储层几乎没有原生粒间孔隙，都是各类溶蚀作用形成的次生孔隙。镜下可见岩屑、长石和石英等溶蚀孔隙外，还可见石英次生加大与石英溶蚀的多期叠置等反映成岩环境酸碱性质转换的成岩现象（图1-2-10）。由此可以看出，致密砂岩储层的埋藏深度从不到1000m到超过8000m均有分布。从沉积至目前的埋藏深度，砂岩须经历复杂的成岩作用和漫长的成岩过程，造成砂岩的致密化过程复杂，并非单一的地质因素所主导。

二、致密砂岩气的开发特征

1. 致密砂岩气藏储量丰度普遍较低

从表1-2-2中可以看出，美国圣胡安盆地和西加拿大Montney盆地中的致密砂岩气藏的储量丰度均超过了$5.0 \times 10^8 m^3/km^2$，四川盆地沙溪庙组砂岩气藏的储量丰度

为 $2.31\times10^8m^3/km^2$。郭智等（2017）对鄂尔多斯盆地苏 14 区块盒 8 段和山西组致密砂岩气藏的储量参数进行了分析（表 1-2-4），表明苏 14 区块盒 8 段的储量丰度为 $0.42\times10^8\sim0.77\times10^8m^3/km^2$，山西组的储量丰度为 $0.36\times10^8\sim0.38\times10^8m^3/km^2$。

表 1-2-4 苏 14 区块各层段储量参数统计表（据郭智，2017）

层段	含气面积（km²）	地质储量（10^8m^3）	储量占比（%）	含气区储量丰度（$10^8m^3/km^2$）
下石盒子组 8 段上亚段	261.6	108.7	8.4	0.42
下石盒子组 8 段上亚段	825.2	632.3	49.1	0.77
山西组 1 段	737.9	282.3	21.9	0.38
山西组 2 段	266.4	95.6	7.4	0.36
其他	515	169.7	13.2	0.33

从 2021 年对鄂尔多斯盆地苏 75 区块盒 8 段和山西组气藏的地质储量的复核结果可知（表 1-2-5），苏 75 区块盒 8 段的储量丰度为 $0.64\times10^8m^3/km^2$，山西组的储量丰度为 $0.50\times10^8m^3/km^2$。

表 1-2-5 苏 75 区块 2021 年复核储量与原始上交储量对比表

层系	类别	计算面积（km²）	有效厚度（m）	孔隙度（%）	饱和度（%）	地质储量（10^8m^3）	储量丰度（$10^8m^3/km^2$）
盒 8 段	原始储量	726.59	8.4	8.2	55.8	586.06	0.81
山 1 段	原始储量	605.58	5.4	7.4	52.5	328.75	0.54
合计		—	—	—	—	914.81	
盒 8 段	复核储量	764.03	6.7	7.7	54.1	491.09	0.64
山 1 段	复核储量	720.93	5.0	8.4	51.1	359.21	0.50
合计		—	—	—	—	850.30	

2. 气井累计产量差异大

受致密砂岩气藏地质特征差异的影响，气井生产动态特征差异大，低产气井占比高，单井累计产量普遍偏低。表 1-2-2 所统计的 4 个盆地的致密砂岩气藏，除四川盆地沙溪庙组气藏的水平井的单井累计产量为 $1.26\times10^8m^3$ 外，其余气藏的单井累计产气量为 $0.17\times10^8\sim1.26\times10^8m^3$。苏里格气田苏 75 区块盒 8 段气藏的单井累计产气量也较低，平均仅为 $0.17\times10^8m^3$。

截至 2021 年底，苏里格气田单井最终累计产气量小于 $1500\times10^4m^3$ 的气井占比达 40.1%，该部分气井最终累计产气量占比为 18.9%；单井最终累计产气量介于 $1500\times10^4\sim3000\times10^4m^3$ 的气井占比最高，为 38.9%，其产量贡献率为 38.1%；单井最终

累计产气量介于 $3000×10^4$～$5000×10^4m^3$ 的气井占比为 14.1%，其产量贡献率为 23.1%；单井最终累计产气量大于 $5000×10^4m^3$ 的气井占比为 6.9%，而其产量贡献率达到 19.9%。

截至 2021 年底，苏 75 区块累计投产直井 503 口，单井首年日产气量 $1.36×10^4m^3$，前三年单井日产气量 $1.03×10^4m^3$，单井累计产气量 $1435×10^4m^3$。单井首年日产气量主要分布在 $0.5×10^4$～$2.0×10^4m^3$，前三年日产气量主要分布在 $0.5×10^4$～$1.5×10^4m^3$，单井累计产气量小于 $1000×10^4m^3$ 的井数占 50.5%（图 1-2-11～图 1-2-13）。

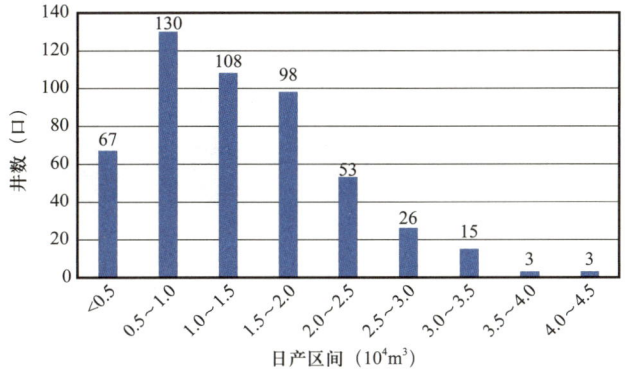

图 1-2-11　直井首年日产分布特征图

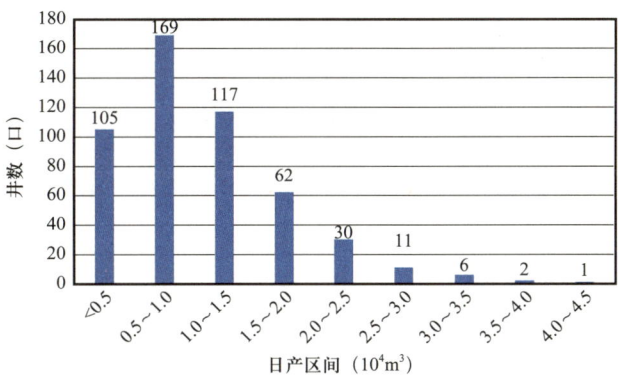

图 1-2-12　直井前三年日产分布特征图

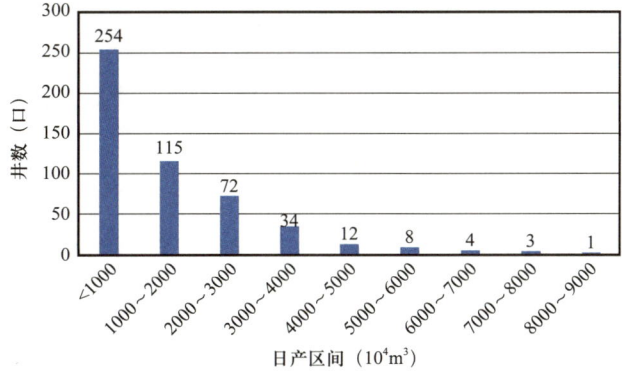

图 1-2-13　直井井均累计产量分布特征图

苏 75 区块累计投产水平井 26 口，首年单井日产气量 $6.03\times10^4\mathrm{m}^3$，前三年日产气量 $4.29\times10^4\mathrm{m}^3$，目前单井累计产气量 $5629\times10^4\mathrm{m}^3$。单井首年日产气量和前三年日产气量主要分布在 3×10^4~$9\times10^4\mathrm{m}^3$，单井累计产气量小于 $4500\times10^4\mathrm{m}^3$ 的井数占 35%，单井累计产气量大于 $6000\times10^4\mathrm{m}^3$ 的井数占 42%（图 1-2-14~图 1-2-16）。

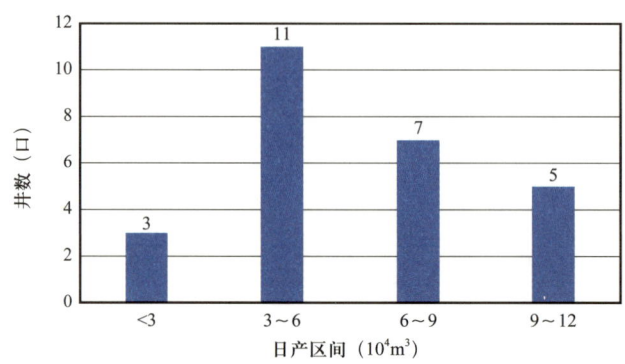

图 1-2-14　水平井首年日产分布特征图

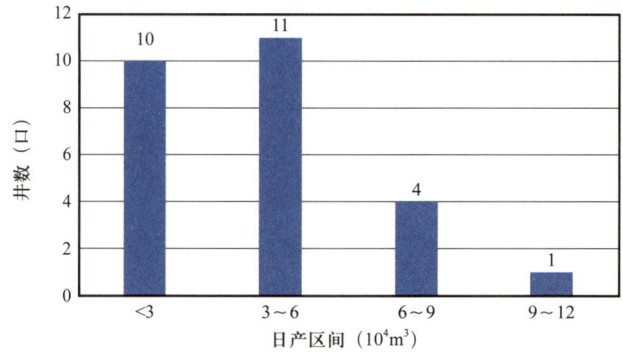

图 1-2-15　水平井前三年日产分布特征图

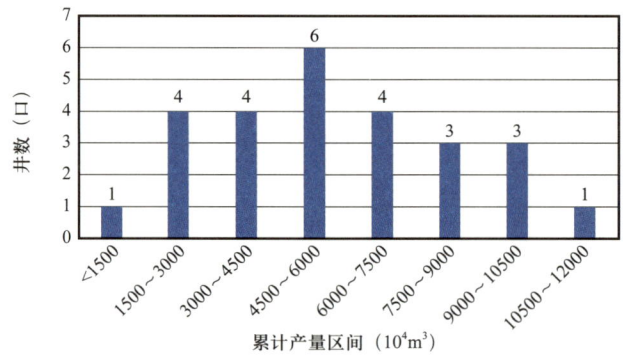

图 1-2-16　水平井井均累计产量分布特征图

3. 分层压裂或水平井分层改造是提高气藏储量动用程度的重要手段

致密砂岩气藏储层存在层数多，单层厚度薄的特点。直井在致密砂岩气藏开发过程中往往产量不太理想,主要由以下几个因素控制。

(1)直井储层改造规模受限。苏75区块盒8段的有效储层平均厚度为6.7m,山西组有效储层的平均厚度为5.0m(表1-2-5)。直井压裂改造形成的裂缝在空间上的分布范围是有限的,不能形成复杂网络系统以最大限度地沟通渗流砂体,导致单井的产量低,无法达到工业气井的标准;如要单井产量达到工业气流标准,须进行储层改造。

(2)分压合试投产存在严重的层间干扰。多层合采气井生产呈现动态变化,通常表现出层间自动转换接替特征,早期由高渗产层主导产气,晚期由低渗透层主导产气。但实际生产过程中,合采气层初期生产压差过大,会导致致密层产气不利。可能由于压力不能顺利返排而滞留储层中。同时,高产水层由于水相渗透性较高,地层水持续进入井筒,除造成气井积液和躺停等后果外,还会因为积液压制其他产层的生产能力,从而大幅度降低气井产能及后续挖潜能力。

(3)含气水层投产致气井高产水。受储层岩性、物性及气藏气水分异不彻底等因素的影响,致密砂岩气藏中的气层、含水气层及水层在测井曲线上的特征响应不明显,储层流体性质的准确判断存在一定的风险,从而导致高阻含气水层在投产后高产水。

水平井以有效井段长、控制储量高、渗流面积大、渗流阻力小的特点达到有效提高含水气藏采收率和提高储量动用程度的目的。苏里格气田水平井开发经历了早期探索、试验突破、规模应用、优化提升四个阶段。水平井开发进入优化提升阶段,钻井周期进一步缩短至57天,水平段长度增至1299m,有效储层钻遇率提升至62%,固井完井桥塞进行8~10段压裂,单井平均试气无阻流量增至$65.4×10^4m^3/d$。但不同区带水平井的开发效果差异大,其中苏东南区效果最好。苏东南区属于水平井整体开发区,水平井前3年平均日气产量为$4×10^4m^3$,预测单井最终累计产气量为$7427×10^4m^3$,分别为直井的4倍和3.6倍。

对致密砂岩气藏而言,并非任何水平井井组的开发效果要强于直井井组。截至2016年底,苏75区块共投产26口水平井,通过RTA软件预测井均最终累计产气量$7285×10^4m^3$,未达到方案指标$8000×10^4m^3$。从目前累计产量最高的苏75-70-6H井与该井周围3口相邻的直井的累计产气量比较发现,水平井未达到直井3倍产量的预期目标(表1-2-6),但其产量也相对较高。

表1-2-6 苏7×-7×-× 井及邻井数据统计表

序号	井号	投产日期	油压(MPa)	套压(MPa)	日产气量(10^4m^3)	累计产气量(10^4m^3)
1	苏7×-6×-×	2010/11/4	3.28	7.35	0.9809	4809
2	苏7×-7×-×	2009/12/4	3.33	5.97	0.7853	8573
3	苏7×-7×-×	2009/12/3	3.34	5.41	0.4881	6239
4	苏7×-7×-×	2010/10/29	3.43	5.20	0.002	111479

2016—2023年，苏75区块没有再部署水平井，主要基于2个因素。首先，主体天然气富集区开发完毕，剩余富集区储层非均质性强，规模小，即使利用水平井进行改造生产也难以达到经济开发目标。其次，综合评价认为直井开发指标优于水平井，区块应以直井为主，采用整体部署与局部加密的方式进行开发，同时在储层厚度大，横向发育稳定的区域，可适当考虑部署水平井开发。2023年底，苏75区块优选了几个储层质量和含气性较好的井区部署了水平井开发，开发效果较好。

4. 差异化加大井网密度大是提高气藏产量的重要举措

井距优化是致密砂岩气藏工程研究的重要内容，直接关系到气藏储量动用程度、采收率的提升和气藏开发的经济效益。国内外学者针对气藏井距优化开展了大量研究，何东博等（2012）通过地质统计法、露头类比法和密井网先导试验法建立了面向井距优化的地质模型，确定有效含气砂体规模。李跃刚等（2014）采用砂体精细解剖、油藏工程、数值模拟、经济评价等多种方法，建立了苏里格气田开发井网优化数学模型。赖思宇等（2014）采用丰度计算法、类比法确定了大牛地盒2+3段气藏合理井距。焦廷奎等（2017）采用经济极限井网密度法确定了米脂气田经济极限井距。李华昌等（2022）通过建模—数模—经济评价一体化方法研究，提出确定井网立体开发及差异化对策来提高新场砂溪庙组气藏采收率。王国亭等（2023）通过分析万余口气井静、动态资料，采用加密井增产气量评价法，进一步优化了苏里格气田井网。雷开宇等（2024）基于泄气半径、干扰试井、经济评价等方法对延安气田Y14×井区致密砂岩气藏合理井距进行了优化。这些方法的优化结果使得井网的距离为325~1085m，平均为625m。

对苏里格气田而言，自开发以来先后在中区开辟了3个密井网试验区（苏S、苏F及苏X井区），试验区地质条件相对较好，储层平均孔隙度为9.07%、平均渗透率为0.568mD、平均有效储层厚度为8.0m，平均含气饱和度为64.8%。通过地质解剖和井间干扰测试，统计干扰概率和单井累计产气量的变化规律，结合经济评价建立了苏里格气田中区井网密度与干扰概率、采收率、收益率关系式。直井井网井/排距由600m/1200m优化为500m/650m，井网密度则由1.5口/km^{2}增至3~4口/km^2，相应采收率由26.0%增至42.6%，为大井组、多井型组合部署提供了依据。从实施效果来看，试验区采用井/排距为500m/650m井网，预测采收率达到了预期效果，但一次性整体部署使高产气井的占比明显下降。

苏75区块采取一套开发层系进行开发，井网的部署主要考虑气藏的砂体展布特征及有效储层的厚度大小，针对不同的地质条件采用不同的井网进行开发。在气层厚度为8~10m的区域采用850m×850m井网，在气层厚度大于10m的区域采用600m×600m的井网开发。

三、勘探与开发面临的问题

随着区块开发程度的不断深入，气田未动用的优质储量逐渐减少，低效井逐年增加，开发过程面临诸多的开发技术难题。对苏75区块而言，与其他致密砂岩气藏相比最大的特点是在富水区域内进行高效开发。经过 13 年的高效开发,气藏当前亟须解决的有 3 个问题。

1. 剩余储量的精细刻画技术

苏 75 区块受井网、井型及储层自身非均质特征的影响,储量碎片化趋势严重。储层质量较好和主体天然气富集区域已全部开发,其他区域含水程度较高,要实现长期稳产,如何准确客观评价气藏剩余储量是关键,对气藏进行精细描述是挖潜的重要措施。但明确剩余天然气地质储量的空间分布需解决以下问题。

(1)对富水区域的地质特征再认识。利用多种方法对气藏的地层精细划分与对比,以层序地层学为指引,精细刻画单砂体的纵向及横向分布,使得小层划分的精度应达到单砂体级别。充分利用已有的钻井、录井、测井资料,尤其是水平井随钻测井资料,精细刻画小层砂体。

(2)掌握气藏物性的动态变化特征。充分利用不同时期新钻井资料及孔隙度、含气饱和度及有效厚度等测井解释成果,以小层有效砂体分布为基础,掌握储层孔隙度和含气饱和度在平面上的变化特征,间隔一定时期对气藏各小层的地质储量进行核算,为下步稳产措施的实施提供依据。

(3)建立气藏泄流半径的评价标准。充分利用单层开采井的静态、动态资料及多层采气井产气剖面,建立静态参数与泄流半径的关系式,然后结合气井的改造规模,确定已动用储量的大小及储量的动用级别。

(4)明确剩余储量的空间展布情况。以近期的储量核算结果为基础,结合单井的累计产出情况及泄流半径,研究单井控制储量特征,明确剩余储量的空间展布状况。

2. 复杂气水分布关系的精细刻画技术

致密砂岩气藏气水分布受生烃强度、区域构造及成藏匹配的影响,导致气水分异不充分,气充注能量小,储量丰度低,储层普遍含气,气层普遍有水,气水关系复杂,并无统一的气水界面。苏 75 区块主力产层主要发育于辫状河沉积的砂体中,有效砂体规模小,纵向上单井钻遇 3~5 个气层,平面上砂体规模主体在 400m×600m,含气砂体高度分散(图 1-2-17)。

鉴于此,如何精细刻画气藏气水分布特征是高效开发或稳产挖潜的关键。这需要天然气成藏的主控因素、天然气赋存的有效砂体展布、砂体气水分布的识别、开发过程中气水动态变化等多方面技术的联合。在天然气富集成藏方面,不仅需要对地层的顶面构造、砂体顶面构造特征进行分析,还需加强地震资料的精细化处理,明确区内大的断层及 10m 以下断层及各类微裂缝空间分布的刻画。同时利用各种地震属性体对含气性进行平面预测(图 1-2-18、图 1-2-19)。

对气水分布精细刻画最为关键的是对气藏中地层水的识别与分类刻画。该气藏的开发过程中,利用可动水饱和度分析气藏的产水机理及可动水的解释方法的工作思路,利用核磁共振测试结果区分可动水饱和度再进行解释，不仅可以刻画水的成因及分布，也可为利用常规测井资料提高单井的气水识别精度（图 1-2-20、图 1-2-21）。

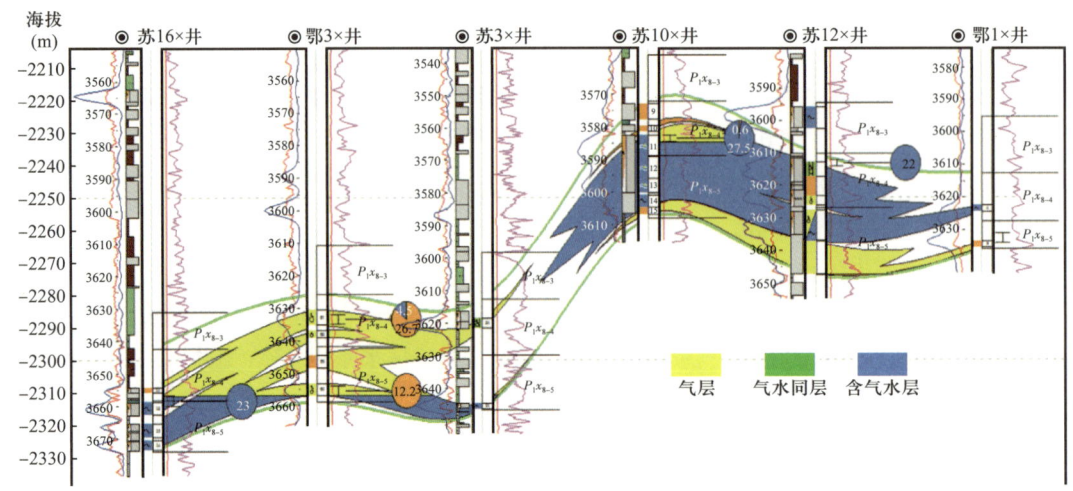

图 1-2-17　苏里格气田苏 16× 井—苏 3× 井—苏 12× 井—鄂 1× 井盒 8 段气藏剖面图

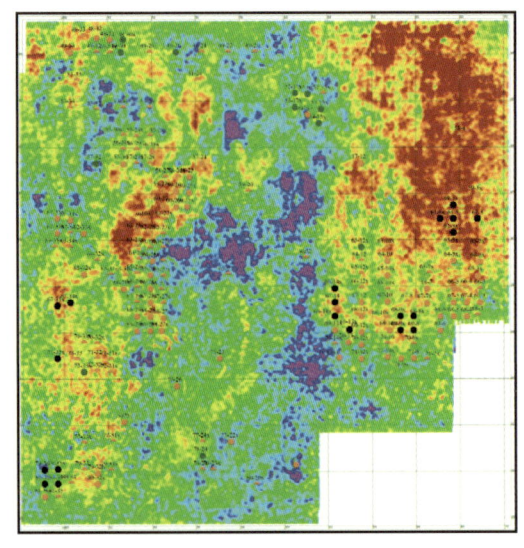 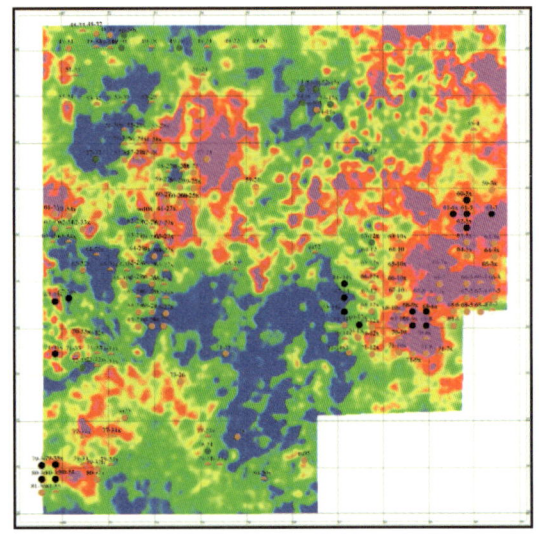

图 1-2-18　盒 8 段 AVO 检测平面图　　　图 1-2-19　盒 8 段下段泊松比含气性分布平面图

3. 攻关形成更有效的低成本挖潜系列技术

致密砂岩气藏具有渗透性较差，井间非均质性强、单井产量低等特点，要实现高效开发和低成本开发，需要依靠技术的进步与开发成本的降低。纵观苏 75 区块的生产历程，气藏产量在投入开发的前几年得到了快速提升，但随着开发的进行剩余储量碎片化非常严重，未动用储量劣质化程度严重。要实现气田稳产，必须解决气田所面临剩余储量碎片化和未动用储量劣质化的问题，应攻关形成更加有效的低成本挖潜技术。

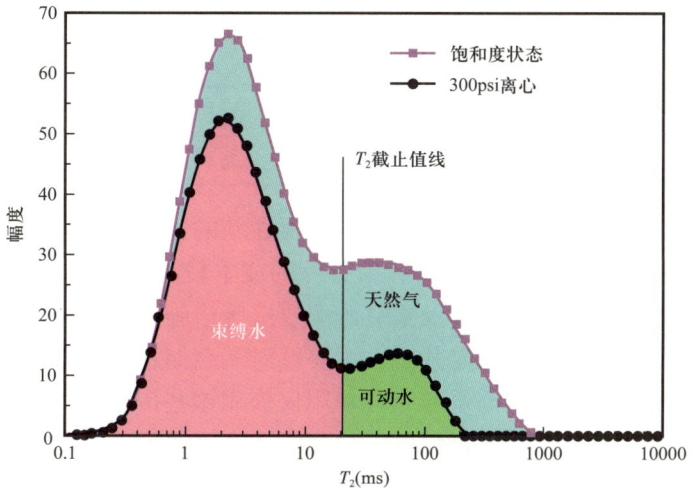

图 1-2-20 可动水饱和度 NMR 测试原理图

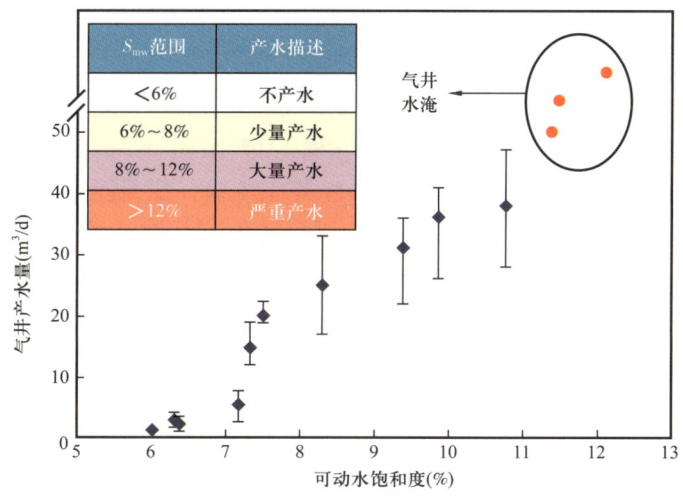

图 1-2-21 可动水与气井产水量关系图

苏 75 区块经过 15 年的高效开发，在天然气富集区的储量动用程度较大，剩余储量碎片化程度高。在富水区域的未动用的剩余储量大，亟须高效开发技术。截至 2022 年 10 月底，苏 75 区块共投产气井 584 口，其中直井 558 口，水平井 26 口，出水气井 496 口，出水井占比 85%。目前区块日均产气量 $219×10^4m^3$，日均开井 320 口，平均单井产量 $0.7×10^4m^3/d$，套压 9.2MPa，平均单井累计产量 $1741×10^4m^3$，历年累计产气量 $101.68×10^8m^3$。采出的天然气量仅为地质储量的 11.96%。Ⅰ 类储量已动用 $161.12×10^8m^3$，未动用储量 $30.04×10^8m^3$；Ⅱ 类储量已动用 $112.23×10^8m^3$，未动用 $124.14×10^8m^3$；Ⅲ 类储量已动用 $76.93×10^8m^3$，未动用储量 $214.87×10^8m^3$；Ⅳ 类储量 $130.97×10^8m^3$ 目前处于未动用状态（表 1-2-7）。区块目前产建区域主要集中在 Ⅰ 类和 Ⅱ 类储量区，剩余未动用储量绝大部分处于富水区，评价和开发难度大，亟须高效带水开发的技术对策。

表 1-2-7 苏 75 区块储量分类动用情况统计表

分类储量（10^8m^3）	Ⅰ类		Ⅱ类		Ⅲ类		Ⅳ类	
	动用	未动用	动用	未动用	动用	未动用	动用	未动用
	161.12	30.04	112.23	124.14	76.93	214.87	0	130.97

对致密砂岩气藏而言，要实现稳产挖潜不仅要在新的区域钻探井位，扩大后备储量区域，更需要对老井进行措施以增加产量。新打井的成本较高，老井措施的成本相对较低。往往通过老井查层补孔、侧钻水平井及重复压裂改造等措施实现产量的递增。其中，查层补孔主要针对未动用的优质储层，老井侧钻主要针对剩余储量相对集中且排距较大的区域以完善井网。但是，要实现剩余储量的充分动用仅依靠这些措施还远远不够，还需针对井间剩余可采储量的分布特征，探究是否可进行井网加密或侧钻等措施。

由于近井地带储层受到水锁或压裂液污染等影响，导致气井最终累计产气量偏低，需要继续开展重复压裂改造试验。尽管压裂改造作用所形成的裂缝增大了渗流通道，实现了产量的增加，但也沟通了以前未连通的水层和前期未完全返排出来的压裂液，致使气井积液增多，产量下降。

苏 75 区块盒 8 段和山西组气藏总体表现为气层低压（压力系数<1）、低渗透（渗透率小于 1mD）、气井产量低（单井平均日产气量 $1.0 \times 10^4 m^3$），携液能力差，井筒积液重，压力产量递减快的特征。该区块积液井从 2011 年 135 口，攀升至 2021 年 463 口，积液井占比逐年增加，加大了区块稳产的难度，亟须开展积液井综合治理，恢复低产低效井产能，提高单井采收率，稳固区块稳产的根基（图 1-2-22）。

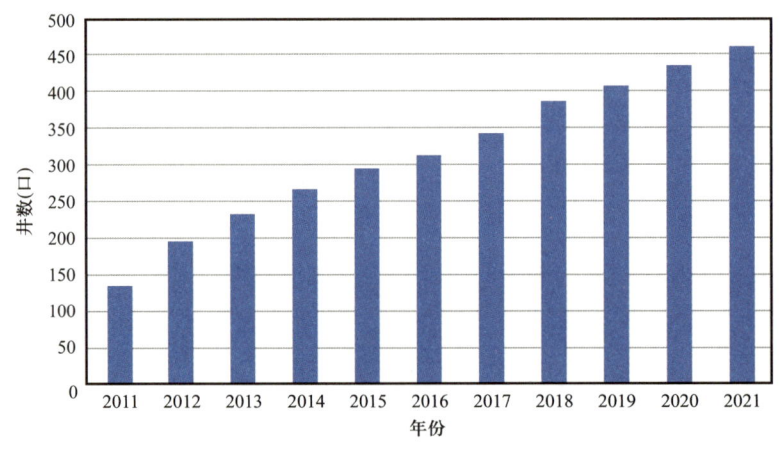

图 1-2-22 苏 75 区块积液井数量与时间关系统计表

对于致密砂岩气藏来说，高效排水采气工艺技术是发挥气井产能、降低气井产量递减的关键。苏 75 区块气藏目前具有"低产、低压、小水量"的特点，低产积液气井数达 463 口，占比超过了 80%，产水对气井正常生产造成了较大影响。通常采用泡沫排水采气、柱塞气举、速度管柱等 3 项主体排水采气工艺技术，以满足不同生产阶段气井的排水采气需求，达到稳产和增产的目的。

第三节 苏75区块气藏基本特征

一、气藏地质特征

鄂尔多斯盆地可划分为伊盟隆起、渭北隆起、晋西挠褶带、伊陕斜坡、天环坳陷和西缘逆冲带六个一级构造单元。苏里格气田主体位于伊陕斜坡的西北部，气田整体为向西南倾斜的单斜，倾角不足1°。单斜上发育多个北东向的鼻状隆起，宽度5～8km，长度10～35km，起伏幅度10～25m。苏75区块位于苏里格气田西区的北部，南北长约65km，东西宽约19.6km（图1-3-1），总的面貌呈现东高西低、北高南低的单斜特征。

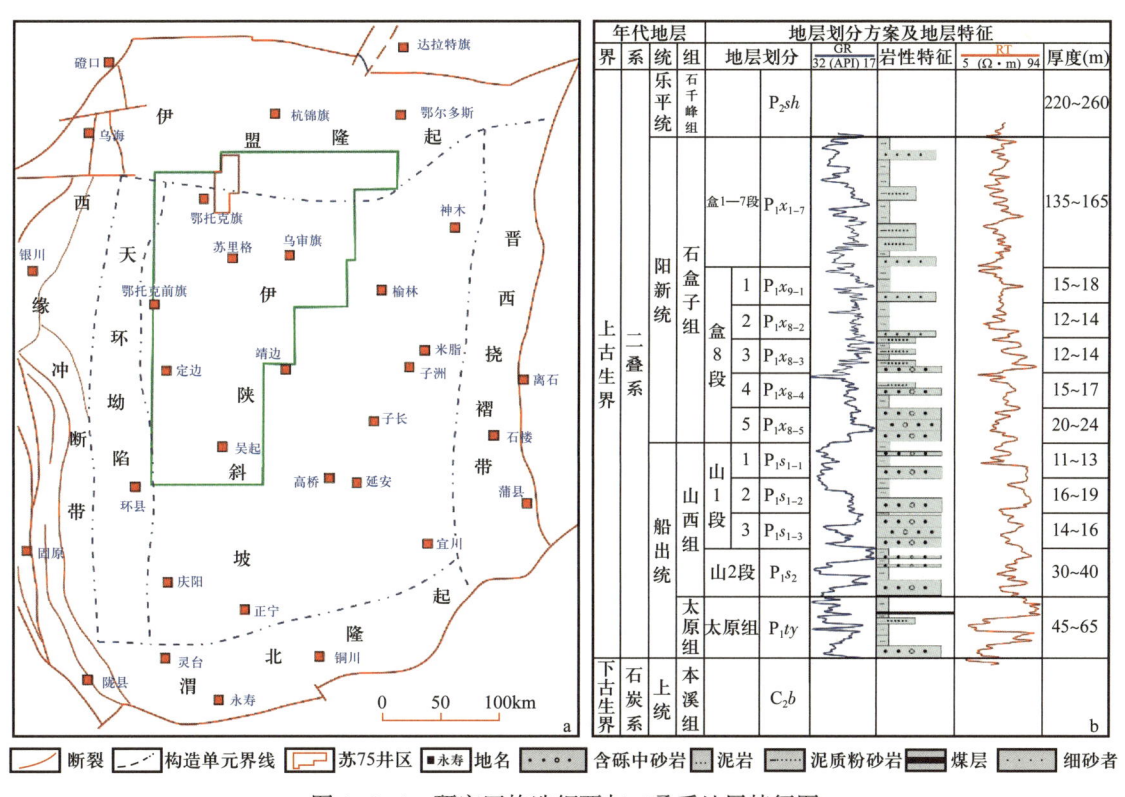

图1-3-1　研究区构造纲要与二叠系地层特征图

区域地质资料表明，苏里格气田二叠系发育较全，从下往上依次为太原组、山西组、石盒子组和石千峰组（图1-3-1）。其中，山西组从下往上可划分为山2段和山1段，山1段从下往上可以划分3个小层；石盒子组从下往上可划分为8段，上部的盒1段—盒7段为泥岩与泥质砂岩互层的非储层段，底部的盒8段为储层发育段，盒8段可分为5个小层。产气层位主要为盒8段和山西组。

盒8段厚度为69.3～101.4m，平均为81.01m，主要为60～80m。山西组山1段厚度31.93m～63.0m，平均为43.23m（表1-3-1）。

表 1-3-1　苏 75 区块盒 8 段及山西组厚度统计表

层位	最小值（m）	最大值（m）	平均值（m）	层位	最小值（m）	最大值（m）	平均值（m）
P_1x_8	69.30	101.43	81.01	P_1s_2	23.70	53.28	39.34
P_1x_{8-5}	10.50	26.61	18.03	P_1s_1	31.93	63.00	43.23
P_1x_{8-4}	8.85	25.51	16.19	P_1s_{1-3}	6.77	25.34	15.15
P_1x_{8-3}	10.39	22.81	15.42	P_1s_{1-2}	19.96	42.60	30.22
P_1x_{8-2}	10.00	23.40	15.60	P_1s_{1-1}	6.89	21.10	12.72
P_1x_{8-1}	9.23	23.44	15.76				

二、气藏工程特征

1. 流体性质

1）天然气性质分析

苏 75 区块盒 8 段气藏甲烷平均含量为 90.38%，乙烷平均含量为 4.56%，不含 H_2S，相对密度为 0.61；山 1 段气藏甲烷平均含量为 91.64%，乙烷平均含量为 4.38%，不含 H_2S，相对密度为 0.61（表 1-3-2），属于典型干气气藏。气藏为岩性圈闭，无边底水，属于定容弹性驱动气藏。

表 1-3-2　苏 75 区块天然气组分分析表

层位	取值	氮含量	甲烷含量	乙烷含量	CO_2 含量	丙烷含量	H_2S（mg/m³）	相对密度
盒 8 段	最小值（%）	1.07	88.24	2.44	0.02	0.42	0	0.58
	最大值（%）	3.68	94.55	8.49	1.64	1.99	0	0.62
	平均值（%）	2.09	90.38	4.56	0.69	1.01	0	0.61
山 1 段	最小值（%）	1.20	89.65	1.85	0.04	0.09	0	0.59
	最大值（%）	2.13	91.64	4.38	1.25	1.59	0	0.65
	平均值（%）	1.64	91.00	3.49	0.60	0.80	0	0.61

2）凝析油性质分析

苏 75 区块在前期的试气过程中，有 2 口井微产或低产凝析油，其凝析油相对密度为 0.7814~0.7862、平均为 0.7838，条件黏度为 1.01mm²/s，馏出体积 60% 的馏出温度在 208.0~236.4℃、平均为 222.2℃（表 1-3-3）。

表 1-3-3　苏 75 区块凝析油分析统计表

井号	取样日期	井段（m）	相对密度	条件黏度（E50）（mm²/s）	硫含量（%）	初馏点（℃）	各馏出体积的馏出温度（℃）						最终馏出体积（%）
							40%	50%	60%	70%	80%	90%	
苏7×-6×-×	08/11/11	3404.7~3423.7	0.7814	1.01	<0.01	91	182.2	206.7	236.4	270.4	310.3	370.4	95.0
苏7×-4×-1×	08/11/28	3311.8~3405.9	0.7862		<0.01	102	173.5	189.2	208.0	228.8	254.5	280.2	95.0
平均值			0.7838	1.01	<0.01	96	177.9	198.0	222.2	249.6	282.4	325.3	95.0

3）地层水分析

根据苏 75 区块 2 口井的水分析资料统计，氯离子含量平均为 26283mg/L，总矿化度平均为 46738.62mg/L，为 $CaCl_2$ 水型，密度平均为 $1.029g/cm^3$，pH 值平均为 7（中性）（表 1-3-4）。

表 1-3-4　苏 75 区块水分析统计表

井号	井段（m）	层位	样品数	水化学特征（mg/L）									矿化度（mg/L）	水型	密度（g/cm³）	pH
				K^++Na^+	Ca^{2+}	Mg^{2+}	Sr^{2+}	Cl^-	SO_4^{2-}	HCO_3^-	Br^-	F^-				
苏7×-6×-×	3404.7~3423.7	P_1x_8	1	5355	1887	54	465	13316	3949	544	265		25834.09	$CaCl_2$	1.005	7
苏7×-4×-1×	3311.8~3405.9	P_1x_8–P_1s_1	1	10128	12201	619	1634	39251	2376	616	719	98	67643.15	$CaCl_2$	1.053	7
平均值				7741	7044	336	1050	26283	3163	580	492	98	46738.62	$CaCl_2$	1.029	7

2. 气藏温度压力系统

根据目前苏 7×-6×-× 井试气前的测压、温度资料及苏 7×-4×-1× 井试气、压力恢复后的测压、温度资料分析，苏 7×-6×-× 井在测点深度 3250m 处测得的地层温度为 106.668℃，3300m 处测得的地层温度为 107.902℃，折算温度梯度 2.47℃/100m；苏 7×-4×-1× 井在测点深度 3150m 处测得地层温度为 101.42℃，3200m 处测得地层温度为 102.83℃，折算温度梯度 2.82℃/100m；可见该气藏属正常的温度系统（表 1-3-5）。

苏 7×-6×-× 井测点深度 3300m 处测得地层压力为 29.03MPa，计算压力系数 0.90；苏 7×-4×-1× 井测点深度 3200m 处测得地层压力为 23.76MPa，计算压力系数 0.76，属低压气藏（表 1-3-5）。

表 1-3-5 苏 75 区块气井压力系数、温度梯度计算表

井号	井段（m）	层位	试气日期	温度、温度梯度			静压、压力系数			备注
				测点深度（m）	地层温度（℃）	温度梯度（℃/100m）	测点深度（m）	静压（MPa）	压力系数	
苏7×-6×-×	3404.7~3423.7	P_1x_8	08/11/5—08/11/11	3250	106.668	2.47	3300	29.03	0.90	试气前测试
				3300	107.902					
苏7×-4×-1×	3311.8~3405.9	P_1x_8–P_1s_1	08/11/27—08/11/28	3150	101.420	2.82	3200	23.76	0.76	试气、压力恢复后测试
				3200	102.830					

三、开发简况

苏 75 区块为华北油田在苏里格气田的第二期合作开发区块，从 2008 年开始评价，2009—2010 年建成年产能 $8.00×10^8m^3$。从 2011—2022 年实现连续 12 年稳产 $8.00×10^8m^3$。

苏 75 区块原始上交盒 8 段探明地质储量 $586.06×10^8m^3$，山 1 段探明地质储量 $328.75×10^8m^3$，合计探明地质储量 $914.81×10^8m^3$。2021 年储量复核盒 8 段探明地质储量 $491.09×10^8m^3$，山 1 段探明地质储量 $359.21×10^8m^3$，合计探明储量 $850.3×10^8m^3$。复核结果对比原始储量减少了 $64.51×10^8m^3$（表 1-3-6）。

表 1-3-6 苏 75 区块 2021 年复核储量与原始上交储量对比表

类别	层系	计算面积（km²）	有效厚度（m）	孔隙度（%）	饱和度（%）	地质储量（10^8m^3）	储量丰度（$10^8m^3/km^2$）
原始储量	盒 8 段	726.59	8.4	8.2	55.8	586.06	0.81
	山 1 段	605.58	5.4	7.4	52.5	328.75	0.54
	合计	—	—	—	—	914.81	—
复核储量	盒 8 段	764.03	6.7	7.7	54.1	491.09	0.64
	山 1 段	720.93	5.0	8.4	51.1	359.21	0.50
	合计	—	—	—	—	850.30	—

截至 2022 年 10 月底，投产气井 584 口，其中直井 558 口，水平井 26 口，出水气井 496 口，出水井占比 85%。区块日均产气量 $219×10^4m^3$，日均开井 320 口，平均单井产量 $0.7×10^4m^3/d$，套压 9.2MPa，平均单井累计产量 $1741×10^4m^3$，历年累计产气量 $101.68×10^8m^3$。

第二章　致密砂岩气藏地质评价技术

第一节　地层特征及沉积相刻画技术

一、构造特征描述技术

研究区地震剖面 2000ms 附近，有一组能量非常强的反射波组，为鄂尔多斯盆地石炭系—二叠系的煤层，是一套非常好的标志层，易于全区追踪。

1. 采用合成地震记录标定区域标准层，分析地层的横向展布特征

石千峰组底部发育大套滞留沉积的砂砾岩，在测井曲线上表现出高电阻、自然伽马由低值到高值的突变，且全区分布稳定，易于辨认，可以石千峰底界作为区域标志层进行标定（图 2-1-1、图 2-1-2）。

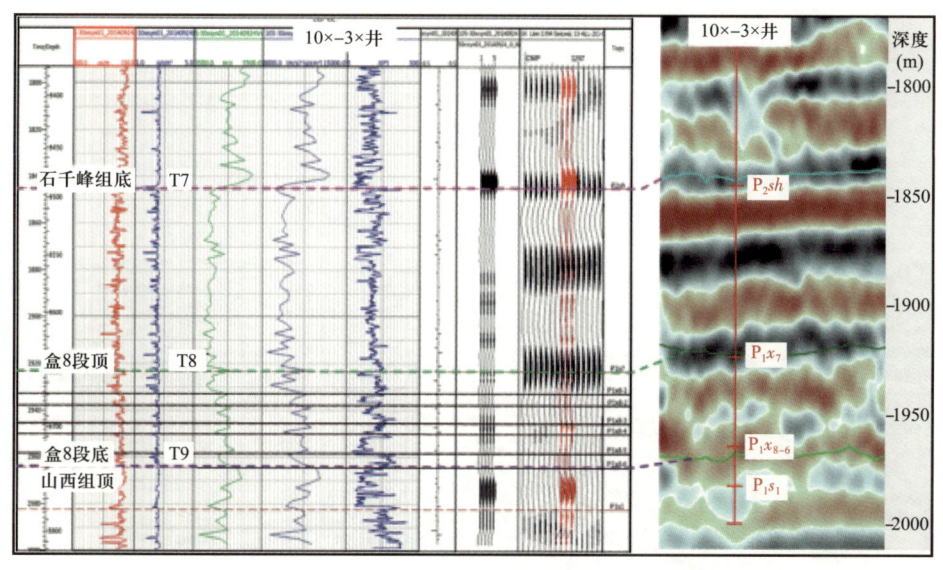

图 2-1-1　10×-3× 井合成记录

全区合成记录标定后发现，石千峰组底（T7）为一相当稳定的反射界面，盒 8 段顶（T8）、盒 8 段底（T9）的波阻特征在全区范围内分布不及石千峰组底部那样稳定，但仍可作为准标志层进行区域对比。通过井震结合，对石千峰组底（T7）、盒 8 段顶（T8）、盒 8 段底（T9）等三套地震反射层界面进行精细的标定和追踪，达到了钻井与地震资料的统一的目的，实现了主要地震地质层位的统一（图 2-1-2、图 2-1-3）。

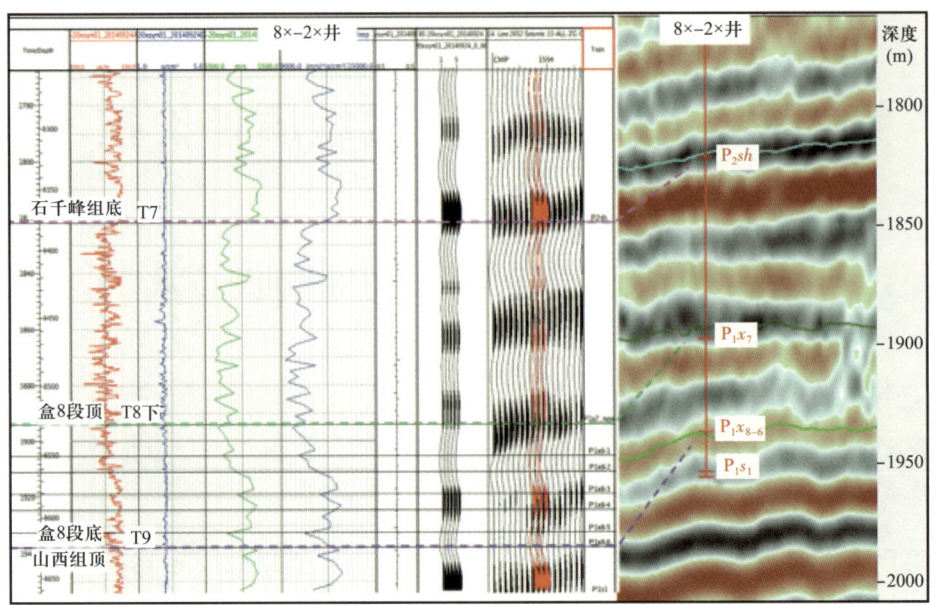

图 2-1-2　8×-2× 井井合成记录

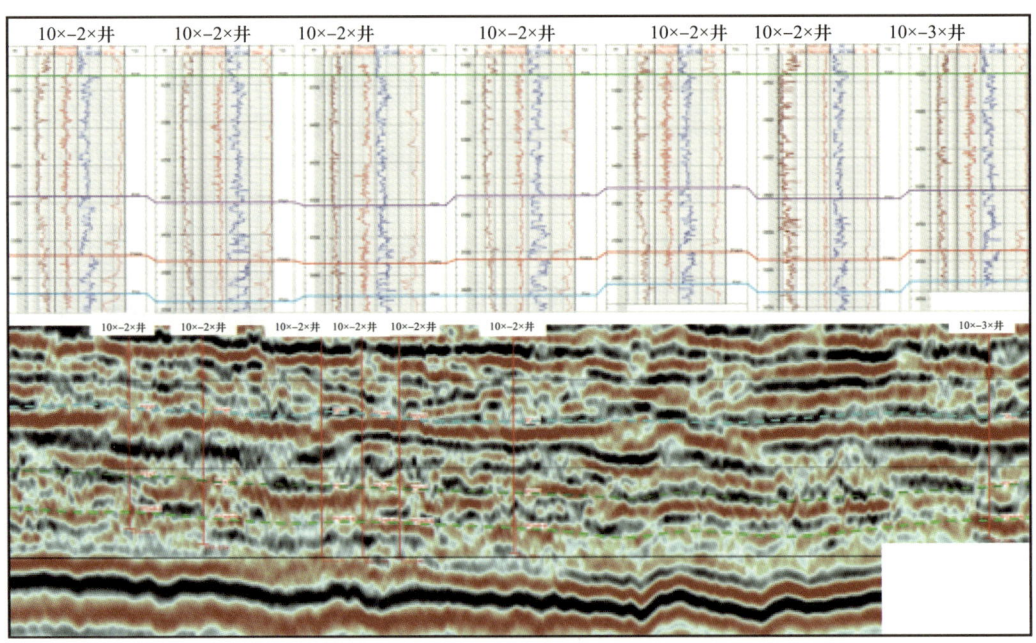

图 2-1-3　10×-2× 井—10×-3× 井连井对比剖面图

通过精细层位标定及全区格架剖面的地震地层对比，研究区主要标志层的地震反射特点如下（图 2-1-4）。

（1）石千峰组底界（T7）P_2sh：地震剖面上对应一中强能量的波峰，连续性好，波峰之下为一全区特征最明显的波谷，是除煤层外最连续、稳定的波组，非常稳定，易于追踪。

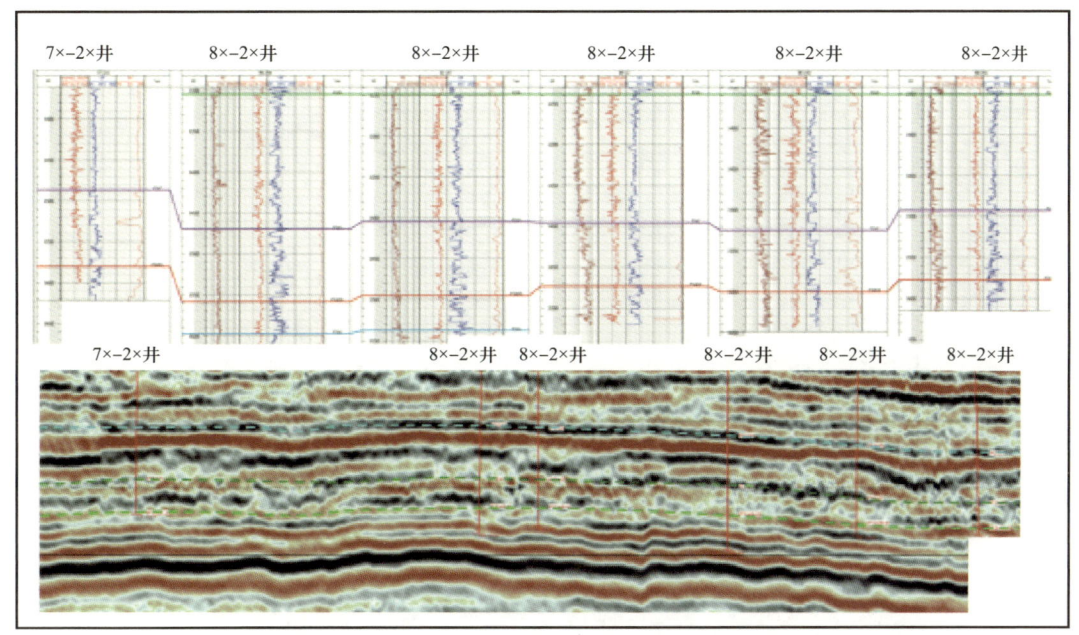

图 2-1-4 7×-2× 井—8×-2× 井连井对比剖面图

（2）盒 8 段顶（T8）P_1x_7：工区大部分区域盒 8 段顶部对应一中强能量的波峰，连续性好，与石千峰底之间为一组组合相当稳定的 2 个波谷夹 1 个强波峰组成的波组特征。西段连续性中等；南部波组特征不清楚；东部位于一组中强能量波峰，连续性中—差，可连续追踪。

（3）盒 8 段底（T9）：对应一弱波谷，研究区中部的北面与盒 8 段顶之间为一套波谷夹波峰的波组特征，研究区中部的南面尤其是东南部的波组特征不清楚，难于追踪，追踪时可参考盒 8 段的厚度在全区范围内比较稳定、层界面起伏不大的特点。

2. 通过地震资料的精细解释，探究微断层及微裂缝分布

前人的研究表明，工区断裂不发育，但通过对三维地震资料的精细解释发现同向轴的错断、扭动现象十分发育，证实该工区小型、微型断层和裂缝十分发育（图 2-1-5）。

苏 75 南区中部发育一条近东西向断层，平面延伸较长，几乎贯穿工区，区内长达 9.5m，向上断至石千峰组，断距大，分析认为石千峰组沉积后发育的断层，是工区内最大的一条南倾断层（图 2-1-6）；工区西部发育一系列断层，走向近北东东向；南部和东北部高部位发育一系列延伸较短、断距小、走向以北东向为主的小型断层。尤其煤系地层的波组错断现象非常明显，这些错动从上至下为直立"断层"，且大部分可以解释成小的"地堑"，这一现象仅在煤层及其下部明显，向上逐渐减弱，至石千峰组底面消失。

通过开展三维区断裂体研究，研究区共识别出正断层 197 条，逆断层 46 条，陷落柱 12 个。不同层位断层发育情况不同，盒 8-5 小层以上南区比中区断层发育，盒 8-5 小层以下中区断层比南区断层发育。

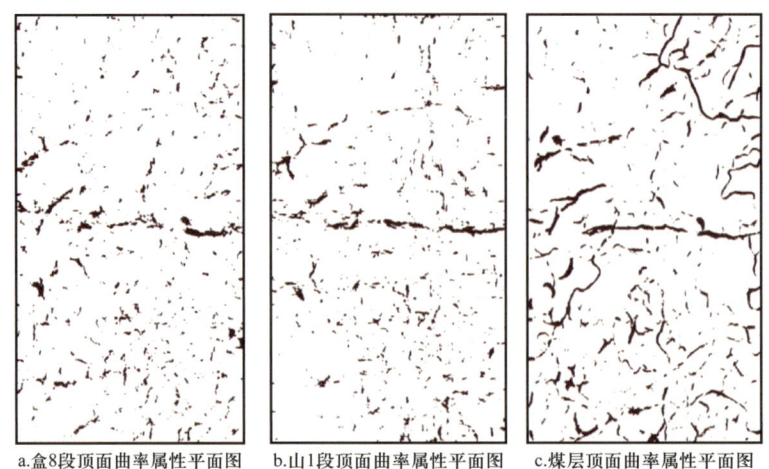

a. 盒8段顶面曲率属性平面图　　b. 山1段顶面曲率属性平面图　　c. 煤层顶面曲率属性平面图

图 2-1-5　曲率属性平面图

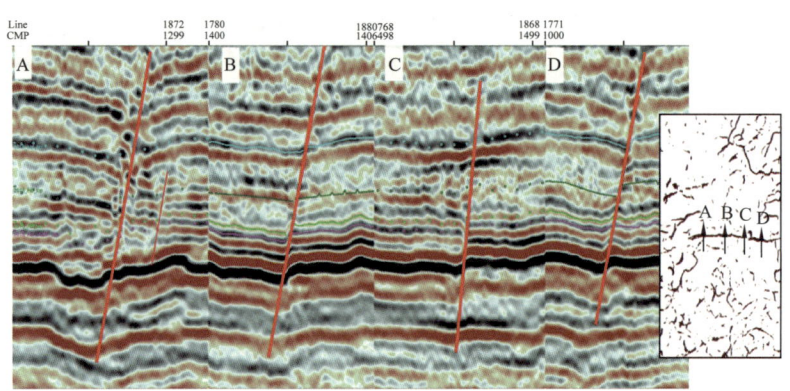

图 2-1-6　大型断层剖面特征

3. 采用层序地层学的方法建立等时对比格架，探究各小层的顶面构造特征

通过对研究区 500 余口井的钻井、测井、岩屑录井和生产动态资料等分析可知，苏 75 区块二叠系顶部埋深在 2900m 左右，底部埋深在 3500m 左右，局部井区的埋深在 3700m 左右。太原组在研究区的厚度在 45～65m，下部以砂岩为主，夹有煤层或生物灰岩；上部以石灰岩为主，夹薄层砂岩、煤层或泥岩。山西组从下往上依次发育有山 2 段和山 1 段。山 2 段以灰色、深灰色中细粒砂岩或粉砂岩，局部区域在砂岩中夹有泥岩。山 1 段从下往上可划分出 3 层，分别是 P_1s_{1-3}、P_1s_{1-2} 和 P_1s_{1-1}，各小层中的岩性差异不大，均为分流河道沉积的砂泥岩为主。石盒子组的盒 1-7 段主要为氧化环境下形成的红色泥岩、砂质泥岩，夹有薄层的砂岩或粉砂岩。盒 8 段为砂泥岩互层，砂岩的颜色主要为灰白色，从下往上依次发育有 5 个小层（图 2-1-7）。

盒 8 段与山西组的地层界线为一岩性和电性转换面（图 2-1-8），山西组顶部为泥岩段或泥岩夹粉砂岩段，伽马测井值高于上部地层伽马测井值，多呈箱状或呈倒立的漏斗状，反映出水体变深，泥质含量逐渐增大。

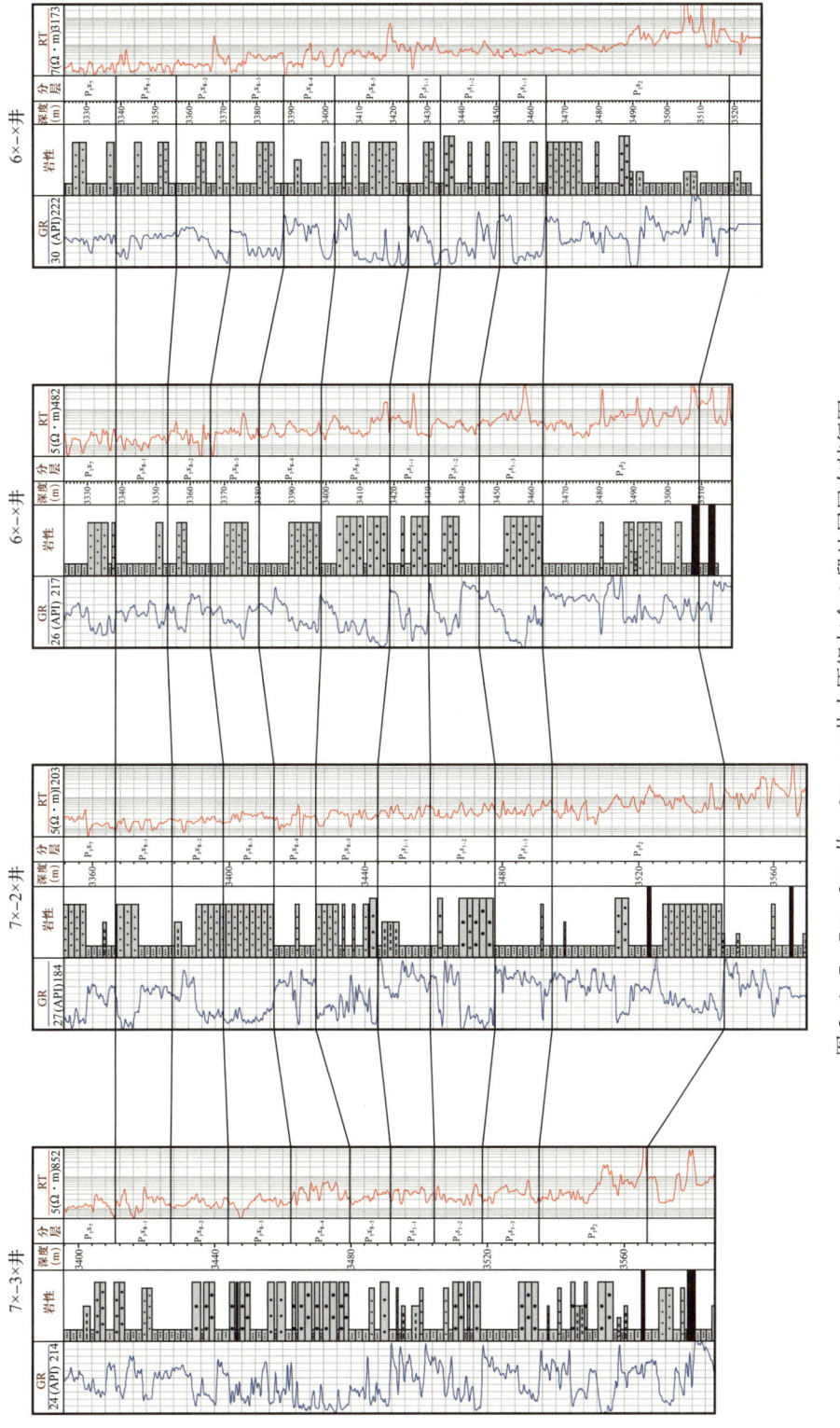

图 2-1-7 7×-3× 井—6×-× 井太原组与盒 8 段地层展布特征图

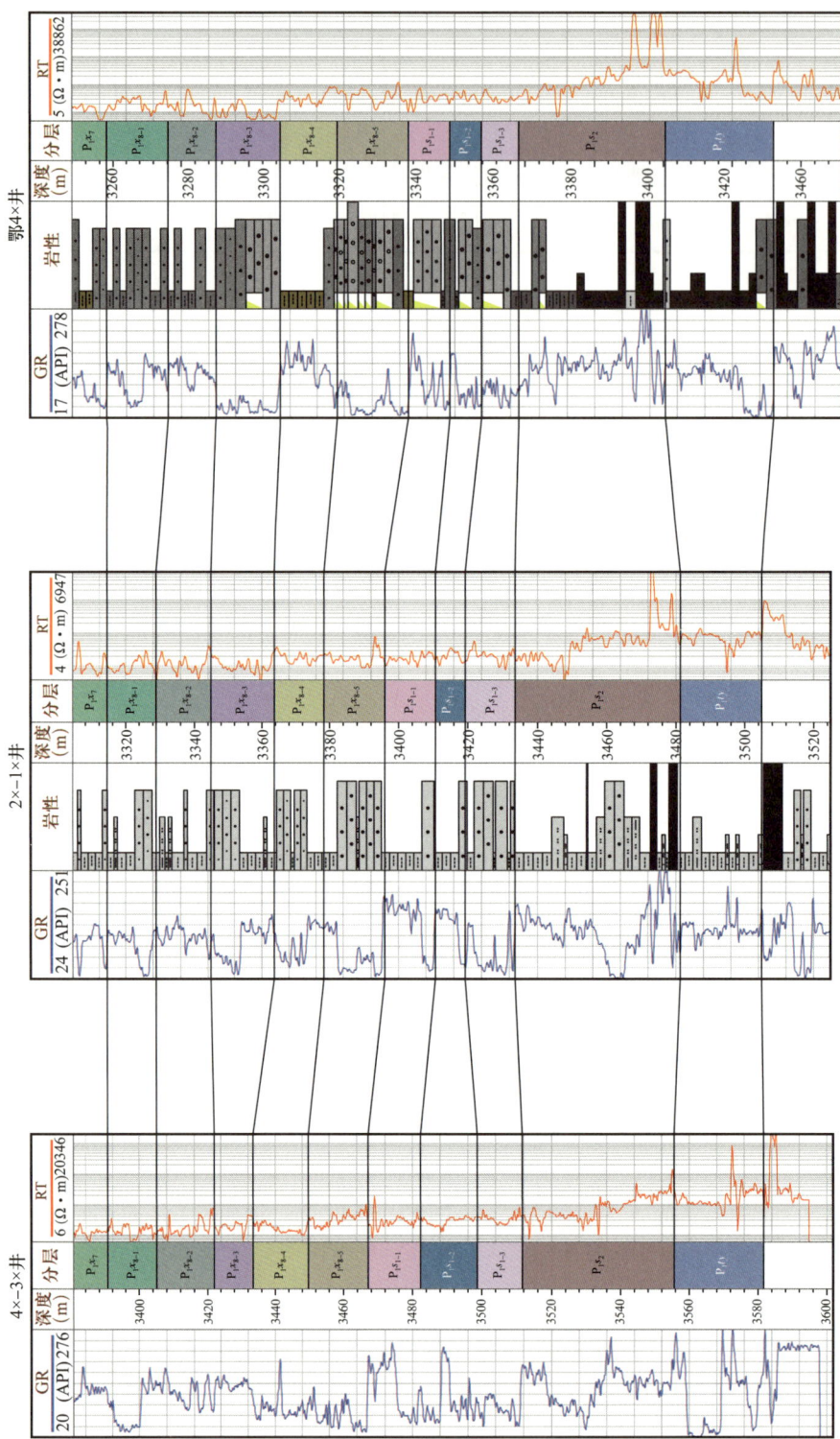

图 2-1-8 4×-3×井—2×-1×井—鄂 4×井山西组与盒 8 段地层展布特征图

通过整理发现，研究区二叠系顶部的构造展布特征与鄂尔多斯盆地的区域构造展布特征极为相似（图2-1-9、图2-1-10），总体表现为向西南倾斜的单斜构造。

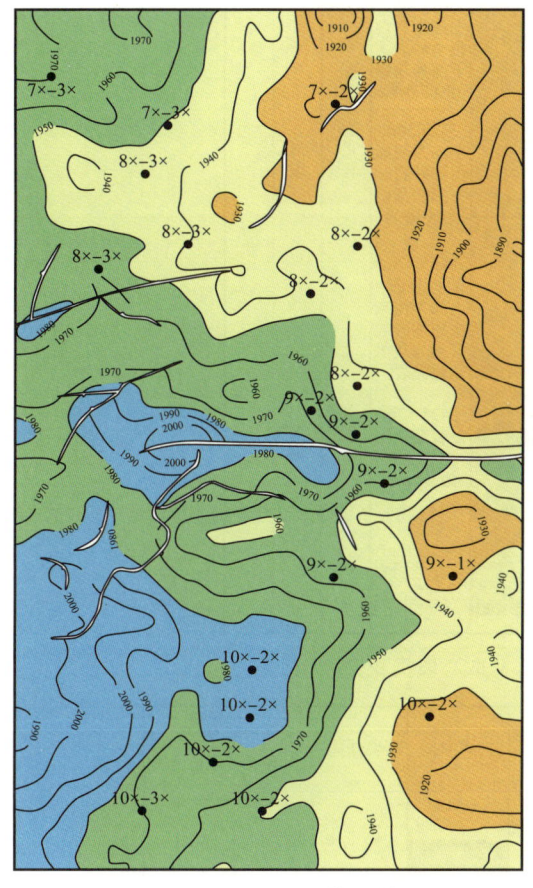

图2-1-9　盒8段顶面构造特征图

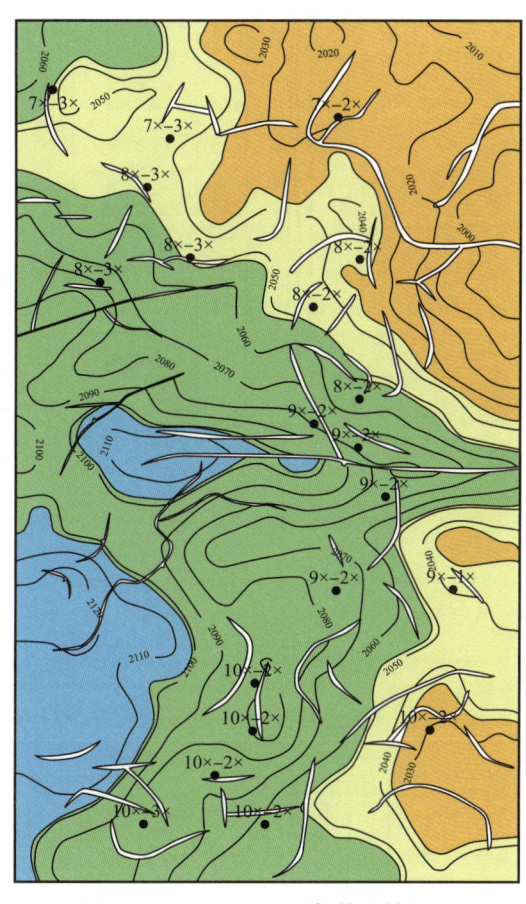

图2-1-10　山西组顶部构造特征图

二、沉积相空间展布刻画技术

1.利用岩心描述资料刻画沉积微相类型

由区域地质资料、苏75区块盒8段及山西组的岩心观察分析可知，苏75区块山西组—盒8段主要发育辫状河—辫状河三角洲沉积体系，包括辫状河和辫状河形成的浅水三角洲体系（图2-1-11～图2-1-13）。与正常三角洲不同，辫状河三角洲骨架砂体是以辫状河道砂体沉积为主，河口坝不发育或发育较少。由于湖盆边缘地形平缓，辫状河道向滨浅湖自然延伸，三角洲平原和三角洲前缘亚相区分不明显。灰绿色和灰白色的细砂岩、中砂岩、含砾粗砂岩发育，在岩心上可见河道沉积的冲刷面构造和粒序层。

通过岩心刻画，研究区盒8段和山西组的辫状河三角洲相中发育有三角洲平原亚相、辫状河道、越岸沉积和泥炭沼泽微相；辫状河相中发育有河床亚相和河漫亚相，其中河床亚相中发育有河道及心滩微相沉积。

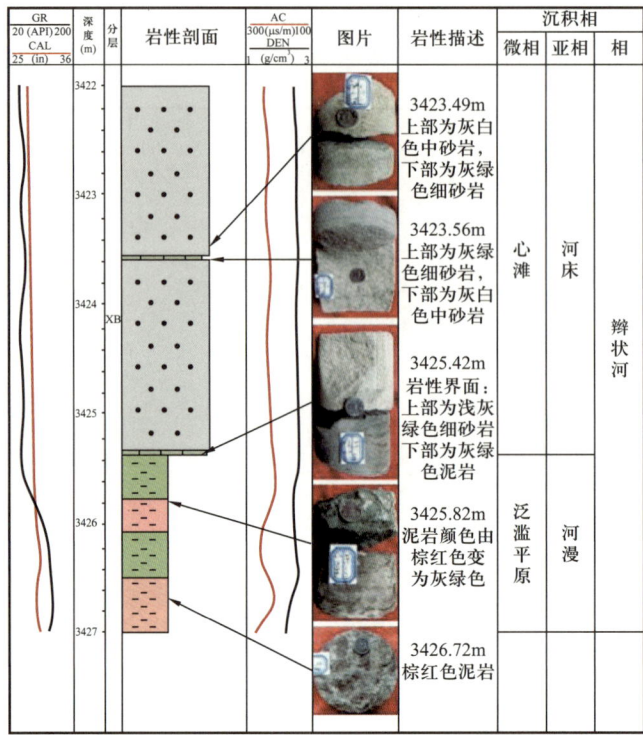

图 2-1-11　苏 9× 井盒 8 段部分取心段沉积微相特征图

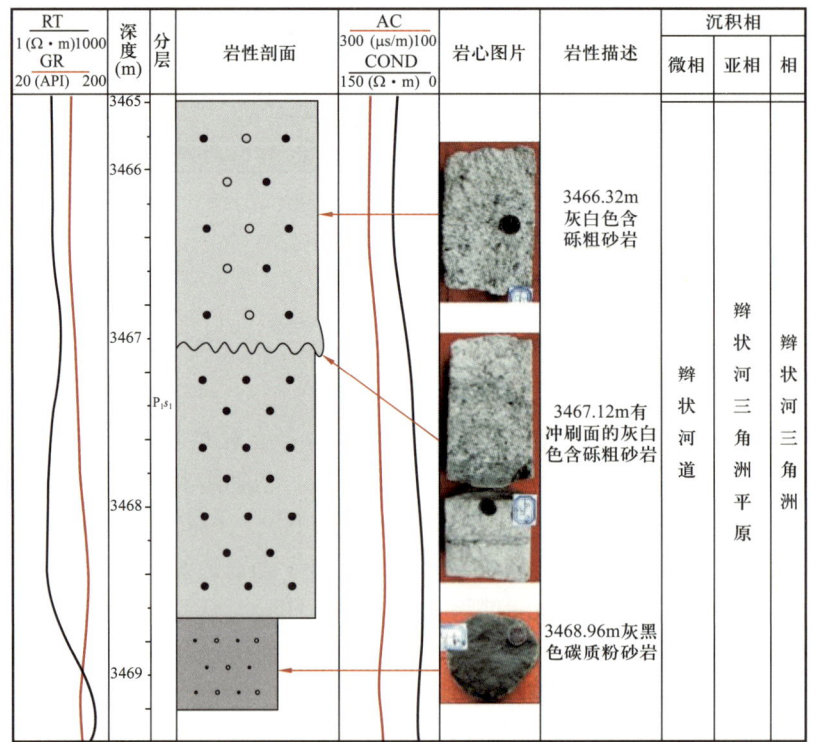

图 2-1-12　苏 10× 井山西组部分取心段沉积微相特征图

a. 岩心筒照片　　　　b. 岩心描述

图 2-1-13　苏 5× 井盒 8 段第二筒取心多期心滩砂岩叠置特征

2. 用岩心表征的沉积微相刻画测井相

测井相分析的基本原理是从一组能够反映地层特征的测井响应中提取出测井曲线幅度的大小、形态、接触关系及组合特征等信息，再结合其他测井解释结论划分测井相，并利用岩心资料进行验证，建立起利用测井资料描述地层沉积相的模式。

苏 75 区块的取心井有限，岩—电图版的建立对非取心井段沉积相类型的识别十分重要。选取对岩性、相序和相组合识别较为敏感的伽马测井（GR）、声波时差测井（AC）和地层电阻率测井（RT），在完成对取心井段的岩—电标定的基础上建立不同沉积体系各沉积微相的岩—电解释图版（图 2-1-14、图 2-1-15）。

沉积相	亚相	微相	测井响应			岩性组合	代表井	发育程度	发育层位
			GR	AC	RT				
辫状河	河床	河道及心滩 高A/S	小型箱形	齿状中低值	齿状中值	心滩及河道中粗砂岩或中砂岩	鄂3×苏7×	为主	盒8-4小层 盒8-5小层
		河道及心滩 低A/S	厚层箱形	厚层箱形中低值	厚层箱形中值	心滩河道中粗砂岩或中砂岩	苏5× 苏10× 苏10×	为主	盒8-4小层 盒8-5小层
	河漫	泛滥平原	向状高值	中高值	中低值	河道间紫红色泥岩	苏10× 苏10×	为主	盒8-4小层 盒8-5小层

图 2-1-14　辫状河体系沉积相岩—电解释图版

沉积相	亚相	微相		测井响应			相组合	代表井	发育程度	发育层位
				GR	AC	RT				
辫状河三角洲	三角洲平原	辫状河道	高A/S	 箱形	 齿状中值	 齿状中值	分支河道中细砂岩	苏10×鄂4×	为主	山1段
			低A/S	 锯齿状厚层箱形	 齿状中值	 齿状中值	分支河道中细砂岩	苏7×-6×-1×	为主	山1段山2段
		越岸沉积		高值	 中值	 中低值	河道间灰绿色泥岩和灰黑色粉砂质泥岩	苏7×-5×-3×	为主	山1段山2段
		泥炭沼泽		指状低值	 异常高值	 异常低值	泥炭沼泽灰黑色碳质泥岩和煤层	苏7×鄂4×鄂4×	较少	山2段

图 2-1-15 辫状河三角洲体系沉积相岩—电解释图版

辫状河沉积体系主要发育于盒 8 段。辫状河沉积体系中的河床亚相广泛发育，高可容空间与低可容空间两种类型形成的心滩—河道有所差异，电测曲线的响应特征有所不同。基准面较高时，可容纳空间较高，A/S 值较高，如鄂 3× 井、苏 7× 井及苏 7×-10×-2× 井，砂体往往呈单层孤立分布，GR 曲线为小型箱形，AC 为齿状中低值，RT 为齿状中值（图 2-1-16）。基准面较低时，可容纳空间较低，A/S 值较低，如苏 5× 井、苏 10× 井等，心滩、河道发生侧向迁移，砂体叠置发育，厚度较大，曲线多表现为箱形，GR 曲线为厚层箱形，AC 曲线为中低值厚层箱形，RT 曲线为中值厚层箱形。河漫亚相泛滥平原微相电测响应 GR 为齿状高值，AC 为中高值，RT 为中低值。

辫状河三角洲沉积体系在研究区的山西组较为发育。电测响应曲线表明，高 A/S 时期，三角洲平原的辫状河道主要发育单砂体，GR 为箱形，AC 及 RT 为齿状中值，主要与河道间灰色泥岩和灰黑色粉砂质泥岩形成相组合；低 A/S 沉积期，河道点坝发生侧向加积作用，砂体侧向叠置，GR 表现为锯齿状厚层箱形，AC、RT 与高 A/S 相似均为齿状中值，此类辫状河道砂体往往发育在基准面较低部位，如苏 7×-6×-1× 井，该沉积期湖盆范围较小，水体处于低位，三角洲平原受湖水影响较小，泥炭沼泽灰黑色碳质泥岩及煤层较为发育。越岸沉积表现为 GR 高值，AC 中值，RT 中低值。泥炭沼泽由于泥岩相对较少，GR 常表现为指状低值，AC 为异常高值，RT 为异常低值（图 2-1-17）。受沉积环境的影响，研究区山西组三角洲前缘亚相不发育。

3. 以表征优势相的原则刻画沉积微相的平面展布特征

在单井相分析及测井相划分模式研究的基础上（表 2-1-1），综合区域地质背景、绘制了苏 75 区块盒 8 段及山西组各小层的沉积微相平面分布图（图 2-1-18、图 2-1-19）。

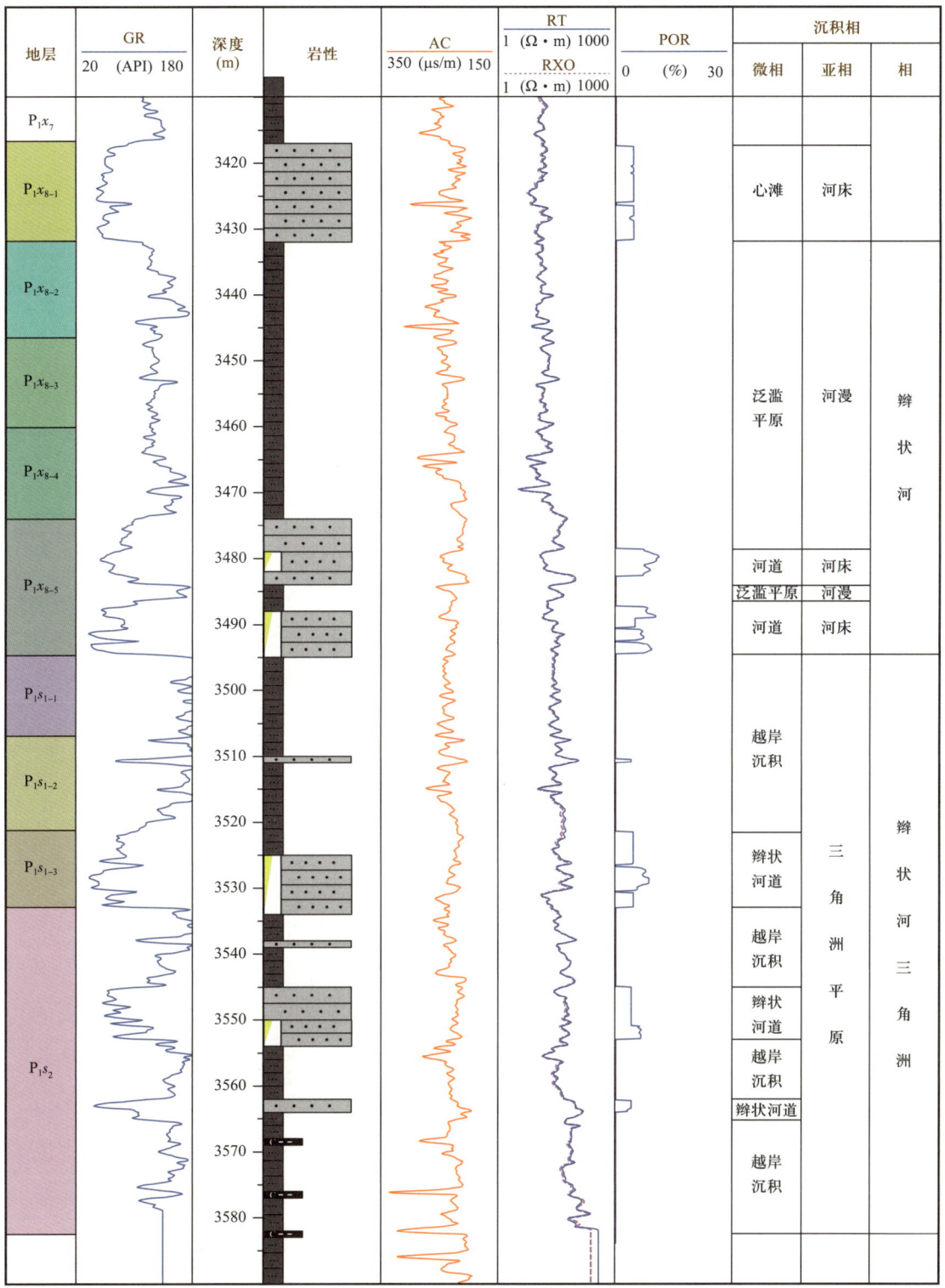

图 2-1-16　苏 7×-10×-2× 井盒 8 段及山西组沉积特征图

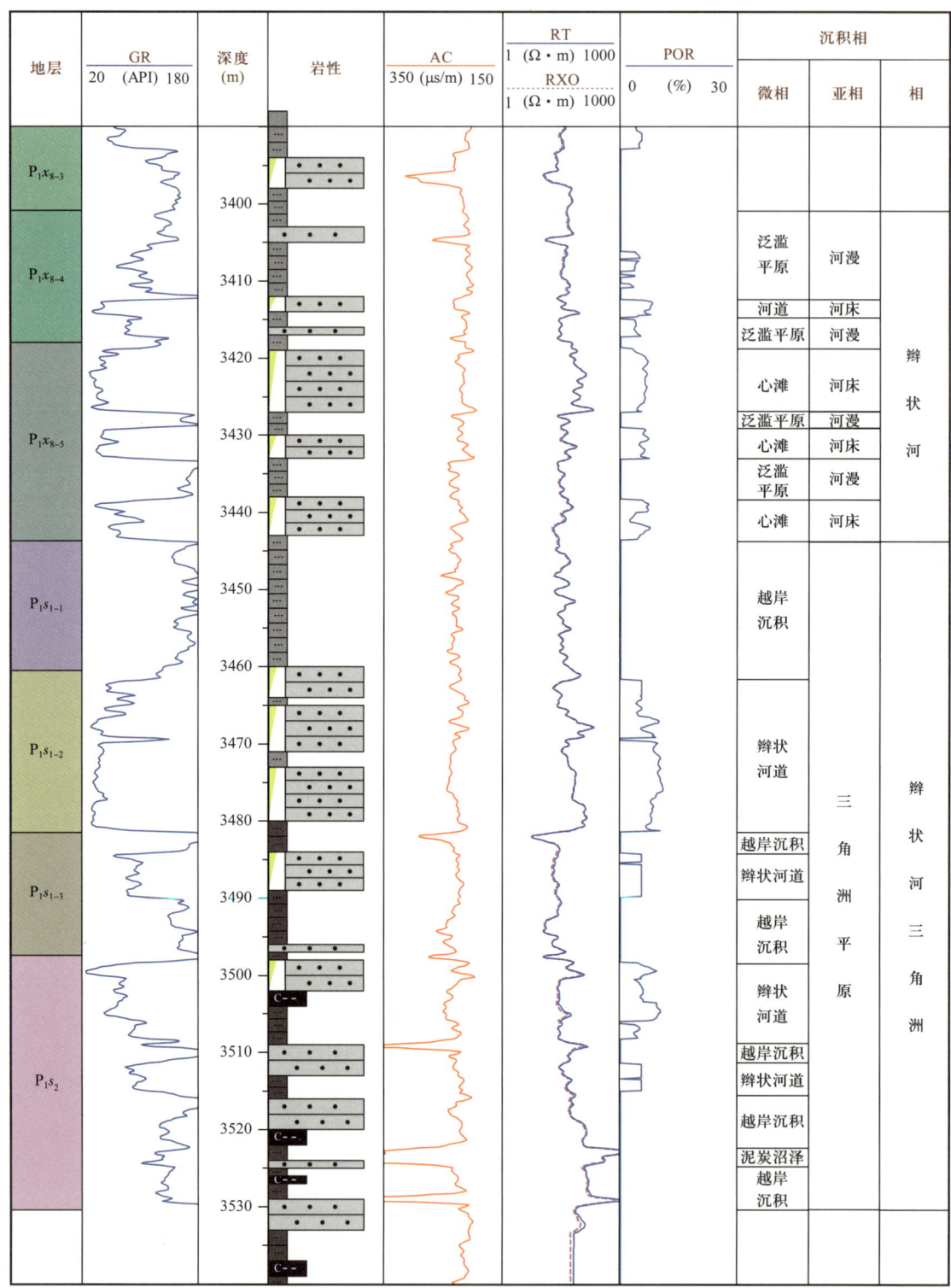

图 2-1-17 苏 7×-6×-1× 井盒 8 段及山西组沉积特征图

表 2-1-1　苏 75 井区盒 8 段及山西组沉积微相划分特征统计表

沉积相类型	辫状河			辫状河三角洲		
	心滩	河道	泛滥平原	辫状河道	越岸沉积	泥炭沼泽
岩性特征	灰绿色含砾粗砂岩变为粗砂岩、中细砂岩，含黑云母泥岩隔夹层	灰绿色粗砂岩、含砾粗砂岩，底部可见含泥砾的侵蚀冲刷面	灰绿色夹紫红色、灰色泥岩、粉砂岩	灰白色粗砂岩、含砾砂岩、砾岩，底部可见带有泥砾的冲刷面	以粉砂岩、灰黑色泥岩为主，也可形成小型透镜体砂岩	灰黑色碳质泥岩和煤层
韵律	正韵律	正韵律	无韵律	正韵律	无韵律	无韵律
测井特征	高幅度箱形或钟形	中高幅度钟形	齿状直线形	中高幅度箱形或钟形	齿状直线形	高幅度指状
沉积构造	底部冲刷、大型槽状交错层理、板状交错层理、平行层理	冲刷面、槽状交错层理、平行层理	沙纹层理、植物化石	波状层理、小型交错层理、水平层理	沙纹层理	煤层
沉积环境	氧化环境			还原环境		
水动力	强			弱		
分选性	差			较差		
发育层段	盒 8 段			山 1 段、山 2 段		

1）盒 8 段沉积微相平面展布特征

盒 8 段各小层主要发育河道、心滩、泛滥平原沉积微相类型。由第 5 小层至第 1 小层，古河流的规模由大变小，河道的宽度变小，河道砂岩总体上呈近东北—西南方向，与物源方向一致。砂岩在平行于物源方向上连通性较好，在垂直于物源方向上河道砂岩变化较快，连续性较差（图 2-1-18、图 2-1-19）。

辫状河除在河床底部发育河床滞留沉积外，主要发育心滩微相，并且河床滞留沉积在下，心滩发育在上部。心滩在外部形态上似菱形，且上部较陡，下游平缓。上部不断遭受侵蚀作用，下部不断发生沉积作用，导致心滩不断向河流下游方向进行迁移。研究区盒 8 段心滩发育较为稳定，尤其盒 8 段第 4 和第 5 层河道连片发育，连通性很好，由于河道的频繁摆动与冲刷，心滩非常发育。盒 8 段第 3 层至第 1 层向上河道明显变窄，砂体相对发育较少，连通性较差，心滩相对减少。

2）山西组沉积微相平面展布特征

研究工区在山西组主要发育辫状河三角洲平原沉积亚相类型，其主要沉积微相类型发育辫状河道和越岸沉积（图 2-1-20、图 2-1-21）。在工区内未发现明显的水界面或湖岸线，所以辫状河三角洲前缘亚相未发育。在研究区东南部区域，山西组 1 段自下而上的河道数量明显增多，规模逐渐增大，由条带状分布逐渐变为连片发育。

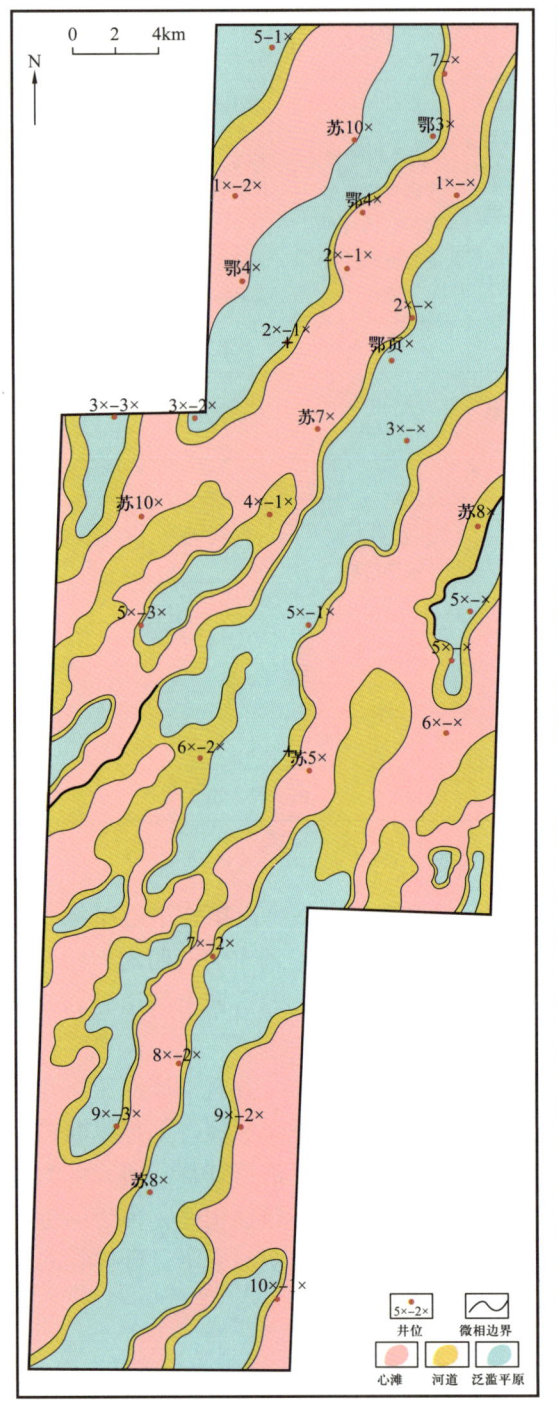

图 2-1-18　盒 8-5 小层沉积微相平面展布图　　　图 2-1-19　盒 8-4 小层沉积微相平面展布图

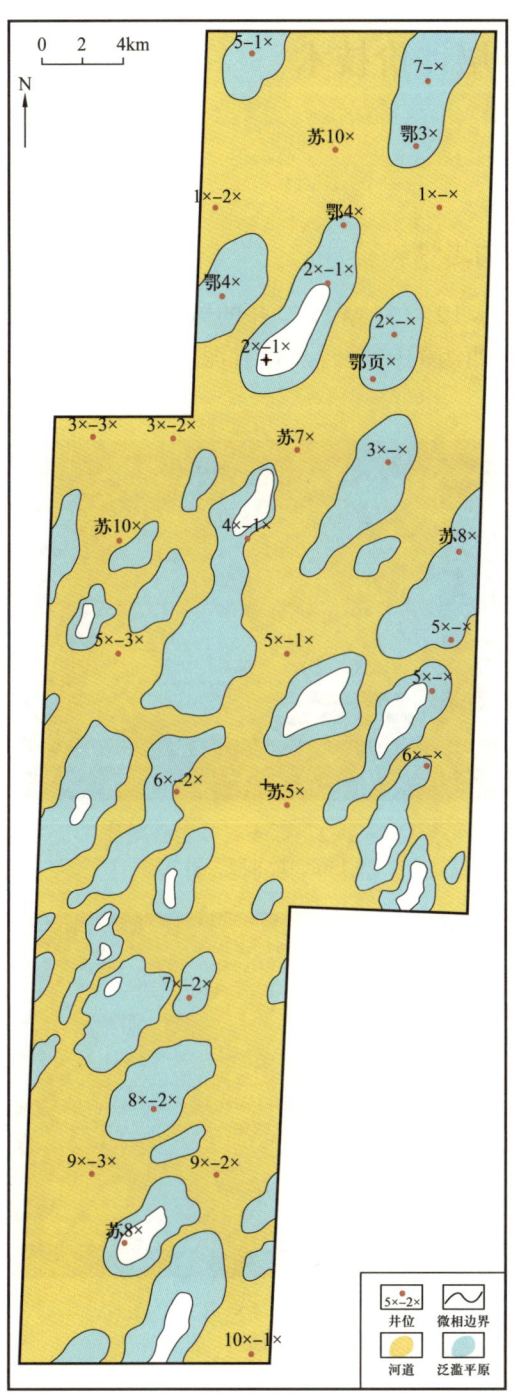
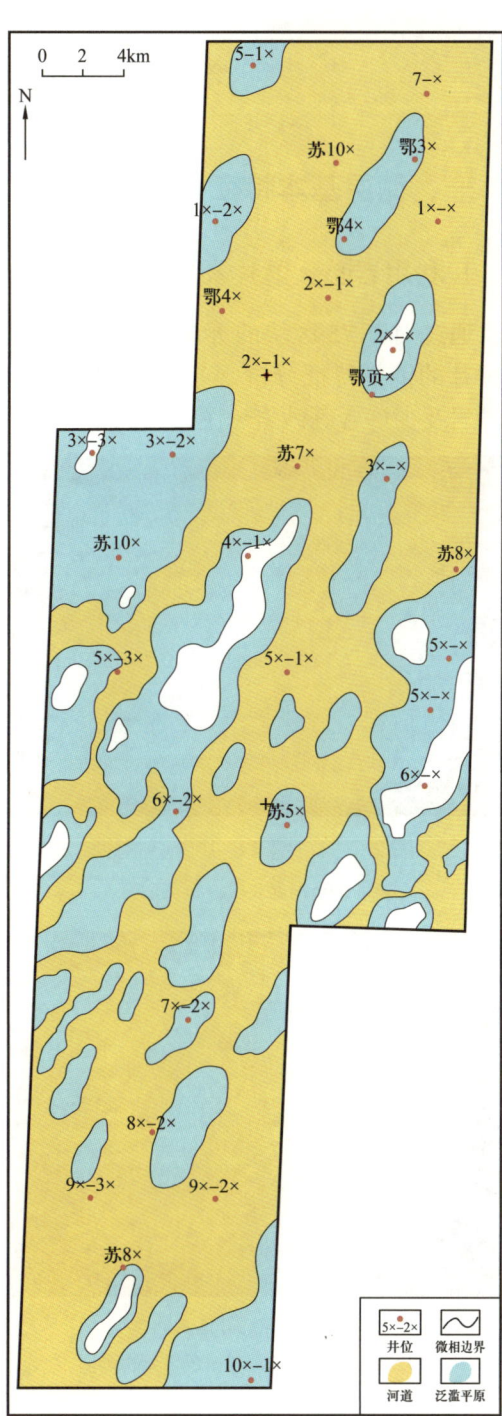

图 2-1-20　山 1-2 小层沉积微相平面展布图　　图 2-1-21　山 1-3 小层沉积微相平面展布图

第二节 致密储层评价技术

一、储层基本特征评价技术

1. 利用岩心、薄片及岩化资料探究储层的岩性特征

通过对苏 75 区块的苏 7× 井、苏 9× 井、苏 10× 井等 11 口井的岩心资料观察及岩石薄片的镜下特征分析，苏 75 区块盒 8 段和山西组的储集岩发育有泥质砂岩、粗砂岩、中砂岩及少许含砾砂岩（图 2-2-1～图 2-2-6）。

图 2-2-1 鄂 4× 井岩心图片
3431.57m，盒 8 段，石英砂岩

图 2-2-2 鄂 4× 井岩心图片
3329.13m，盒 8 段，岩屑砂岩

图 2-2-3 苏 7× 井岩心图片
3432.02m，盒 8 段，灰白色含砾粗砂岩

图 2-2-4 鄂 4× 井岩心图片
3186.73m，山西组，岩屑砂岩

根据研究区苏 7×-5×-× 井、苏 7×-5×-3× 井、苏 7×-6×-2× 井、苏 7×-7×-2× 井等井的薄片镜下观察与统计结果可知，盒 8 段和山西组的岩性主要为石英砂岩。盒 8 段的石英含量为 75%～87%，均值 82.27%；长石的含量较低，含量为 0～1.0%；岩屑的含量为 3.0%～12.0%，均值为 6.2%；方解石的含量为 3%～12%，平均值 6.2%。

多数薄片中均可见绢云母化的云母。山1段的石英含量也较高，为75%~82%，均值79.67%；方解石含量为6%~12%，平均值8.17%；长石和岩屑的含量均较低，长石的含量为0~0.5%，岩屑含量为2.0%~5.0%。填隙物主要为岩屑和方解石。

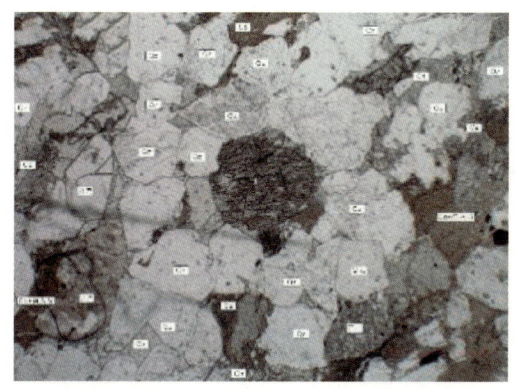 

图2-2-5　7×-2×井岩石薄片特征　　　　　图2-2-6　6×-2×井岩石薄片特征
3440.52m，盒8段，石英砂岩　　　　　　　3491.83m，山西组，石英砂岩

2. 利用岩心的物性测试结果评价储层的物性特征

对研究区的鄂3×井、鄂4×井、苏5×井、苏7×井等10口井520个岩样的物性测试结果分析可知，盒8段岩心测试的孔隙度为0.62%~17.35%，均值为8.25%（图2-2-7），主要分布在5%~10%的区域，其占比为65.88%；孔隙度值大于13%的岩样占比不足2%。岩样测试的渗透率为0.00638~8.2627mD，均值为0.4110mD。在0.1~1.0mD范围内的岩样其占比为71.37%，部分样品的渗透率值大于1.0mD（图2-2-8），但其占比仅为7.92%。渗透率与孔隙度及孔隙度与岩石密度之间的相关性较好，其相关系数分别为0.7046和0.9243（图2-2-9、图2-2-10），反映出盒8段储层主要为孔隙型储层。

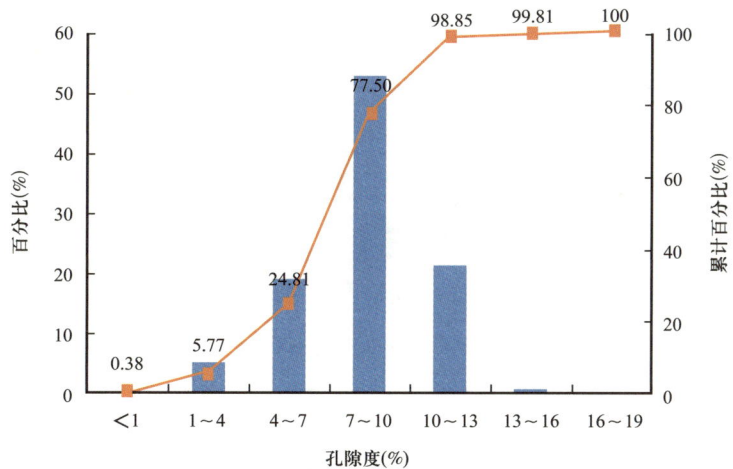

图2-2-7　岩心测试孔隙度分布直方图

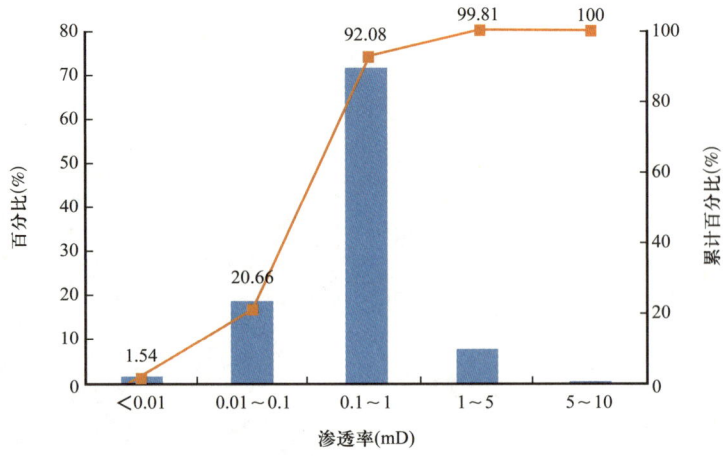

图 2-2-8　岩心测试渗透率分布直方图

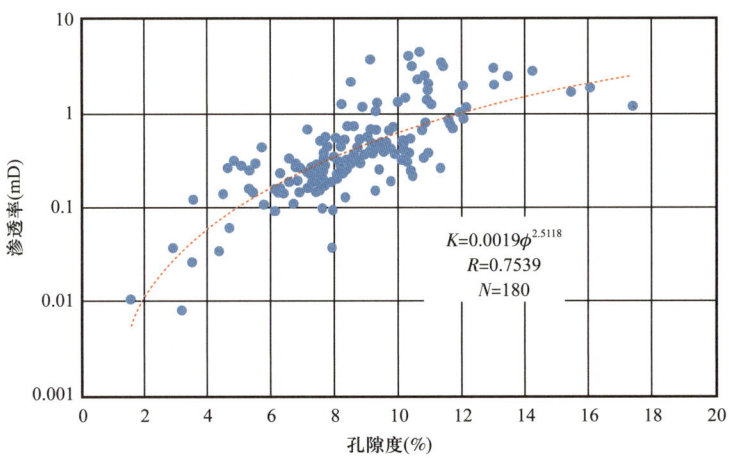

图 2-2-9　岩心测试渗孔隙度与透率关系图

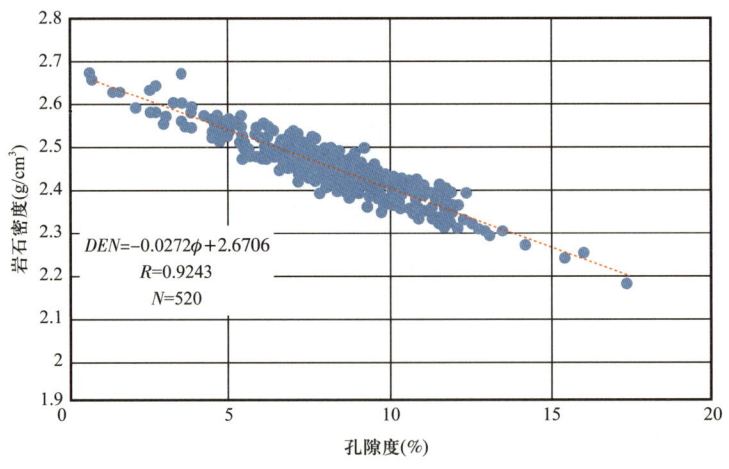

图 2-2-10　岩心测试孔隙度与密度关系图

通过对苏5×井、苏7×井、苏8×井、苏9×井、苏10×井等井的374个岩样的物性测试资料分析（图2-2-11～图2-2-14），山西组岩心测试的孔隙度为0.91%～15.63%，均值为7.03%。孔隙度主要分布在4%～10%，其累计百分比为71.12%。大于10%的样品占比为17.11%（图2-2-11）。从渗透率分布直方图中可以看出（图2-2-12），测试的渗透率主要分布在小于1.0mD的区域内，其占比为87.16%。其中小于0.1mD的占比为44.112%，介于0.1～1.0mD的占比为43.05%。

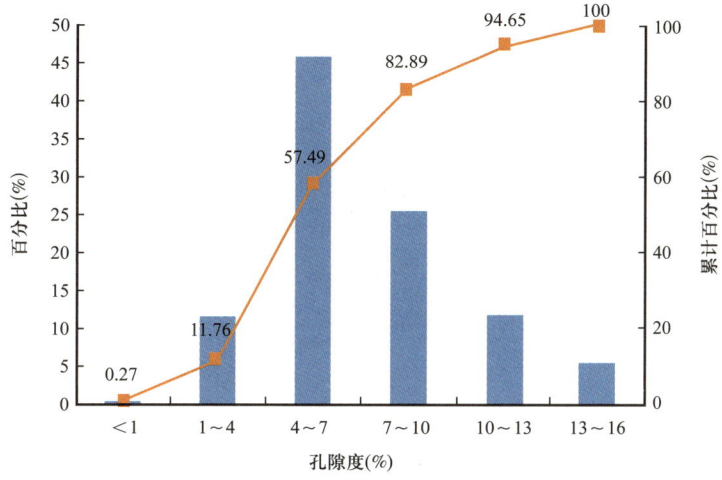

图2-2-11 岩心测试孔隙度分布直方图

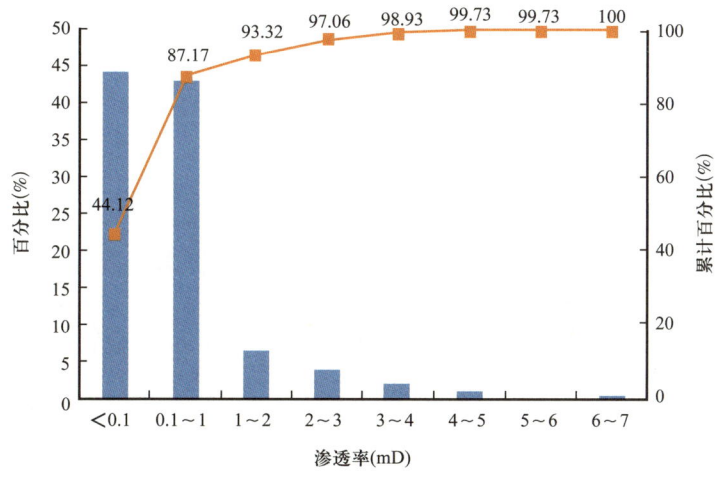

图2-2-12 岩心测试渗透率分布直方图

山西组储层的孔隙度与渗透率之间的线相关性较好（图2-2-13），其相关系数 R 为0.7910。测试样品的孔隙度与岩石密度值之间的相关性也较好（图2-2-14），其线性相关性的相关系数 R 为0.9707。由此可以推断出，山西组储层以孔隙型储层为主。相关性图中可见部分测试样品的数据偏离主趋势方向，可能是岩样存在微裂缝所致。

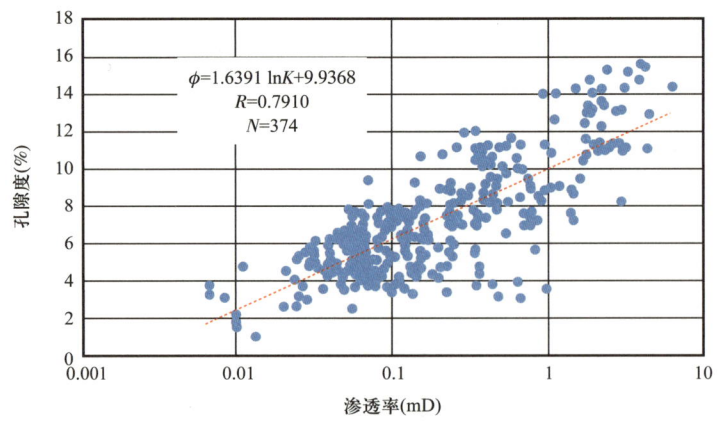

图 2-2-13　岩心测试孔隙度与渗透率关系图

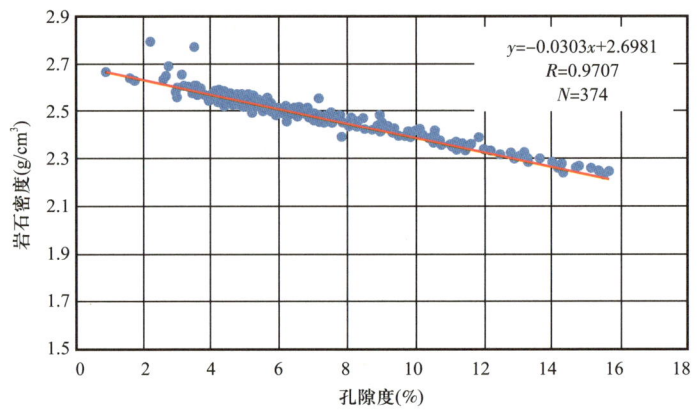

图 2-2-14　岩心测试孔隙度与密度关系图

3. 采用宏观与微观相结合的手段评价储层类别

通过对目的层的岩心描述、铸体薄片及岩石薄片的观察与统计可知，盒 8 段及山西组储层的储集空间有原生粒间孔，晶间孔、各类溶蚀孔隙及微裂缝等。溶蚀孔隙主要有石英粒间溶孔、岩屑溶孔、杂基及胶结物溶孔等。

按其成因可划分为孔隙和裂缝 2 类 5 种类型（表 2-2-1）。其中，孔隙有原生粒间孔隙和各种次生溶孔（图 2-2-15~图 2-2-20）。

（1）原生粒间孔。此类孔隙占比较少，仅在个别薄片中可见，几乎不与其他类型的孔隙或裂缝连通（图 2-2-15），占比仅为 9.26%。这类孔隙多呈孤立状分布，对储层发育的贡献不大，主要发育于石英砂岩、岩屑石英砂岩及长石石英砂岩中，颗粒之间没有或很少有胶结物充填。

（2）溶蚀孔隙。溶蚀孔隙是盒 8 段及山西组主要的储集空间类型，对储层发育的贡献率超过了 90%。主要有石英颗粒的粒间溶孔、岩屑溶孔、长石溶孔、碳酸盐岩胶结物溶孔等。镜下也可见部分岩石颗粒及胶结物已被不同程度的溶蚀，形成了边缘呈不规则状的溶蚀孔隙（图 2-2-15~图 2-2-20）。

表 2-2-1 研究区二叠系盒 8 段砂岩储集空间特征

储集空间类型		主要岩石类型	成因	组合特征
孔隙	原生 粒间孔	主要发育于石英砂岩中，偶尔可见于含砾砂岩中	岩石颗粒间隙未被胶结或未被完全胶结充填；粒间胶结物被全部或部分溶蚀	数量不多，多呈孤立的孔隙，几乎没有与次生的溶蚀孔隙、溶蚀缝及裂缝相连
	原生 晶间孔	主要为高岭石	高岭石充填于碎屑岩颗粒之间结晶而成	可以其他溶蚀孔隙连通
	次生 粒间溶孔	常见于石英砂岩中	分布于岩石颗粒间的岩屑、凝灰质岩屑及方解石完全（或部分）被溶蚀，镜下可见颗粒边缘不规则状	连通性较好，多与微裂缝及裂缝连接
	次生 粒内溶孔	常见于石英砂岩、岩屑石英及长石石英砂岩	石英颗粒在酸碱性环境下都会被溶，岩屑颗粒在酸性环境下被溶	连通性较好，多与微裂缝及裂缝连接
裂缝	溶蚀缝	常见于石英砂岩和岩屑质石英砂岩	在成岩过程中的差异压实及构造力作用下，形成产状不同的微裂缝及构造裂缝在成岩流体作用下发生溶蚀作用而成	多与孔隙、裂缝及构造—溶蚀缝相连
	裂缝	各类岩石中均有分布	在构造应力作用下岩石发生破裂而成	常与各类孔隙、溶缝相连

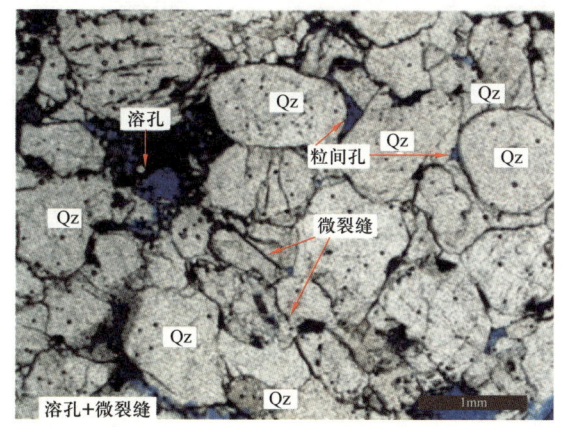

图 2-2-15 苏 7×-5×-× 井岩石薄片特征
3420.86m，山西组，溶孔、微裂隙、溶孔和原生粒间孔

图 2-2-16 苏 7×-6×-2× 井岩石薄片特征
3453.39m，盒 8 段，次生溶孔、晶间孔和微裂缝发育

（3）裂缝。目的层段的裂缝以微裂缝为主，尽管在岩心上很难见到明显的裂缝存在，但镜下可见构造作用和成岩作用形成的构造裂缝和成岩裂缝（图 2-2-15～图 2-2-20）。构造作用形成的裂缝常表现出裂缝切穿岩石颗粒，或形成"X"节理缝（图 2-2-17），表明目的层段裂缝的形成与分布受构造作用力的影响较为明显。裂缝在成岩过程中发生溶蚀作用常形成宽度不一的溶蚀缝。此类储集空间的占比较少，不是主要的储集空间类型。

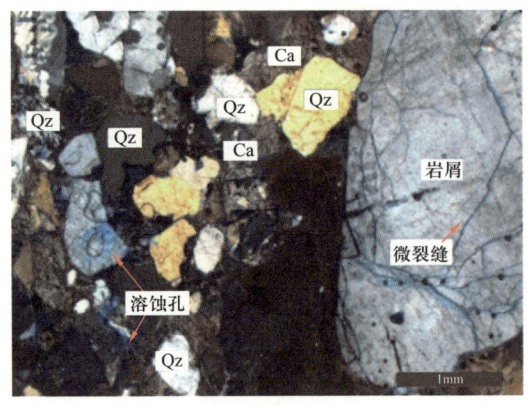

图 2-2-17 苏 7×-6×-2× 井岩石薄片特征
3490.52m,山西组,溶蚀孔隙发育于石英及填隙物中

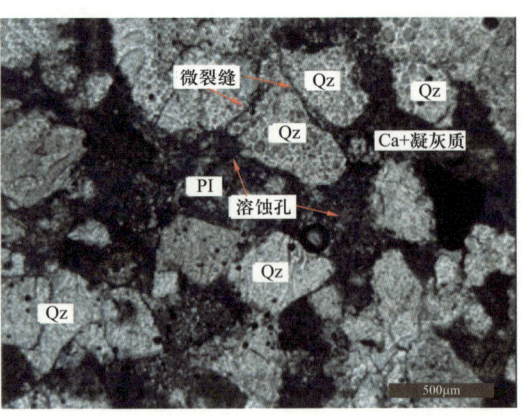

图 2-2-18 苏 7×-7×-2× 井岩石薄片特征
3434.19m,盒 8 段,发育长石溶孔、石英中发育有微裂缝

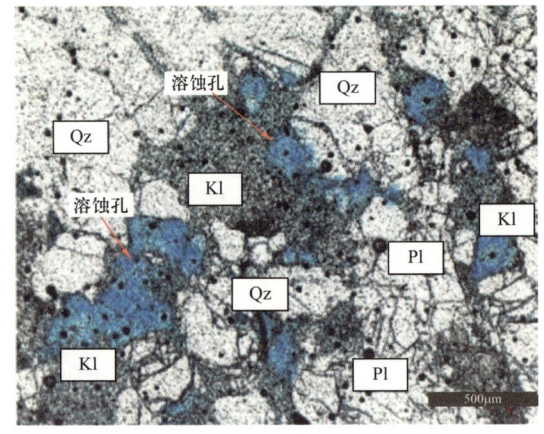

图 2-2-19 苏 7×-5×-3× 井岩石薄片特征
3474.45m,山西组,高岭石晶间孔,长石粒内溶孔,石英、长石粒间溶孔

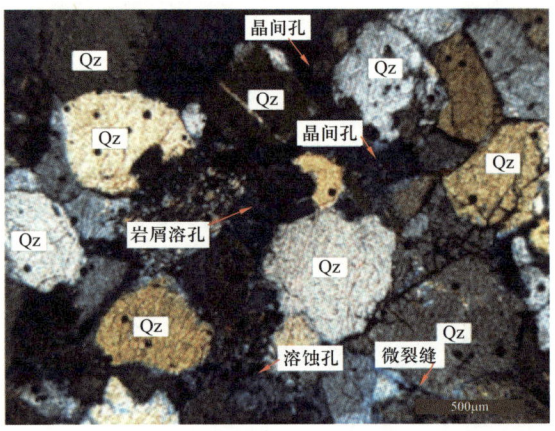

图 2-2-20 苏 7×-7×-2× 井岩石薄片特征
3487.75m,山西组,发育岩屑溶孔、晶间孔及微裂缝的溶蚀缝

杨华等人(2016)借助岩心资料、镜下观察资料及压汞资料,采用宏观与微相相结合的方法将鄂尔多斯盆地上古生界致密砂岩分为四类(表 2-2-2)。其中,Ⅰ类储层为中—粗粒、粗粒石英砂岩,储集空间只有粒间孔及粒间孔与溶孔的组合空间类型,面孔率大于 6%,孔隙直径大于 100μm,孔隙度大于 10%,渗透率大于 3mD,排驱压力小于 0.3MPa。Ⅱ类储层可进一步划分为 $Ⅱ_A$ 和 $Ⅱ_B$ 两类,$Ⅱ_A$ 类为粗—中粒粗砂岩,发育粒间孔和各类溶孔,孔隙度为 8%~10%,渗透率为 1~3mD,排驱压力为 0.3~0.75MPa,平均孔喉半径为 0.1~0.5μm。$Ⅱ_B$ 类为粗—中粒粗砂岩,粒间孔、溶孔、晶间孔,孔隙度为 6%~8%,渗透率为 0.5~1mD,平均喉道半径为 0.3~0.5μm,排驱压力为 0.75~1.5MPa。Ⅲ类储层主要发育于中粒、细中粒石英砂岩、岩屑石英砂岩。按储集空间特征可划分为 $Ⅲ_A$、$Ⅲ_B$、$Ⅲ_C$ 等 3 类,$Ⅲ_A$ 类储层主要发育溶孔、晶间孔,$Ⅲ_B$ 和 $Ⅲ_C$ 类储层主要发育晶间孔。Ⅲ类储层的孔隙度为 4%~6%,但 $Ⅲ_A$ 类储层渗透率为 0.2~0.5mD,$Ⅲ_B$ 类储层渗透

率为0.1～0.2mD，Ⅲ$_C$类储层的渗透率为0.05～0.1mD。Ⅳ类储层为仅有少许微孔隙及高岭石晶间孔等储集空间的非储层，以岩屑砂岩为主和少量的石英砂岩。

表2-2-2 苏里格上古生界砂岩储层质量评价参数表（据杨华等，2016）

类型	Ⅰ	Ⅱ		Ⅲ			Ⅳ	
		ⅡA	ⅡB	ⅢA	ⅢB	ⅢC	ⅣA	ⅣB
主要岩性	中—粗粒、粗粒石英砂岩	粗—中粒石英砂岩	粗—中粒石英砂岩	中粒、细中粒石英砂岩、岩屑砂岩为主			以岩屑砂岩为主，见少量石英砂岩	
孔隙组合	粒间孔、溶孔	粒间孔、溶孔	粒间孔、溶孔、晶间孔	溶孔、晶间孔	晶间孔	晶间孔	微孔为主，并见少量高岭石晶间孔	
面孔率（%）	>6	4～6	2～4	1～2	<1	<1	<0.5	无孔可见
孔径（μm）	>100	50～100	20～50	20～50	20～50	0.5～2	<0.5	<0.5
孔隙度（%）	>10	8～10	6～8	4～6	4～6	4～6	<4	<4
渗透率（mD）	3	1～3	0.5～1	0.2～0.5	0.1～0.2	0.05～0.1	<0.05	<0.05
平均喉道半径（μm）	>1.0	0.1～0.5	0.3～0.5	0.2～0.5	0.1～0.2	<0.1	<0.1	<0.06
排驱压力（MPa）	<0.3	0.3～0.75	0.75～1.5	1.5～2	2～3	3～5		
众数	>0.75	0.5～0.75	0.25～0.5	0.25～0.5	0.1～0.25	<0.1	<0.1	<0.1
∑Hg$_{7.5}$（%）	>70	60～70	40～60	30～40	20～30	10～20	10～20	<10
∑Hg$_{30}$（%）	>80	70～80	40～70	30～40	20～30	10～20	10～20	<10
分选	差	差	差	差—中	中	中—好	好	好
歪度		偏粗		偏细		细		
产量	高产	中高		中	中低	低	低	极低
评价		好		中—好	差	差	差	极差

从分类结果看，Ⅰ类储层为低孔特低渗透储层，Ⅱ类、Ⅲ类和Ⅳ储层均为特低孔特低渗透储层。

综合苏75区块的岩心、薄片及压汞等资料，将此类标准应用到苏75区块盒8段和山西组的储层评价中，结果表明研究区以Ⅱ类和Ⅲ类储层为主，Ⅰ类储层较少。其中，Ⅱ类储层的占比为43.6%，Ⅲ类储层占比为28.4%，Ⅰ类储层仅为12%，Ⅳ类储层占比为16%。

二、储层测井参数评价技术

基于标准化处理后的测井资料,利用归位后的岩心资料进行标定,建立岩心物性与测井电性的对应关系,从而提取测井电性特征参数,建立孔隙度、渗透率、含水饱和度和含气饱和度等测井精细解释模型,然后对所有经过标准化处理后的测井资料进行精细解释,求取可靠的测井解释参数。

1. 孔隙度解释模型

岩石物理实验是研究储层岩性、物性、流体性质及建立测井解释模型的重要手段,与其他资料相比,岩心分析数据更直接、更准确、更客观,它是联系测井资料和地质参数之间的桥梁。本次所建立的孔隙度、渗透率计算模型与岩心分析数据有很好的一致性,孔隙度误差和渗透率误差都在标准误差的范围内。

由于储层受含气性的影响,单声波、单密度曲线计算储层的孔隙度偏大,中子计算的孔隙度偏小。通过比对单声波、单密度、单中子、中子—密度交会、三孔隙度交会等5种方法计算的孔隙度数值,三孔隙度交会计算的孔隙度与岩心测试的孔隙度更加接近[式(2-2-1)],误差最小(图2-2-21),最终确定该模型为苏75区块盒8段及山西组储层孔隙度的计算模型,并确定了各参数的骨架值及校正值(表2-2-3)。

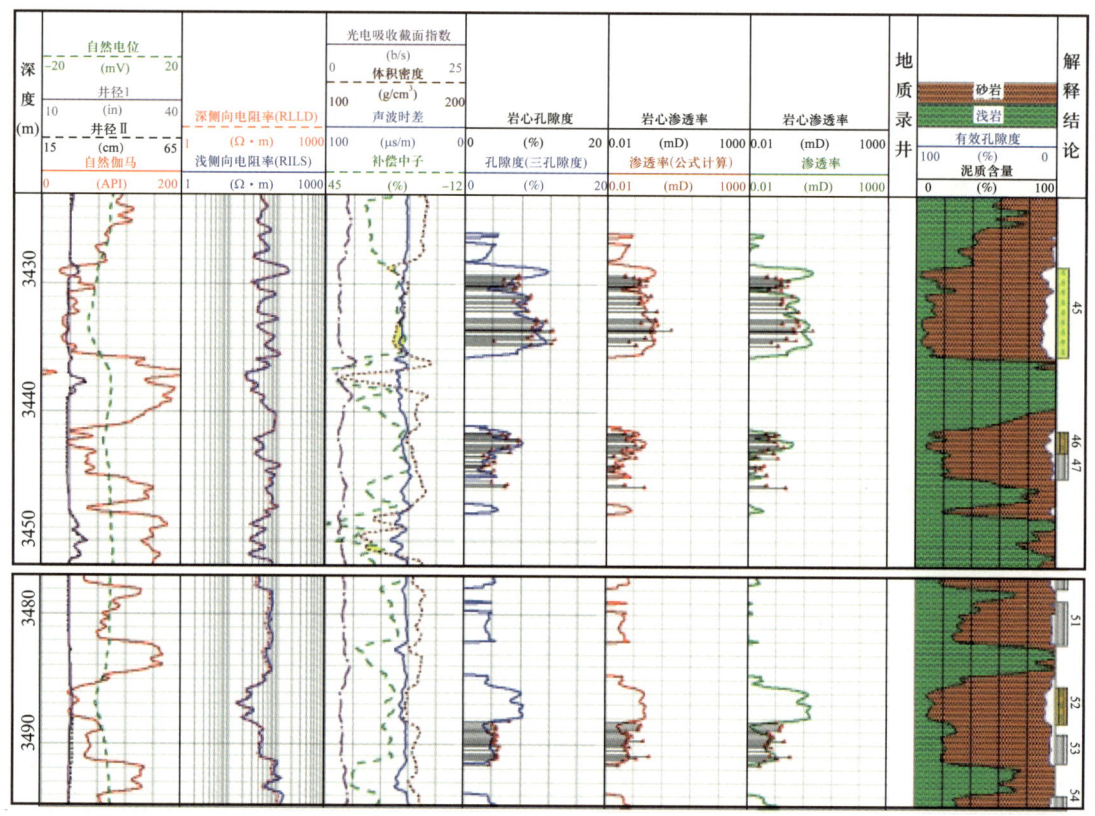

图 2-2-21 苏里格地区孔渗参数模型效果评价图

孔隙度计算模型：

$$POR = \sqrt{\frac{PORA^2 + PORN^2 + PORD^2}{3}} \quad (2-2-1)$$

式中　POR——孔隙度，%；
　　　PORA——声波时差孔隙度，%；
　　　PORN——中子孔隙度，%；
　　　PORD——密度孔隙度，%。

表 2-2-3　骨架参数及其他参数校正值

参数					
TM	185	TSH	300	DENN	2.4
DM	2.65	NSH	30	ACX	250
PRM	-4	DSH	2.45	CNLX	12
SIRR	60	GCUR	2		

2. 渗透率解释模型

渗透率模型是在多种渗透率计算模型中进行优选，最终确定渗透率计算模型。应用该模型计算渗透率和岩心分析渗透率比较接近。

渗透率计算模型：

$$PERM = 0.136 \times \frac{(PORT \times 100)^{4.4}}{SIRR^2} \times 10^{-3} \quad (2-2-2)$$

式中　PERM——渗透率，mD；
　　　PORT——岩心孔隙度，%；
　　　SIRR——地层束缚水饱和度，%。

通过对研究区 645 口井的单井解释成果的统计可知，盒 8 段储层孔隙度分布在 1.39%～12.69%，平均为 6.87%（图 2-2-22），主要分布 5.00%～11.00%，超过 13% 的占比较少，不足 10%。单井解释的储层渗透率为 0.011～13.4512mD，均值为 0.8241mD。渗透率主要分布在 0.005～0.5mD，占比为 58.43%，分布在 0.5～3.0mD 占比为 35.15%（图 2-2-23）。

测井解释成果显示，山西组储层孔隙度为 0.1%～15.24%，平均值为 6.90%。储层孔隙度主要分布在 7%～13.0%，其占比为 82.96%（图 2-2-24）。单井解释的储层渗透率为 0.004～29.7908mD，平均为 0.8182mD（图 2-2-25），渗透率主要分布在 1.00～9.00mD，其占比为 15% 左右，渗透率分布在大于 2.00mD 的区间的占比不足 2%。

测井解释成果显示，苏 75 区块盒 8 段和山西组致密砂岩储层的储集空间仍然是以次生的溶蚀孔隙为主，储层镜下特征观察和压汞资料有限，不能完全参照杨华等人（2016）对苏里格气田储层的分类标准。本次划分储层类型时不仅考虑了储层的孔隙度和渗透率特征，还考虑了储层的厚度特征。评价的储层厚度太小，不便于现场施工，评价结果对生产的意义不大。本次储层评价时的储层起算厚度为 0.5m，采用 $H×\phi×K$ 的计算结果对储层进行分类评价。根据计算数据的分布特征，可将储层分为Ⅳ类。其中，目的层段主要为Ⅱ类和Ⅲ类储层，Ⅰ类储层所占比例很少，Ⅳ类储层占比也较少。这与采用微观与宏观相结合的分类结果相似。

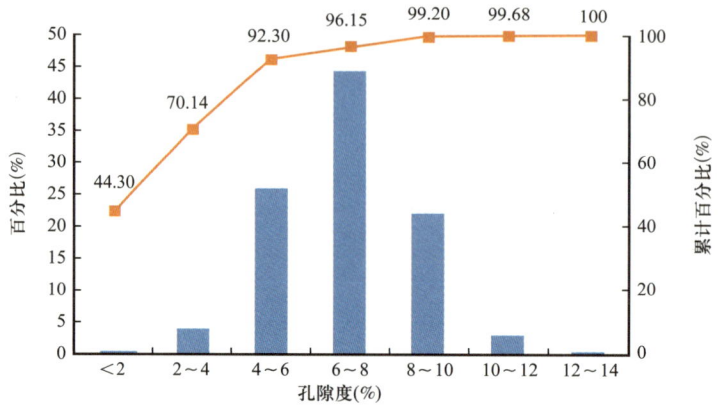

图 2-2-22　盒 8 段储层测井解释的孔隙度分布直方图

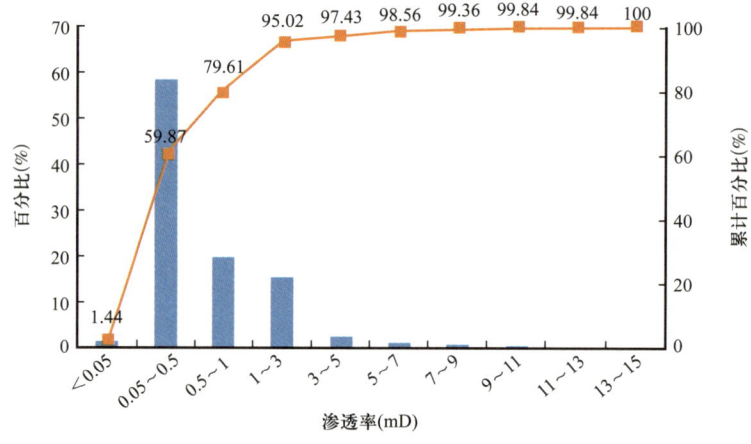

图 2-2-23　盒 8 段储层测井解释的渗透率分布直方图

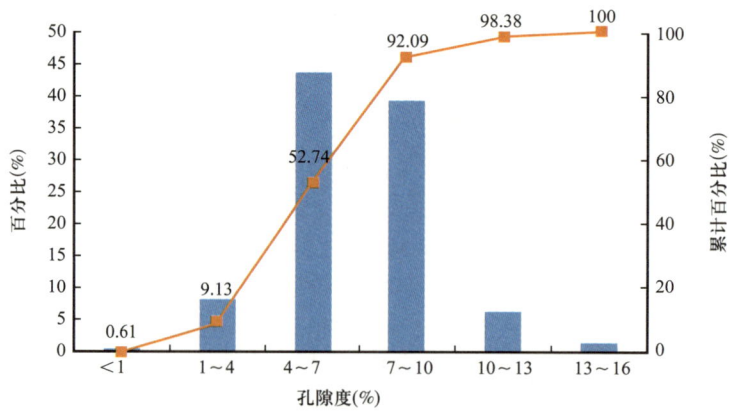

图 2-2-24　山西组储层测井解释的孔隙度分布直方图

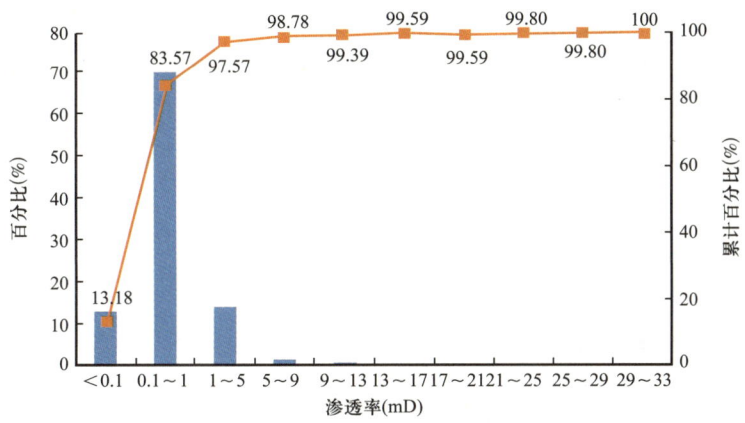

图 2-2-25　山西组储层测井解释的渗透率分布直方图

经现场实验，Ⅰ类储层和Ⅱ类的试采产量较高、累计产量较高；Ⅲ类储层的试采产量不高、累计产量不高。间接反映出运用此方法对研究区储层分类的方法可行，分类结果与现场较为吻合。

3. 含水饱和度计算模型

岩电参数 a、b、m、n 是求取含水饱和度参数的基础，确定 a、b、m、n 系数非常重要。由阿尔奇公式 $F=a/\phi^m$、$I=b/S_w^n$ 可计算出电性参数 a、b、m、n。其中，F 地层因素，a 为与岩石性质有关的岩性系数，ϕ 为孔隙度（%），m 为胶结指数；I 为地层电阻率指数；b 为与岩性有关的系数，一般接近 1；S_w 为岩石含水饱和度（%），n 饱和度指数。

根据长庆油田研究院的"苏里格气田致密气岩石物理与测井下限标准研究"项目成果可知，采用苏 75 区块 4 口井 133 块岩样测定结果，制作了 F-ϕ 关系图和 I-S_w 关系图（图 2-2-26、图 2-2-27），最终确定了苏 75 区块盒 8 段与山西组的岩电参数为：$a=1.00$，$b=0.97$，$m=1.86$，$n=1.95$。

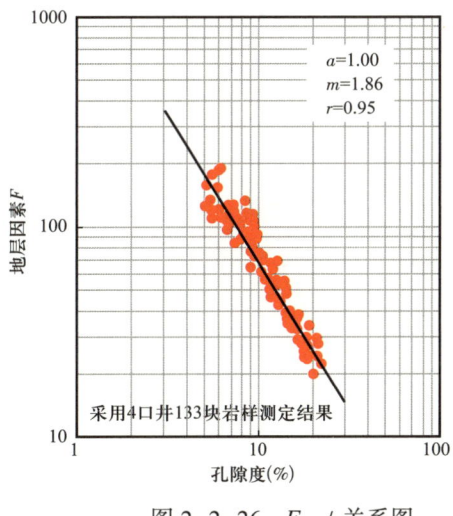

图 2-2-26　F—ϕ 关系图

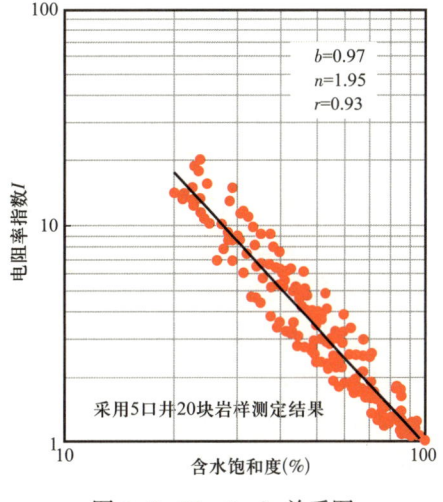

图 2-2-27　I—S_w 关系图

根据长庆油田勘探开发研究院的"苏里格气田致密气岩石物理与测井下限标准研究"成果可知,采用阿尔奇公式[式(2-2-3)]计算其含水饱和度,并与密闭取心分析含水饱和度进行交会(图2-2-28)得出密闭取心分析含水饱和度与计算含水饱和度的校正公式[式(2-2-4)]。

含水饱和度计算模型:

$$S_W = \sqrt[n]{\frac{abR_w}{R_t\phi^m}} \qquad (2-2-3)$$

由式(2-2-3)计算含水饱和度时需要确定地层水电阻率。本次研究过程中取目的层段地层水电阻率的平均值,即 $R_w=0.06\Omega \cdot m$。

解释的含水饱和度与密闭取心测试的含水饱和度相关关系式:

$$S_{W密} = 42.3 \times \ln S_{W算} - 98.135 \qquad (2-2-4)$$

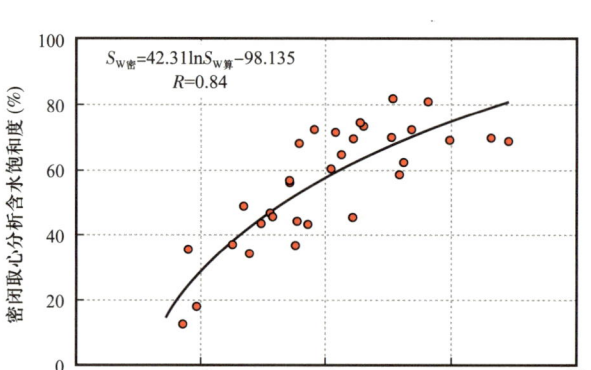

图2-2-28 解释的含水饱和度数据与密闭取心测试的含水饱和度交会图

从交会图中可以看出,理论计算的结果与实验测试的结果的相关性较好,其相关系数为0.84,可以满足苏75区块致密砂岩气藏的储层物性及流体性质的解释。

三、气藏流体识别评价技术

1. 结合试采资料,优选气层敏感参数

当储层中含有天然气时,会造成补偿中子测量值降低,声波时差曲线幅度往往会产生忽大忽小的周波跳跃现象,体积密度测量值也降低。因此,声波时差、补偿中子、体积密度是气层较为敏感的参数。

利用研究区选出的55口井154个试气层的试气资料做电阻率—声波时差、电阻率—自然伽马、补偿中子—体积密度、补偿中子—气测(TG)交会图中可以看出(图2-2-29～图2-2-32),三孔隙度曲线对气层反映较敏感,含气饱和度越高的气层中子值较小,体积密度值较低,声波时差值较大,自然伽马值也较低,气测全烃值也较高,但气层、含气层、气水层测井曲线上均有交织,要区分这些需要建立不同区块、不同层位的解释方法和解释标准。

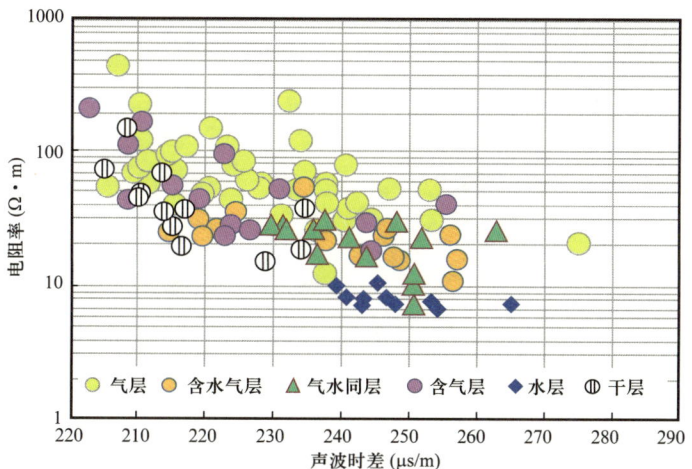

图 2-2-29 苏 75 区块试气层段的声波时差与电阻率交会图

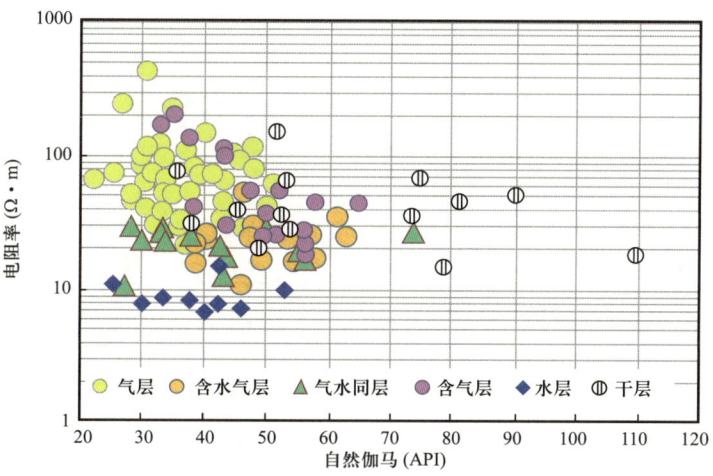

图 2-2-30 苏 75 区块试气层段的自然伽马与电阻率交会图

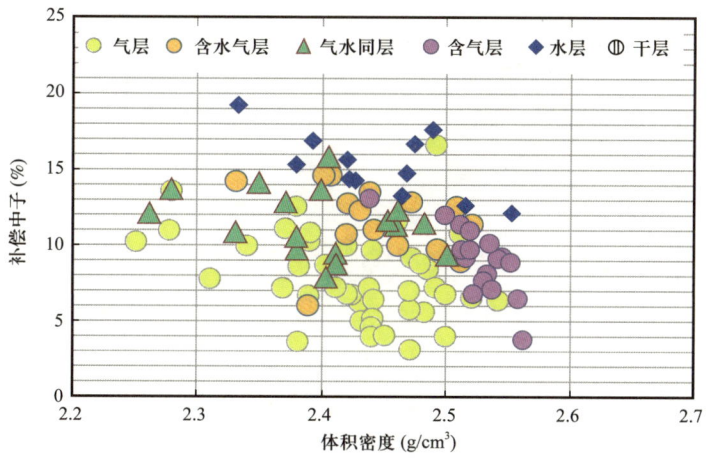

图 2-2-31 苏 75 区块试气层段的体积密度与电补偿中子交会图

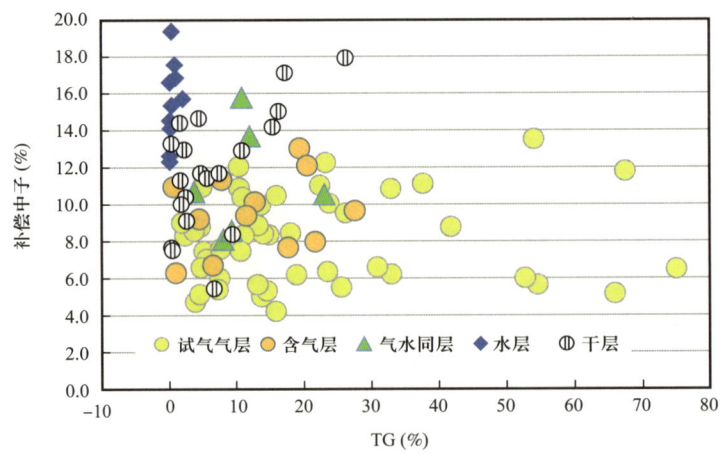

图 2-2-32　苏 75 区块试气层段的气测与电补偿中子交会图

2. 利用试采资料，结合岩性资料分区建立流体识别图版

由于苏 75 区块的南北区域的气藏流体性质存在差异，气藏含水率也不相同，南部区域构造埋深相对较低。因此，在苏 75 区块的南北区域分别建立含气性识别图版。通过确定敏感参数，分别在苏 75 区块的南区和北区建立了深侧向—声波时差、深测向—补偿中子、深侧向—体积密度、深侧向—泥质含量交会图版。

从图 2-2-33～图 2-2-36 中可以看出，苏 75 区块南部区域盒 8 段和山西组不同流体的电阻率、声波时差、体积密度及泥质含量界限较为明显，数据点也相对集中。从识别结果的统计表中可以看出（表 2-2-4），盒 8 段和山西组储层流体识别出气层、含气层、气—水同层、水层和干层等 5 类，每类流体的电阻率、声波时差、密度、中子等测井数据对流体性质的判别较为明显。总体看，致密砂岩气藏的电阻率均较低，气层及含气层的电阻率下限为 $22\Omega\cdot m$，气—水同层的电阻率下限为 $10\Omega\cdot m$。气层和含气层的补偿中子测井下限为 13%。

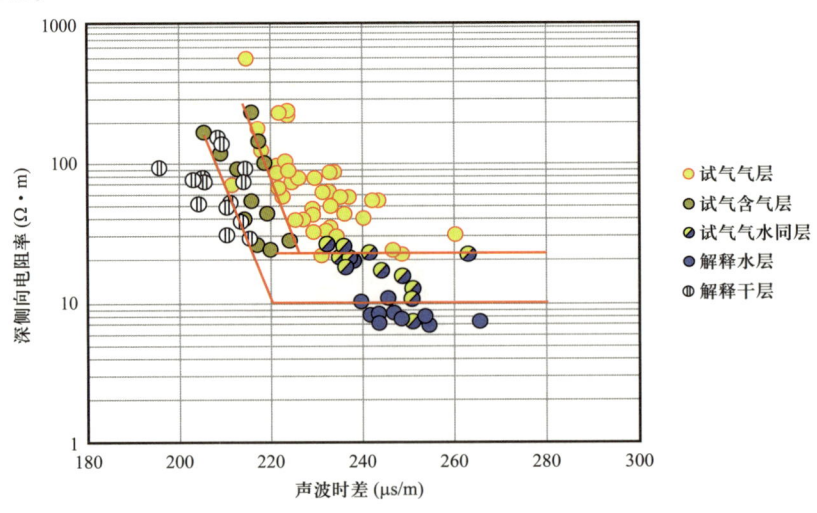

图 2-2-33　深侧向电阻率—声波时差交会图

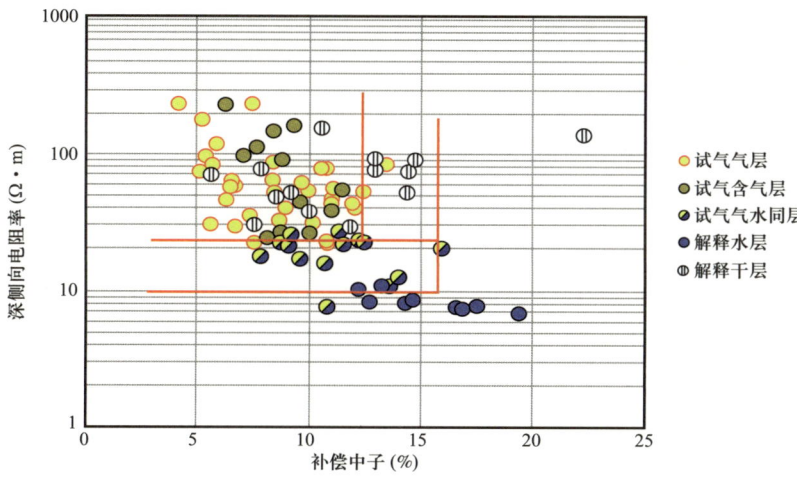

图 2-2-34 深侧向电阻率—补偿中子交会图

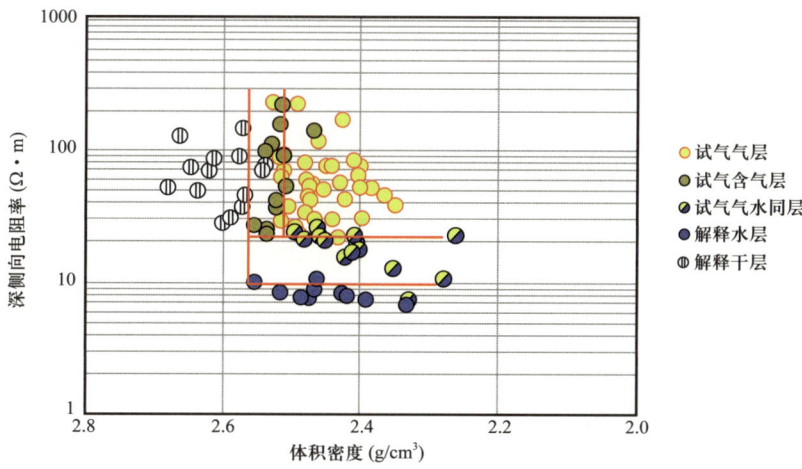

图 2-2-35 深侧向电阻率—体积密度交会图

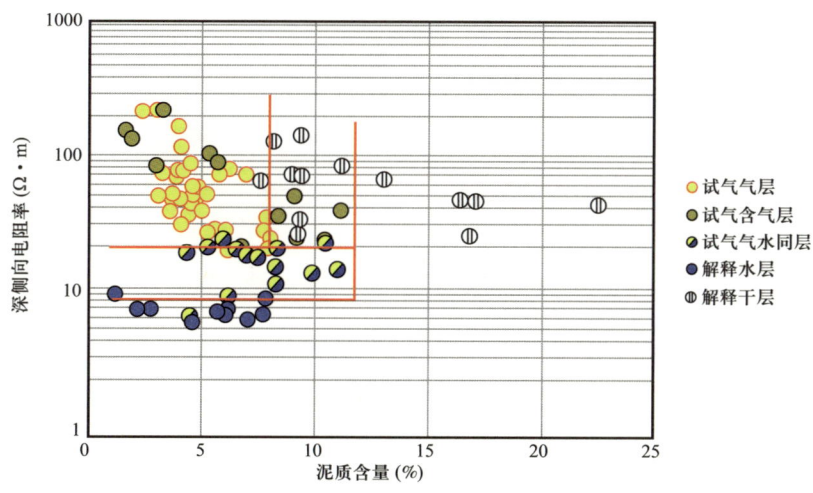

图 2-2-36 深侧向电阻率—泥质含量交会图

表 2-2-4　苏 75 区块南区盒 8 段及山西组含气性解释标准

结论	测井参数				
	深侧向电阻率（Ω·m）	声波时差（μs/m）	密度（g/cm³）	中子（%）	泥质含量（%）
气层	≥22	≥214	≤2.51	≤13	≤8
含气层	≥22	≥208	2.50～2.56	≤13	≤12
气水同层	10～30	≥230	≤2.56	<16	<12
水层	≤20	≥230	<2.56	≤12～20	≤12
干层	≥20	<214	>2.56		>8

用同样的方法对苏 75 区块北区储层的流体性质进行了识别，也分别建立了深侧向电阻率—声波时差、深侧向电阻率—补偿中子、深侧向电阻率—体积密度、深侧向电阻率—泥质含量交会图（图 2-2-37～图 2-2-40）。从图中可以看出，测试数据点在深侧向电阻率—声波时差、深侧向电阻率—体积密度交会图中比较集中，界限较为明显，可区分出不同流体的电性特征（表 2-2-5）。

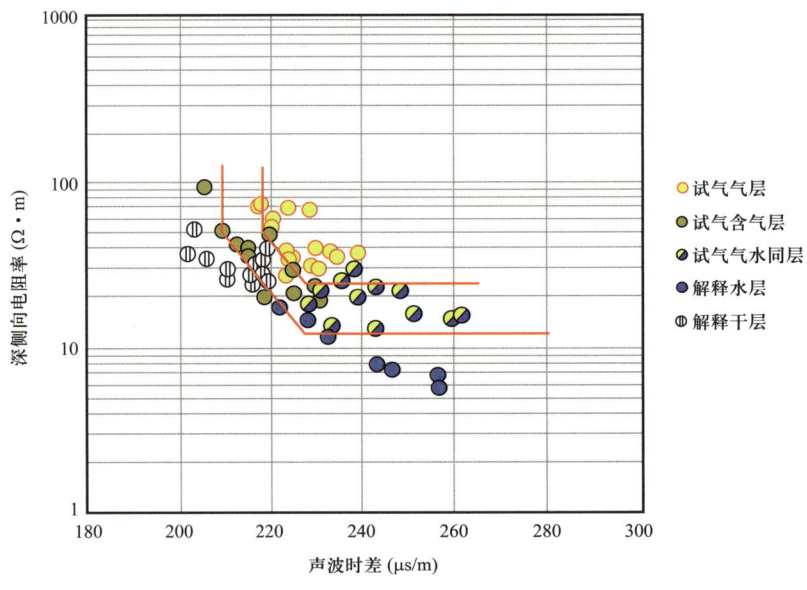

图 2-2-37　深侧向电阻率—声波时差交会图

从表 2-2-4 和表 2-2-5 中可以看出，苏 75 区块北区气层和含气层的深侧向电阻率和声波时差均要比南区的值高。其中，气层的电阻率高了 2Ω·m，声波时差高了 4μs/m。而水层的电阻率小了 8Ω·m，声波时差小了 10μs/m。

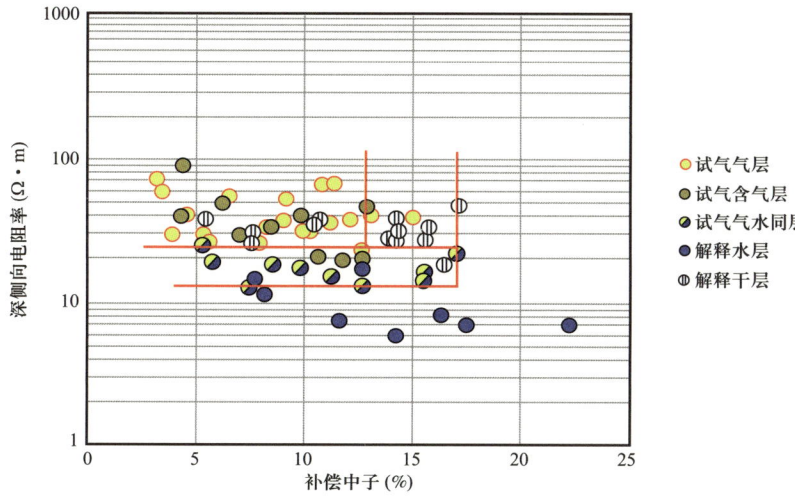

图 2-2-38 深侧向电阻率—补偿中子交会图

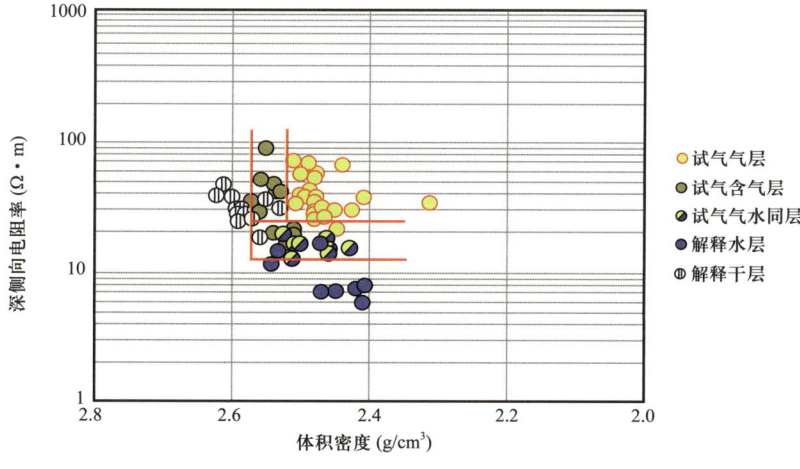

图 2-2-39 深侧向电阻率—体积密度交会图

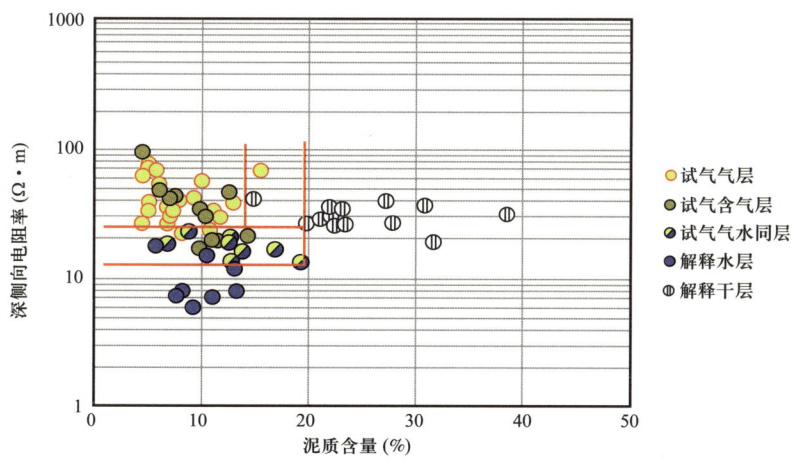

图 2-2-40 深侧向电阻率—泥质含量交会图

表 2-2-5　苏 75 区块北区盒 8 段及山西组含气性解释标准

结论	测井参数				
	深侧向电阻率 （Ω·m）	声波时差 （μs/m）	密度 （g/cm^3）	中子 （%）	泥质含量 （%）
气层	≥24	≥218	≤2.52	≤13	≤14
含气层	≥12	≥205	2.50~2.57	≤13	≤14
气水同层	12~30	≥225	≤2.52	<17	<20
水层	≤12	≥220	<2.54	≤7~20	≤14
干层	≥20	<220	>2.54	>10	>20

第三节　致密砂岩气藏气水分布刻画技术

一、气藏出水类型及产出形式

致密砂岩气藏在开发早期产水少，但随着勘探开发的不断深入，气藏产水的现象非常常见。气藏产出水类型及赋存状态是研究气藏气水分布规律的重要资料，准确判识不同类型地层水，对重新认识气藏成藏模式和气水分布规律具有重要作用。国内诸多学者对苏里格致密砂岩气藏产出水类型及产水机理做了大量的研究工作。如窦伟坦、张海涛、孟德伟等依据致密砂岩气藏的储层物性、气水产出特征等对气藏产出水提出了不同的分类方案。

综合学者前期研究成果可知，受耐高温耐高压的物理模型限制，现阶段研究只能从采气速度、储层渗透率、含水饱和度、有效应力等单一因素分析其对致密砂岩气藏地层水产出的影响规律，缺乏系统模拟各个控制因素对产出水的影响程度的量化研究。开发过程中，随气藏压力的变化其孔隙体积、含水饱和度及束缚水饱和度等参数是动态变化的。当气体流动速度超过某一值时，对孔喉管壁水膜的拖拽力大于水膜流动的阻力，束缚水就会向可动水转化产生流动。因此，致密砂岩气藏气井地层水产出形式可归纳为 2 种。

1. 以储层改造为主体的外界液体产出

致密气大多需要进行大规模储层改造，提高储层渗流能力进行开发。苏里格西区气藏开发同样如此，根据苏 75 区块 700 余口气井的储层改造资料统计，平均单井加砂为 60~100m^3，入井液量为 650~1000m^3。储层改造的施工过程，提高了储层渗流能力，增加了地层压力系数，同时外界液体影响改变了储层原始含水饱和度。在试气求产过程中，一部分压裂液体在放喷排液过程中随之排出，最终压裂液返排率也仅有 40% 左右；一部分压裂液会滤失在地层中，无法排出。在大部分气井投产初期，受返排率低的影响，仍有压裂液体随着气体流动产出，这种形式的产出水，是气井投产初期产出水的主体。

2. 储层束缚水向可动水转化伴随气体流动产出

大规模的储层改造使原始地层压力和渗流条件发生改变，在气藏开发过程中，储层压力逐渐下降，生产压差缓慢增大，气体流速增加，体积迅速膨胀，当储层内气体流速超过某一值时，气体流动能和膨胀能大于水膜流动沿程阻力，原始的束缚水会部分转化为可动水。位于连通的大、中孔隙内的束缚水，在气体膨胀能和气体流动驱替力作用下，由于表面张力和毛细管力小会首先流动产出。在气井投产早期，压裂液排出量慢慢变小，在产出水中的占比逐渐变小；大、中孔隙的束缚水，首先随着气体流动产出，在产出水中的占比逐渐变大，成为气井产出水的主体。在生产实践中，主要表现在试气过程中水样分析的 Cl^{-1} 含量由低于 1000mg/L 逐步上升到 33000mg/L 左右，矿化度的逐步升高的特点证实了返排液体由压裂液向原始地层水逐步变化。位于小、微孔隙内的束缚水动态转化为可动水产出。气井投产时间延长，地层压力降低和孔隙应力增加同步发生，岩石变形，孔隙喉道体积变小，孔隙表面水膜厚度增加，在流动压差作用下部分束缚水会向可动水转化。这种形式的产出水，将会是气井生产中后期产出水的主体。

二、气藏气水分布特征

曾溅辉等（2023）对鄂尔多斯盆地东北部山西组—下石盒子组致密砂岩气藏单井、剖面和平面上的气—水层纵向叠置关系、含气性变化和气—水产量特征进行综合研究，将该区域致密砂岩气藏的气—水关系划分为 6 种类型，即纯气无水型、上气下水正常型、上水下气倒置型、气—水同层混合型、气包水孤立型和纯水无气型（图 2-3-1）。

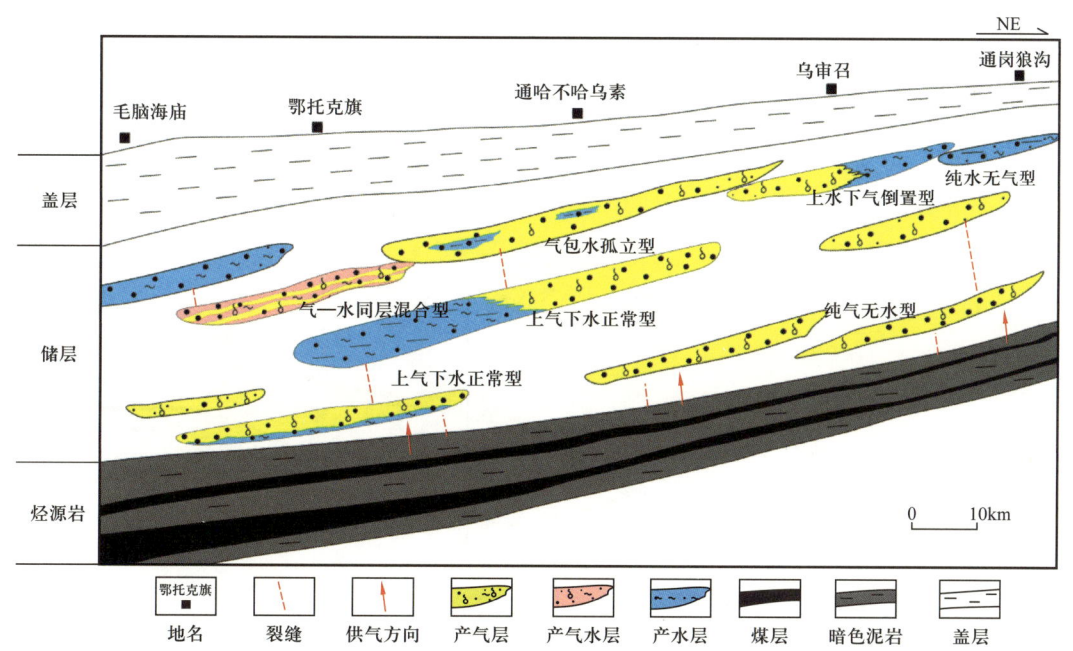

图 2-3-1 鄂尔多斯盆地北部致密砂岩气藏气—水关系类型（据曾溅辉，2023）

苏75区块盒8段与山西组气藏气水关系空间分布较为复杂，复合砂体内部，受砂泥岩配置关系和储层内部非均质性控制，形成了纯气型、巨厚储层气水混存型、上水下气型、上气下水型、上下水夹气型等多种气水组合模式（图2-3-2）。

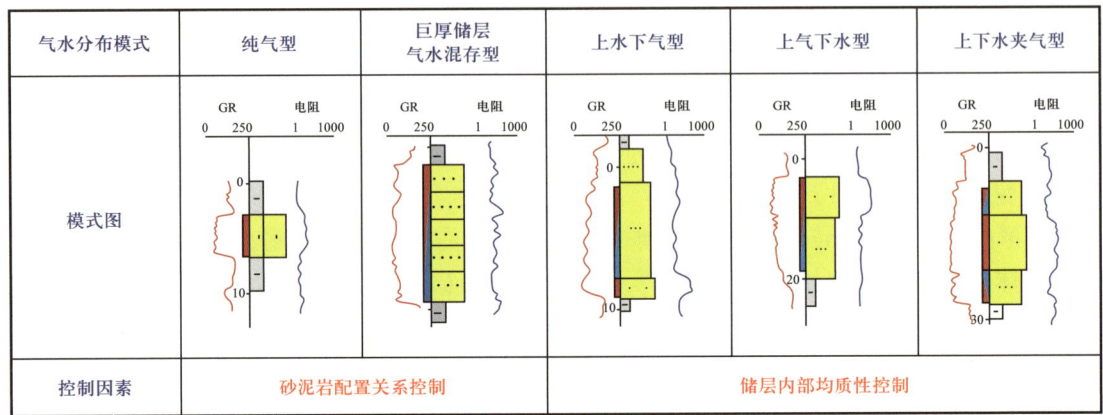

图2-3-2　苏75区块山西组与盒8段砂岩气藏气水分布类型图

三、苏75区块气水分布刻画技术

1. 根据源—储配置关系，创新认识气藏类型

苏里格地区本溪组顶部煤层普遍发育，为主要烃源岩。二叠系下石盒子组盒8段和山西组山1段的河流相砂岩为主要储层，天然气以近距离侧向、垂向运移方式聚集成藏。根据油气藏的定义，气藏是指在单一圈闭中，具有同一压力系统和统一气水界面的天然气聚集。

气藏单元是天然气聚集的基本单位。大量研究资料表明，原来普遍认为苏里格为连续或准连续性气藏，其实是由众多具有独立气水界面的气藏单元组成的大型复式气藏（图2-3-3）。在同一气藏单元内具有同一气水界面，气藏富集受构造和储层双重因素控制。

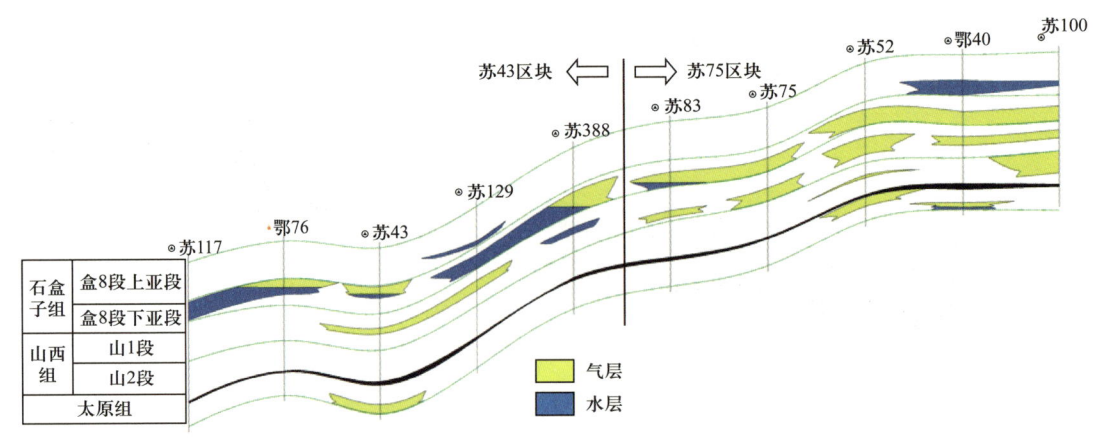

图2-3-3　苏75和苏43区块复式气藏成藏模式

2. 利用试采及生产动态资料，重新认识产水类型

地层产出水的数据来源有试气、试采、动态监测及生产计量等，其中试气求产为主要的数据来源。试气过程中由于返排率不足、求产方式等原因，往往将地层产出水与压裂液混淆、将瞬时数据折算为日数据，过度夸大了地层的产出水量。并且，由于近年来压裂规模的扩大，裂缝沟通其他水体也会造成本层出水的假象，均会干扰对出水层、出水量和出水类型的判断。

根据苏75区块多年的开发实践，真正产出地层水的气井，其出水特征表现在两个方面，即量大稳定且持续出水和量小不稳定且水量逐渐减少。为有效指导地质研究和开发管理工作，可将地层水的划分简化为气藏边底水和气层束缚水两类。气层束缚水受储层物性控制，水气比小且随试采时间延长逐渐降低；气藏边底水受重力作用，水气比大且随试采时间延长水量持续稳定；气井产水量及其生产特征是区分两种地层水类型的主要标志，还可借助于测井参数及含气性等特征参数来辅助区分产出水类型（表2-3-1）。

表2-3-1 两种类型地层水典型特征参数

地层水类型	生产特征	出水层特征参数				
		孔隙度（%）	渗透率（mD）	AC（μs/m）	SG（%）	产水量（m³）
气层束缚水	受储层物性控制，水气比小且随试采时间延长逐渐降低	<7	<0.4	<230	>55	<5
气藏边底水	受重力作用，形成边底水，水气比大且随试采时间延长水量持续稳定	>7	>0.4	>230	<55	>10

3. 根据生烃强度及测试资料，在平面及剖面上刻画气藏单元

富气区储层发育连通性好，形成的气藏单元规模大，边底水不发育，如苏里格西区盒8段无明显气水界面，发育南北贯通的大型单元（图2-3-4）。富水区储层相对不发育，横向变化大，与构造背景配置易形成岩性—构造气藏单元，具有规模小、幅度低，边底水发育的特点。生产中，射孔层往往为气层，但由于压裂后裂缝沟通了边底水，部分气井也具有气水同出、产出边底水的特征。

气水分布主要受生烃强度、储层距烃源岩距离、砂泥岩配置关系及复合砂体内部物性差异等因素控制。其中，生烃强度控制气、水分布的宏观格局。强生烃区气源充足，天然气优先充注高渗储层形成纯气层。随生烃减弱，含气水层和气水同层增多。气源不足的情况下，天然气优先充注距离烃源岩较近的下部层位，形成山1段、盒8段下亚段气层局部发育，盒8段上亚段大部含水的格局（图2-3-5、图2-3-6）。

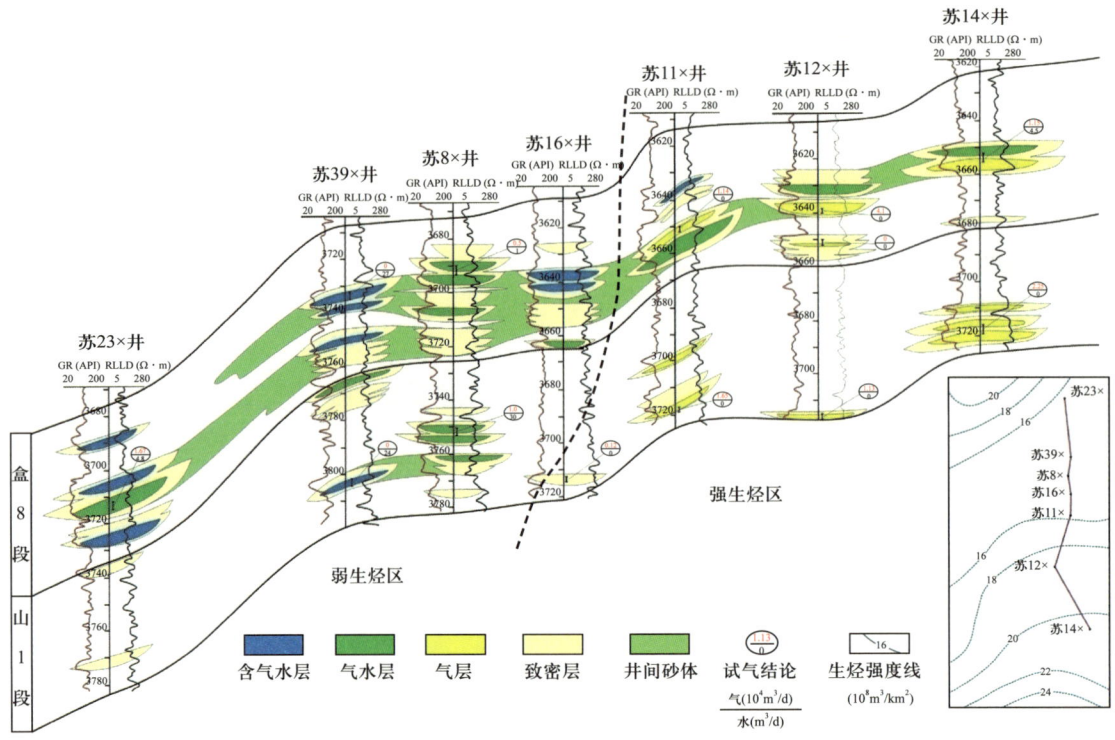

图 2-3-4 苏里格西区气藏气—水分布与生烃强度关系图

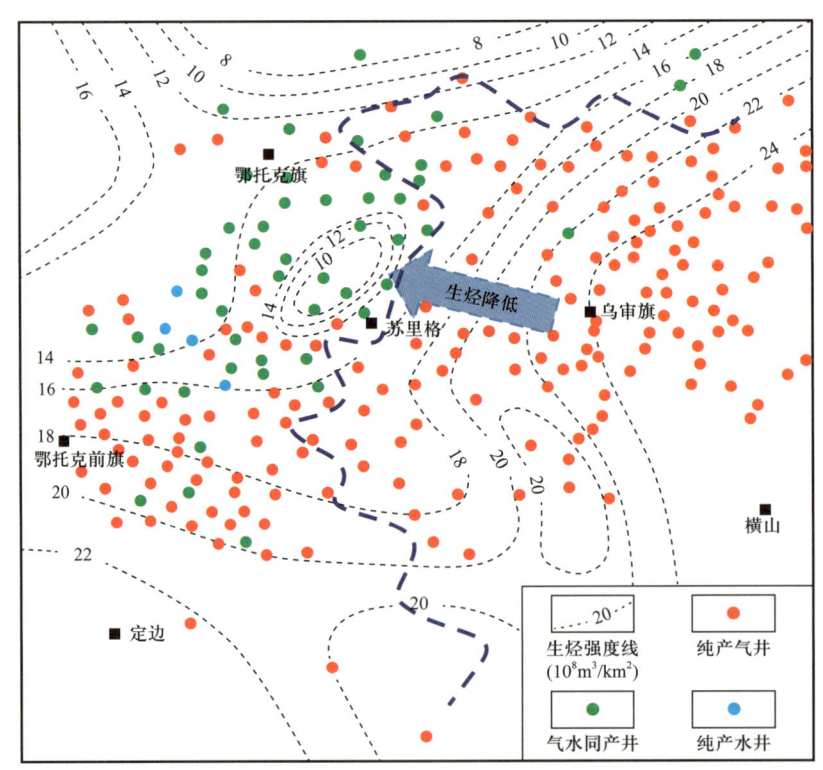

图 2-3-5 苏里格生烃强度与气井产状叠合图

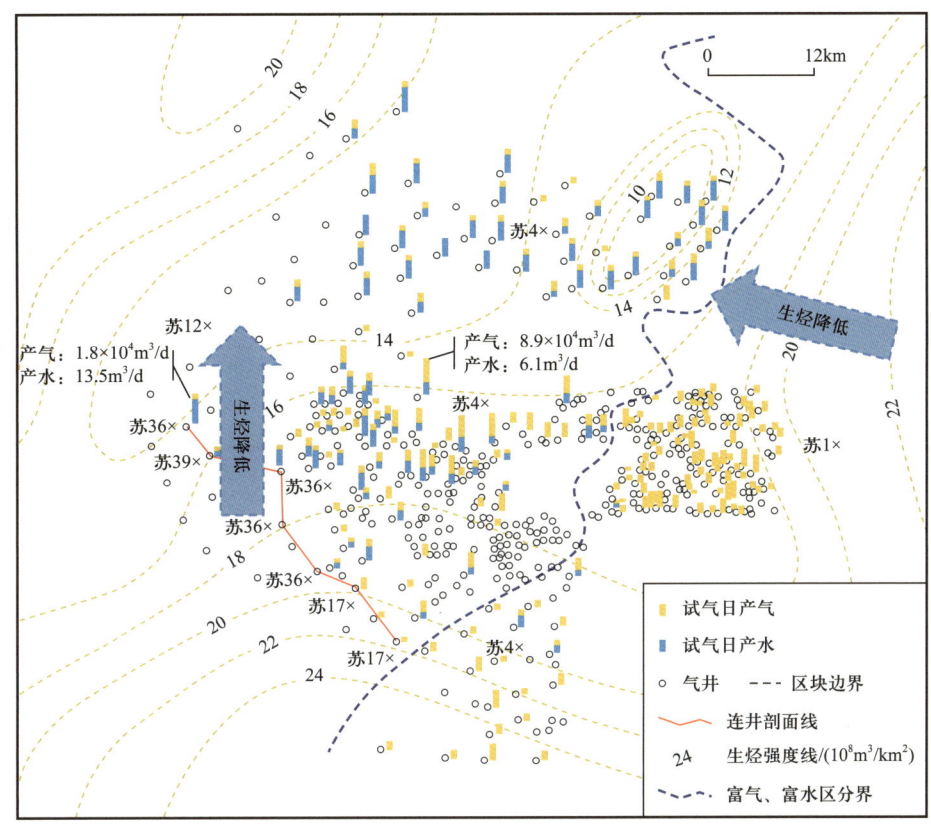

图 2-3-6 苏里格西区生烃强度与试气成果叠合图

第四节 致密气富集区域优选技术

多年的勘探实践认为，苏里格气田为大面积连续分布的气藏，具有不明确的气藏边界，气水分布差异大、无明显边底水的特点，形成和富集基本不受构造控制。

长庆油田在苏里格地区多年勘探开发实践形成了"苏 75 中区为富集区，北南区为富水区不能效益开发"的地质认识，随着苏 75 中区优质储量动用殆尽，资源接替形势严峻，能否跳出固有地质认识，在富水区中找到天然气富集区，实现效益开发，是苏 75 区块能否达到持续稳产并上产的重中之重。

近年来，在苏 75 区块的南区评价建产连年取得新突破，5 个井组连续评价成功，平均试气产量为 $2.6\times10^4 \sim 4.6\times10^4 m^3$，落实优质储量 $35\times10^8 m^3$，近三年建产 $1.85\times10^8 m^3$；山 2 段发现厚气层，找到了新层系。南区评价建产突破，跳出了富水区不能效益开发的固有认识。

一、深化地质特征认识，落实区块砂体规模

1. 开展井震结合研究，深化对断层及微构造的认识

2019 年通过井震资料的结合，开展了全区断裂体系的识别，对区块内主力层系盒 8

段、山西组进行了构造再认识和精细构造解释，消除了原有构造的过渡平滑和失真，突出各小层微幅构造特征，实现了对气藏的立体构造控制。

依据对工区三维地震资料的精细解释，识别出同相轴的错段、扭动十分发育，进一步证实了苏75区块南区小型、微型断层和裂缝的发育状况。从解释结论来看，南区的微构造及微断裂较中区更为发育，特别是在苏7×–9×–2×井附近，发育一条东西向的南倾大断层，从奥陶系断至石千峰组。

苏75区块盒8段及山西组的微幅构造一般小于30m，大于单个砂体厚度，具备层状气藏成藏特征，在单一微幅圈闭内，构造的高部位含气饱和度要明显高于低部位（表2-4-1，图2-4-1）。

表2-4-1 微幅构造及对应井点参数统计

井区	井号	构造深度（m）	气层厚度（m）	含气饱和度（%）	投产日期	套压（MPa）	日产气量（10^4m^3）	累计产量（10^4m^3）
北部井区	高点井A	-2005	15.3	58.28	2009/12/18	24.42	1.3206	1172.35
	低点井B	-2023	11.7	54.08	因出水严重，未投产			
中东部井区	高点井C	-1945	12.7	72.93	2010/11/1	21.77	2.8488	3773.27
	低点井D	-1962	5.8	68.22	2010/12/26	22.17	1.6782	2524.21
中西部井区	高点井E	-2000	19.2	68.59	2016/12/10	22.67	2.4640	1688.35
	低点井F	-2013	6.8	64.82	2016/7/21	4.89	0.2352	212.76
中南部井区	高点井G	-2020	13.6	63.10	2010/10/13	22.15	0.9692	1976.02
	低点井H	-2000	8.6	0.00	2010/10/13	20.24	0.7489	1060.35
南部井区	高点井I	-2030	19.4	71.11	2010/12/11	22.91	3.0660	5118.95
	低点井J	-2049	13.2	6037	2010/12/2	20.30	1.3054	1838.21

2. 精细刻画砂体展布，深化对沉积特征的认识

1）"相—构"结合，精细刻画砂体空间展布

在"沉积微相—砂体构型"配置理论的指导下，结合储层发育特征及动态生产资料，不断完善地层分层，重点针对盒8-5小层、山1-1小层、山1-2小层、山1-3小层及山2段砂体展布进行精细描述，从砂体平面展布来看，初现河道形态（图2-4-2、图2-4-3）。

2）通过岩心刻画沉积微相，探究沉积特征的空间展布

结合岩心相、测井相分析，苏75区块盒8段属于三角洲平原辫状河沉积环境，主要发育辫状河道、心滩、河漫滩、泛滥平原等微相类型；山1段为三角洲前缘水下分流河道沉积，主要发育水下分流河道、水下天然堤、河道间泥等微相类型（图2-4-4）。

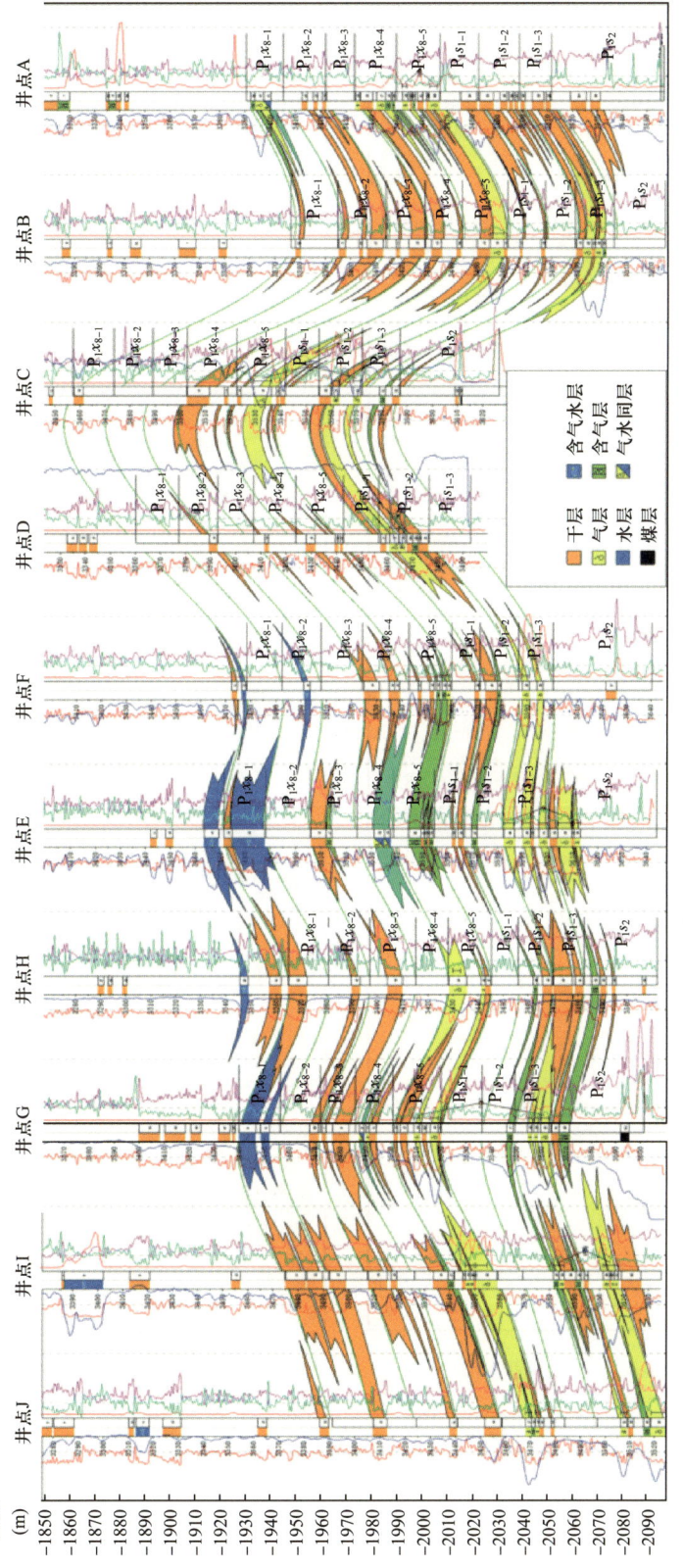

图 2-4-1 连井气藏剖面图

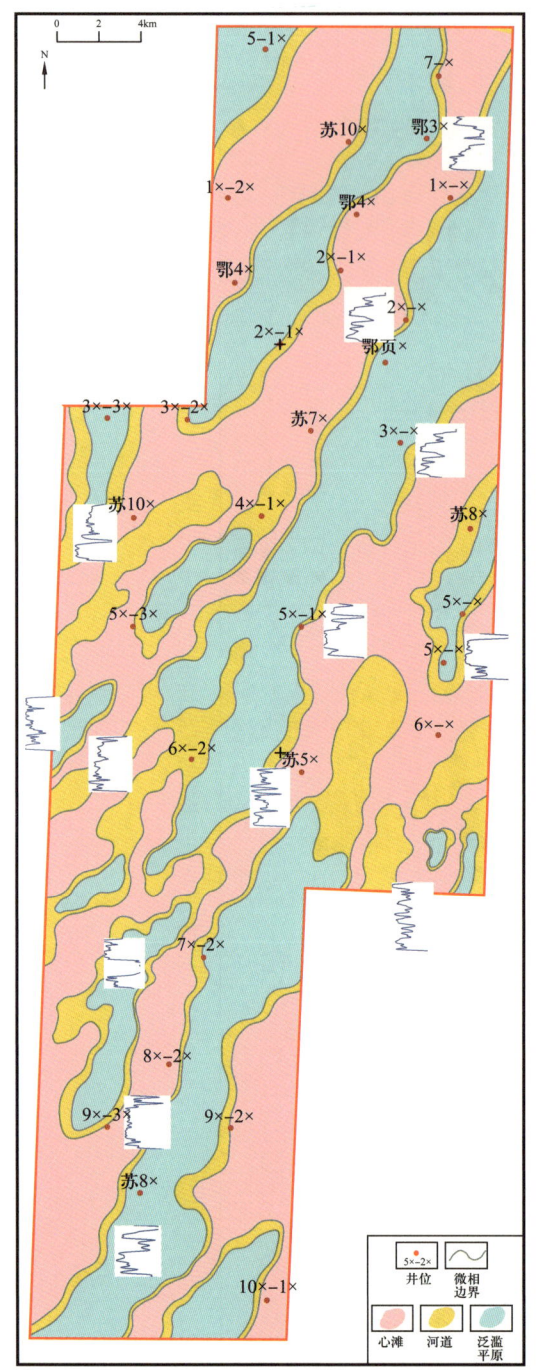
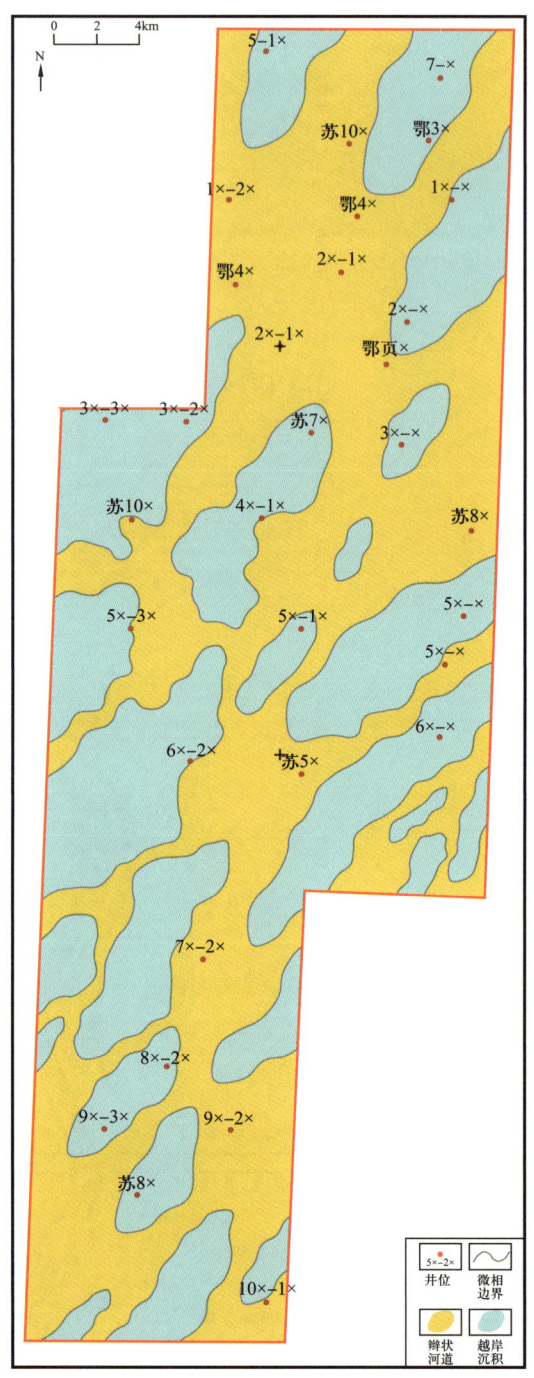

图 2-4-2　盒 8-5 小层砂体厚度分布平面图　　图 2-4-3　山 1-1 小层砂体厚度分布特征图

以石盒子组盒 8 段盒 8-5 小层为例，结合区域连井气藏剖面图来看，受到辫状河河道宽、频繁迁移的影响，河道砂体在横向上展布范围广，纵向上砂体多期叠置厚度大，心滩发育，"滩道"相连。

相对比盒 8 段，山西组山 1 段水下分流河道多分支、河道浅且窄的特点，横向上河道砂体连续性差。

二、精细含气性测井解释，重新建立测井解释图版

1. 分区域构建解释图版，提高解释精度

苏 75 区块盒 8 段及山西组自开发以来，中部区域属于主体开发区域，含水率较低，研究区的北部及南部含水率较高。为了凸显储层中水的性质及赋存方式的差异性，提高气藏流体性质识别的精度，开展了分区、分层系构建解释图版的研究工作（表 2-4-2～表 2-4-7）。

表 2-4-2　北区盒 8 段气层解释标准

结论参数	Rt（Ω·m）	AC（μs/m）	DEN（g/cm³）	中子（%）	POR（%）	PERM（mD）	S_w（%）	S_H（%）
气层	≥21	≥217	≤2.51	≤13	>7.3	≥0.1	≤50	<16
含气层气水同层	≥13	≥205	≤2.57	≤16	≥5	≥0.1	50～67	<20

表 2-4-3　北区山 1 段气层解释标准

结论参数	Rt（Ω·m）	AC（μs/m）	DEN（g/cm³）	中子（%）	POR（%）	PERM（mD）	S_w（%）	S_H（%）
气层	≥30	≥220	≤2.51	≤14	≥8	≥0.17	≤50	<13
含气层气水同层	≥15	>210	≤2.55	<16	≥7	≥0.102	50～56	<13

表 2-4-4　中区盒 8 段气层解释标准

结论参数	Rt（Ω·m）	AC（μs/m）	DEN（g/cm³）	中子（%）	POR（%）	PERM（mD）	S_w（%）	S_H（%）
气层	>18	>214	≤2.51	≤13	≥6.8	≥0.1	≤50	≤16
含气层气水同层	≥10.5	>206	≤2.58	<15	≥5	≥0.1	50～70	≤22

表 2-4-5　中区山 1 段气层解释标准

结论参数	Rt（Ω·m）	AC（μs/m）	DEN（g/cm³）	中子（%）	POR（%）	PERM（mD）	S_w（%）	S_H（%）
气层	≥26	≥218	≤2.53	≤15.5	≥7.8	≥0.03	≤50	≤20
含气层气水同层	≥19	≥210	≤2.59	<15.5	≥5	≥0.1	50～70	≤21

表 2-4-6　南区盒 8 段气层解释标准

结论参数	Rt (Ω·m)	AC (μs/m)	DEN (g/cm³)	中子 (%)	POR (%)	PERM (mD)	S_w (%)	S_H (%)
气层	>22	>217	≤2.54	≤11.5	>7.5	≥0.1	≤50	≤16.5
含气层气水同层	≥12	≥207	≤2.57	<16.5	≥5.4	≥0.09	50～70	≤20.5

表 2-4-7　南区山 1 段气层解释标准

结论参数	Rt (Ω·m)	AC (μs/m)	DEN (g/cm³)	中子 (%)	POR (%)	PERM (mD)	S_w (%)	S_H (%)
气层	≥26	>217	≤2.51	≤11.5	≥7.5	≥0.1	≤50	≤15.5
含气层气水同层	≥13.5	>214	≤2.57	<17.5	≥5.4	≥0.09	50～69	≤21

从三个区域的气层测井参数对比结果不难看出，盒 8 段电阻率、声波时差的数值较为接近，山 1 段中区和南区的电阻率、声波时差的数值接近，北区略高；气层物性总体呈现低孔、特低渗透特征，与苏里格其他区块的特征一致。

以苏 7×-5×-× 井为例，针对本井试气层段 17 号层，一次解释为气层，依据二次解释标准定义为气水同层，结合本井试气成果，日产气 0.9937×10⁴m³，试气日产水 24.6m³，由此看出，二次解释的结论更符合气藏实际（表 2-4-8）。

表 2-4-8　苏 7×-5×-× 井 17# 层一次与二次解释对比表

Rt (Ω·m)	AC (μs/m)	CNL (%)	DEN (g/cm³)	POR (%)	PERM (mD)	S_g (%)	S_H (%)	结论	类别
74	214.5	7.2	2.47	11.6	5.33	54.4	5.4	气层	一次解释
36.5	226.3	7.9	2.43	9.6	0.9	35.6	4.3	气水同层	二次解释

2. 以新的解释图版为标准，寻找潜力层段

通过对全区 6 口井 6 个含气层进行单压单试，层位为盒 8 段、山西组、太原组。其中，苏 7×-4×-3× 井试气日产气量 0.837×10⁴m³，其他井试气日产气量均小于 0.2×10⁴m³（图 2-4-4，表 2-4-9）。整体上试气效果较差，未达到工业气流，但测试结果与测井解释较为符合。

以苏 7×-4×-3× 井为例，该井于 2009 年 9 月采用油单 5mm 油嘴进行放喷排液，油压 0～11.2MPa，套压 6～11.1MPa，累计排出液体 21.5m³，期间点火，火焰橘红，焰高 1～3m，折日产气量 0.837×10⁴m³，未达到工业气流注灰封层（表 2-4-10）。

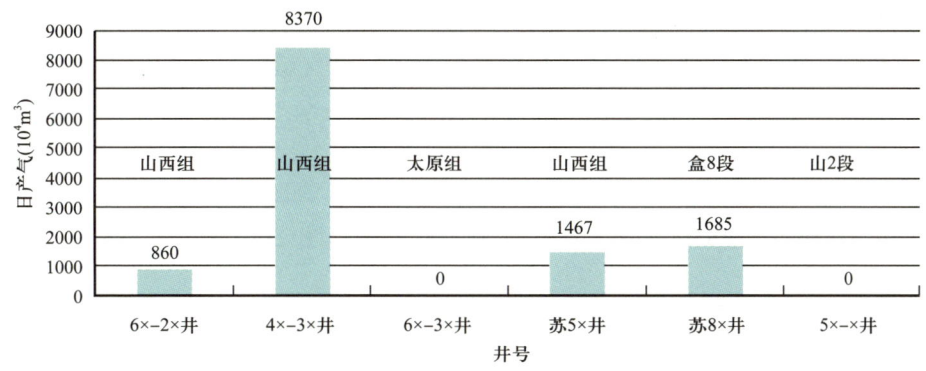

图 2-4-4 6口井含气层单压单试日产气柱状图

表 2-4-9 6口井含气层物性参数统计表

井号	层位	H（m）	Rt（Ω·m）	AC（μs/m）	CNL（%）	DEN（g/cm³）	POR（%）	PERM（mD）	S_w（%）	S_H（%）	备注
6×-2×	山西组	1.1	35.76	207.61	9.16	2.55	5.89	0.1000	60.19	4.81	
4×-3×	山西组	4.4	114.74	213.43	7.84	2.36	6.94	0.1040	39.83	3.24	
苏5×	山西组	3.4	155.74	209.10	6.10	2.54	6.11	0.1280	68.44	5.49	
苏8×	盒8段	6.1	53.12	217.72	7.34	2.49	7.78	0.1380	60.95	6.85	
5×-×	山2段	5.5	70.10	220.28	6.59	2.54	8.13	0.2292	51.65	19.02	无标准图版
6×-3×	太原组	7.1	121.77	209.03	6.55	2.54	5.86	0.1008	63.78	8.12	无标准图版

表 2-4-10 苏7×-4×-3×井试气层层位测井解释成果表

层位	层号	SDEP（m）	EDEP（m）	H（m）	Rt（Ω·m）	Rxo（Ω·m）	SP（mV）	GR（API）
山西组	27	3559.6	3564	4.4	114.74	119.5	94.04	23.96

层位	AC（μs/m）	CNL（%）	DEN（g/cm³）	POR（%）	PERM（mD）	S_w（%）	S_H（%）	结论
山西组	213.43	7.84	2.36	6.94	0.104	39.83	3.24	含气层

三、成藏特征再认识，有效落实区域甜点

在沉积背景下，伴随微断裂、微幅构造的控制作用，形成了众多地层岩性+构造的气藏圈闭。区域内气源岩主要分布在石炭系—二叠系，下石盒子组发育大面积的砂泥岩互层，上石盒子组的湖相泥质岩广泛发育，为良好的区域性盖层；纵向上构成了理想的生、储、盖组合，形成了下生上储的成藏模式。横向上，在三角洲平原及三角洲前缘的沉积背景下，储层物性的差异化较为明显，同时伴随微断裂、微幅构造的影响，形成了众多

彼此独立的地层岩性+构造的气藏圈闭。沉积特征分析表明苏75区内自北向南发育一大物源沉积体系，气藏类型为无明显气水边界的大型岩性气藏。气藏开发实践表明苏75区块盒8段和山西组发育三大物源沉积体系，平面发育三套岩性气藏，西部气藏气水界面明显。

基于以上三项认识，按照相—构配置思路。首次在坳陷型盆地应用气藏单元分析方法，落实甜点区域，以鄂38砂体条带为实例进行解剖（图2-4-5）。

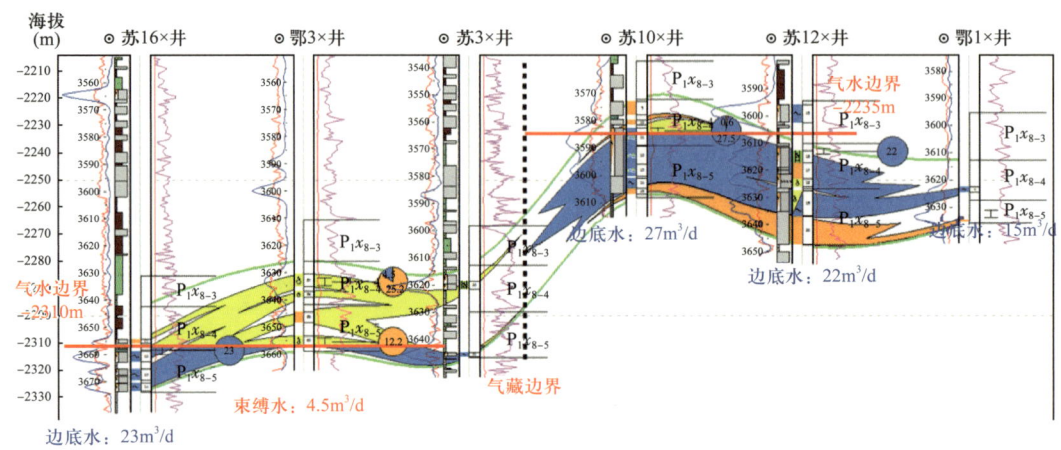

图2-4-5 苏16×井—苏3×井—苏12×井—鄂1×井气藏剖面特征图

勘探阶段认为，苏3×井、苏10×井属于同一砂带；其成藏不受构造控制；无明显气水边界。气藏解剖结果表明，鄂1×井砂体与两翼厚度相差较大，分属两个砂带；砂体上倾尖灭与构造配置，形成自身岩性圈闭；在厘清气井产出水类型基础上，明确两个气藏具有各自的气水边界。

苏里格西区平面上位于整体气田相对较低构造部位，西部与生烃中心之一的天环坳陷相毗邻，处于气水过渡区域，气层含气饱和度相对较低，气水同层、含气水层广泛分布，按照现有的储量分类标准，基本不存在天然气的富集区，原来富集区开发配套技术规模推广的适用性差，效益开发面临挑战。如何准确区分气藏产出水类型是开展西区气水分布规律研究的关键，在气水分布规律的指导下，将推动苏里格西区储量效益开发。

1. 储层与优质烃源岩距离及生烃能力决定了纵向上含气饱和度下高上低的分布规律

苏里格气区1.9万余口气井测井解释成果和试气、生产动静态资料显示，自下而上气层发育比例逐渐降低，气水同层、含气水层发育比例逐渐增加。下部的山西组储层与烃源岩互层叠置发育，为典型的源内成藏模式，在排烃期优先充注成藏，同时充注能力相对较强，所以储层含气饱和度高。上部的盒8段下段储层发育在烃源岩顶部，与山西组储层相比距烃源岩距离较大，为典型的近源成藏模式，在成藏期充注能力相对较弱，储层的含气饱和度相对较小。

2. 区域的生烃强度和储层物性决定了平面上西区贫中区富的分布规律

前人的研究认为，苏里格气田生烃强度以 $16\times10^8m^3/km^2$ 为界限，大于此界限的区域为良好的天然气富集区，小于此界限的区域为气水伴生的富水区。生烃资料显示苏里格气田西区总体在 $16\times10^8m^3/km^2$ 以下，而且低于 $14\times10^8m^3/km^2$ 区域面积占比较大，生烃强度跨度大的多个气藏剖面呈现出从西北向东南气层发育比例逐渐增加，气层厚度逐渐增大的特点；水层发育比例、厚度逐渐降低的分布规律。储层物性主要受控于孔隙结构和埋藏深度。西区的储层物性比中区储层物性相对较差，一定程度影响了西区储层原始含水饱和度比中区要高。西区盒 8 段下段 / 山 1 段，平均孔隙度为 8.2%~7.4%，平均渗透率为 0.61~0.58mD；中区盒 8 段下段 / 山 1 段，平均孔隙度为 9.1%~7.9%，平均渗透率为 0.76~0.52mD。西区气藏埋深平均比中区气藏埋深要大 450m 左右，深度的增加在一定程度上影响储层物性的差异，进而影响气水分布规律。

3. 西区不同砂带的构造高部位和优势相带发育区是天然气富集的有利区域

结合大量气藏单元解剖成果认识，构造和沉积优势相带对天然气的富集具有明显控制作用。按照气藏单元分析方法，在组段级别的沉积相研究成果的基础上，开展小层级别的同期次砂带的刻画，落实岩性尖灭线或物性变化线和优势相带发育区，对岩性圈闭边界的落实至关重要；将相应的沉积微相图和与之对应的构造图叠合，落实岩性圈闭发育区；结合气井试气和生产的动、静态资料识别气水边界，富集区优选实现避水开发的目的。

综上所述，尽管西区位于生烃强度的低势区域、气藏埋藏深度较大、整体的储层物性较差，成藏条件和中区相比具有明显的劣势，但只要准确把握气水分布的主控因素和规律，就能实现西区富水气藏的效益开发。

第三章 致密砂岩气藏渗流机理及评价技术

第一节 致密砂岩应力敏感特征

一、储层应力敏感性

1923 年，Terzaghi 在含水饱和土壤力学特征研究基础上提出了有效应力原理，即有效应力等于上覆压力减去孔隙压力。1942 年 Boit 在研究三轴压缩力学时发现低渗透多孔介质（如岩石）不适用 Terzaghi 原理，随后提出修正的有效应力原理，在原来的基础上加入等效孔隙压力系数，有效应力等于围压减去等效孔隙压力。

在气藏开发过程中，随着气藏的开采地层压力逐渐降低，导致储层所受的有效应力不断增大，使得储层的孔隙空间受到压缩，进而改变了孔隙结构。主要的改变表现为孔隙、裂缝和喉道的缩小或闭合，使得储层的孔隙度和渗透率持续降低。

有学者将孔隙度与应力敏感性联系在一起，但事实证明致密砂岩储层的渗透率应力敏感性比孔隙度应力敏感性强很多，主要受控于以下因素。

1. 孔隙喉道变细收缩

岩石在地下埋藏过程中经历了长时间的压实，岩石颗粒间的填隙物（尤其是泥质）往往容易变形。钻井过程中外力使得填隙物形状改变，孔喉直径缩小，直接导致储层渗透率下降。

2. 微粒在孔隙内运移

大多数含油气地层中存在细小的矿物微粒，油气在孔隙中流动时会带动矿物微粒流动，微粒遇到细小孔隙会滞留，堵塞孔隙使储层渗透率降低。

3. 裂缝开度下降

油气开发过程中，渗透率是影响产量的主要因素。裂缝型致密砂岩储层的渗透率受储层中发育的裂缝控制，有效应力增加会导致裂缝和微裂缝闭合，从而产生储层应力敏感效应。应力不断增大，裂缝型致密砂岩储层中的裂缝不断发生闭合，从而影响砂岩储层的渗透率。闭合的裂缝在应力降低后不会恢复，导致储层的渗透率大幅度降低，产生不可恢复的损害。若地层中发育大量解理和构造裂缝或纳米级微裂缝时，高压差衰竭式开采会造成裂缝中的油气快速流动。此时地层压力不能从基质中得到及时的有效补充，导致裂缝系统内流体压力下降较快，微裂缝开度下降甚至闭合，使得储层渗透性变差。

4. 岩石内部颗粒重排

在应力作用下，岩石内部颗粒可能会发生移动和重新排列。这种重排可以改变孔隙的形状和连接性，进而影响岩石的物理属性，如渗透性和弹性，从而导致应力敏感发生变化。

5. 储层温度的变化

随着温度不断升高，岩石的渗透率损害率与不可逆渗透率损害率不断降低，应力敏感性逐渐增强。岩样在受有效应力作用时，渗透率变化均呈现出明显的非线性变化特征。当裂缝型致密砂岩储层温度达到一定条件时，储层岩石的不可逆渗透率损害率高达99%，造成的储层伤害几乎是不可逆的，岩石呈现出极强的应力敏感性。随着岩样所处环境温度的不断升高，岩样的渗透率损害随着温度的升高损害减小。在一些情况下，应力还可能引发或加速岩石中的化学反应，如溶解和沉积作用，这些化学变化可能会改变岩石的微观结构和渗透特性。

对于致密砂岩气藏的应力敏感性通常通过数学模型来描述，以量化应力变化对气藏渗透性和孔隙度的影响。主要的数学描述方法包括经验公式和物理模型，以下是一些常见的数学描述方法。

1）应力敏感性指数模型

这种模型通过一个经验公式来描述渗透性与有效应力之间的关系。公式通常形式如下：

$$K = K_0 \mathrm{e}^{-c\Delta\sigma} \tag{3-1-1}$$

式中　K——当前的渗透性；

　　　K_0——无应力状态下的初始渗透性；

　　　c——应力敏感性系数；

　　　$\Delta\sigma$——应力变化量。

这种模型简单直观，易于在实际工程中应用。

2）生产数据分析法

利用生产数据（如压力和产量数据）来拟合和预测气藏的应力敏感性。这种方法通过分析历史生产数据与理论模型的匹配度来估计应力敏感性参数。

3）岩石力学模型

通过岩石力学的原理来模拟和计算应力场对渗透性和孔隙结构的影响。模型可能包括弹性理论、塑性理论和断裂力学等复杂的物理过程。

4）裂缝网络模型

在裂缝性气藏中，裂缝的开闭对气藏的渗透性影响显著。裂缝网络模型通过模拟裂缝的分布、方向和连接性，以及裂缝在不同应力条件下的开闭状态，来评估气藏的渗透性变化。

5）多孔介质流体流动模型

利用多孔介质流动方程和连续性方程，结合应力敏感性模型，形成一个描述气体在致密砂岩中流动的综合模型。模型通常需要结合数值模拟方法来解决。而在储层生产过程中，岩石所受有效应力增大，岩石骨架颗粒及裂缝断面发生变形，进而引发渗透率变化。其他因素包括流体的静水压力和动水压力将导致裂缝面扩展，以及储层流体的化学潜蚀和弱化作用同样会对渗透率造成影响。在考虑外部围压和内部孔隙流体压力相互作用的情况，依据实验测试数据，以有效应力为变量，可建立有效应力与渗透率模型的数学关系。调研发现，通过拟合岩心实验数据，可得到现有的有效应力与渗透率模型的数学关系（表3-1-1）。

表 3-1-1 应力敏感模型统计表

研究者	模型	公式	参数
Hoholick 等	指数模型	$\dfrac{\phi}{\phi_0} = \exp\left[-\beta(\sigma - \sigma_0)\right]$	β 为经验参数
Morrow C A 等	幂律模型	$\dfrac{k}{k_0} = \left(\dfrac{\sigma}{\sigma_0}\right)^{-m}$	m 为经验参数
Zhu Suyang 等	孔壳模型	$\dfrac{1}{k^c} = b + a\sigma$	c 为经验参数
Bernabe Y 等	对数模型	$\left(\dfrac{k}{k_0}\right)^{1/\omega} = A + B \ln\left(\dfrac{\sigma}{\sigma_0}\right)$	ω、A 和 B 为经验参数
Ostensen R	板裂缝模型	$\left(\dfrac{k}{k_0}\right)^{1/2} = A + c \ln\left(\dfrac{\sigma}{\sigma_0}\right)$	c 为经验参数

这些模型可以独立使用或组合使用，以提供对气藏行为更全面的理解。在实际应用中，选择合适的模型需要根据气藏的具体特性、可用数据的质量和数量及预测目的来决定。

二、苏75区块储层应力敏感特征

苏75区块储层岩石开展了大量的应力敏感实验，采用增加岩样净围压模拟地层净应力的变化，通过测量孔隙度和渗透率随净应力变化的特征来分析储层应力敏感的程度。

1. 孔隙度应力敏感特征

以初始压力（p_{eff}=3.45MPa）为基准计算各实验岩心的比孔隙度（ϕ/ϕ_0），图3-1-1为不同岩样比孔隙度与有效应力之间的关系，由图可以看出，随着有效压力的增大，比孔隙度不断降低，早期下降速率较快，后期逐渐趋于变缓。

从图3-1-2中可以看出，比孔隙度随岩样的初始孔隙度增加而增加，说明岩样的初始孔隙度越小，在同一有效压力下比孔隙度下降幅度越大。根据这一规律，将储层划分为 $\phi_0 \geq 8\%$ 和 $\phi_0 < 8\%$ 两种类型。

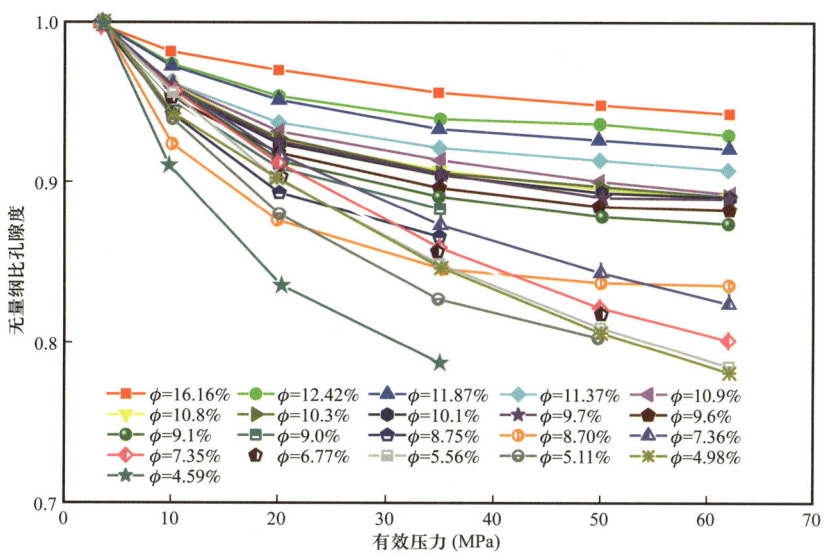

图 3-1-1　有效压力与比孔隙度的关系

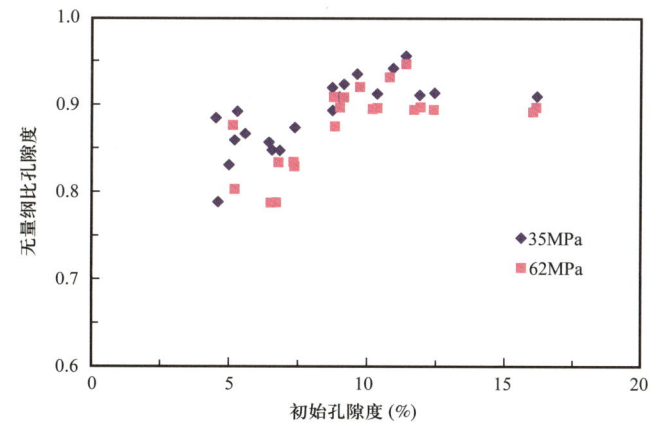

图 3-1-2　比孔隙度与初始孔隙度的关系

针对 $\phi_0 \geqslant 8\%$ 和 $\phi_0 < 8\%$ 两种类型储层，分类统计计算比孔隙度随有效压力变化的平均值，通过曲线拟合，可得到无量纲孔隙度随有效压力的变化关系（图 3-1-3，表 3-1-2）。

当 $\phi_0 \geqslant 8\%$ 时：

$$\frac{\phi}{\phi_0} = 1.0432 p_{\text{eff}}^{-0.0250} \qquad (3\text{-}1\text{-}2)$$

当 $\phi_0 < 8\%$ 时：

$$\frac{\phi}{\phi_0} = 1.0982 p_{\text{eff}}^{-0.0696} \qquad (3\text{-}1\text{-}3)$$

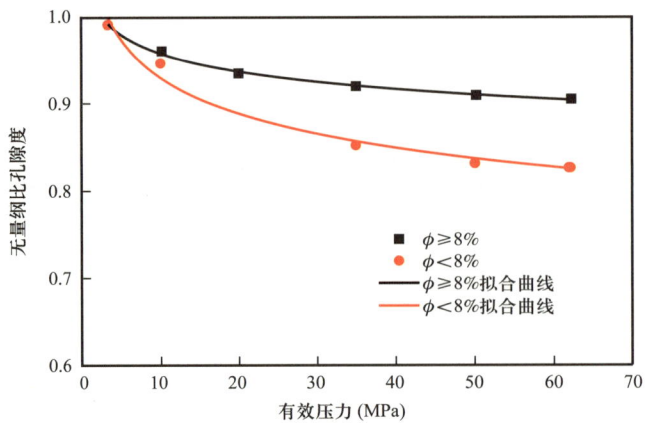

图 3-1-3 储层比孔隙度随有效压力的变化规律

表 3-1-2 对不同有效压力条件下的比孔隙度

有效压力 （MPa）	地层压力 （MPa）	$\phi_0 \geqslant 8\%$		$\phi_0 < 8\%$	
		ϕ_{D1}	ϕ_{D2}	ϕ_{D1}	ϕ_{D2}
3.45		1.000		1.000	
10		0.962		0.936	
20		0.939		0.892	
30		0.926		0.867	
40		0.917		0.850	
45		0.913		0.843	
50		0.910		0.836	
52.5	30.0	0.908	1.000	0.834	1.000
57.5	25.0	0.905	0.997	0.828	0.994
62.5	20.0	0.903	0.994	0.824	0.988
67.5	15.0	0.900	0.991	0.819	0.983
72.5	10.0	0.898	0.989	0.815	0.978
77.5	5.0	0.896	0.986	0.811	0.973
80.5	2.0	0.895	0.985	0.809	0.971

由表 3-1-2 可以看出，针对初始孔隙度 $\phi_0 \geqslant 8\%$ 和 $\phi_0 < 8\%$ 两类储层，原始地层条件下的孔隙度分别为地面常规测试孔隙度的 90.8% 和 83.4%；在开发过程中，当地层压力由 30MPa 衰竭至 2MPa 时，两类储层的比孔隙度分别由 1.0 变为 0.985 和 0.971，即孔隙度的相对值分别降低了 1.5% 和 2.9%，可见开发过程中的孔隙度变化是很小的，基本可以忽略不计。

2. 渗透率应力敏感特征

以初始有效压力下（p_{eff0}=3.45MPa）的渗透率为基准，计算不同有效压力下的无量纲渗透率，其结果见图3-1-4，渗透率随有效压力的变化较为复杂，不同类型渗透率随有效压力的变化规律不同，相同有效压力条件下，初始渗透率高的下降速率慢，总的下降幅度低；初始渗透率低的随有效压力增大而迅速下降，压力增大到一定程度后渗透率下降速率减缓，但总的下降幅度很大。

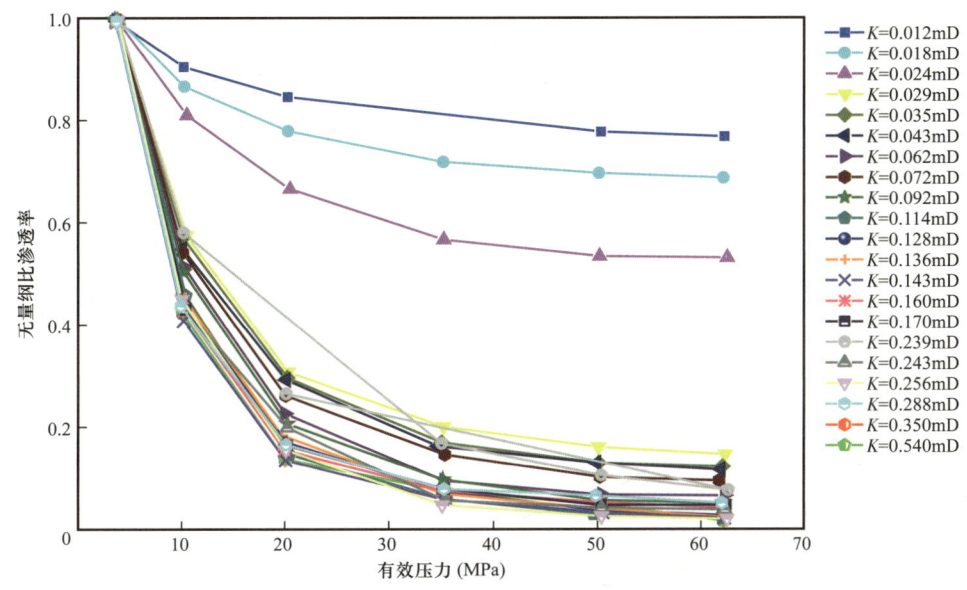

图3-1-4 不同有效压力下的无量纲渗透率

图3-1-5为两种不同有效压力（35MPa和62MPa）下的无量纲渗透率与岩样初始渗透率的关系，从图中可以看出，无量纲渗透率与岩样的初始渗透率具有较好的相关性，初始渗透率越大，相同有效压力下无量纲渗透率保持越高；初始渗透率越小，相同有效压力下无量纲渗透率越低。分析图3-1-4也可看出，当有效压力增大到20MPa时，低渗透岩样的无量纲渗透率大多降至0.3以下；到62MPa时，全部降至0.2以下，即该压力下的渗透率不到初始值的20%。

按四个渗透率区间计算平均无量纲渗透率，得到四条平均无量纲渗透率随有效压力的变化曲线（图3-1-6）。初始渗透率$K_0>$5mD的曲线下降速率最慢，总的下降幅度最低，可用一条幂函数进行很好地拟合；初始渗透率K_0=1~5mD的曲线在低压段下降速率较快，总的下降幅度也较大，但仍可用一条幂函数进行较好地拟合；K_0=0.1~1mD和$K_0<$0.1mD的两条曲线，在低压段渗透率下降非常迅速，无量纲渗透率与有效压力呈半对数关系，有效压力大于20MPa后，无量纲渗透率下降速率减缓，可用幂函数进行很好地拟合，因此这两条曲线在高、低压段需要分别用两个函数拟合，最终得到六个函数方程见表3-1-3。

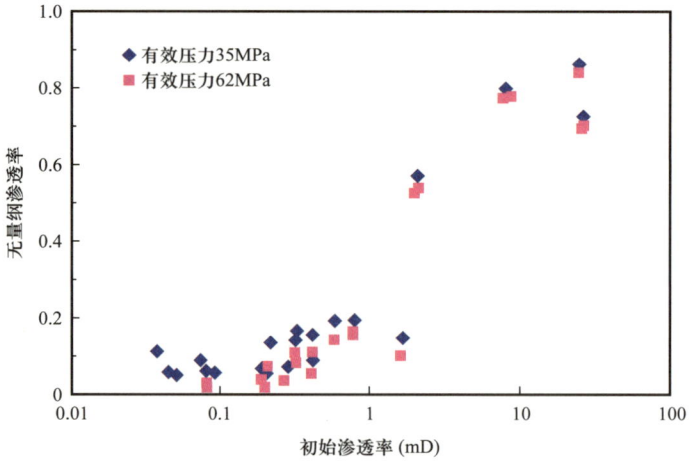

图 3-1-5　不同有效压力下无量纲渗透率与初始渗透率的关系

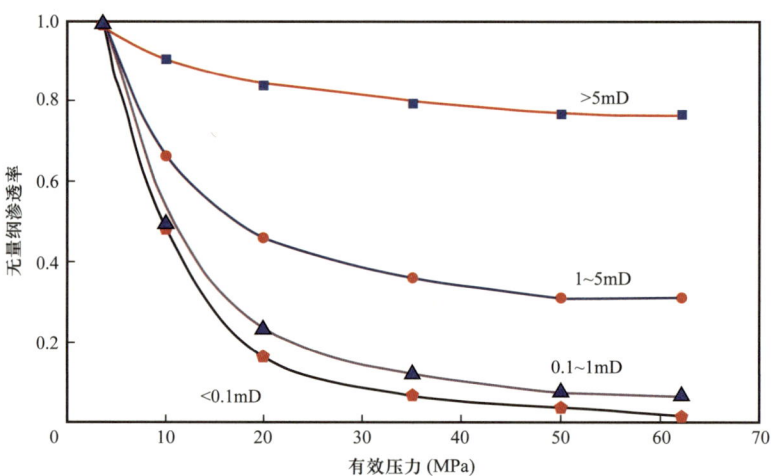

图 3-1-6　不同渗透率区间的平均无量纲渗透率与有效压力的关系

表 3-1-3　无量纲渗透率与有效压力的关系函数

渗透率区间（mD）	$p<20$MPa	$p\geqslant 20$MPa
>5	$\dfrac{K}{K_0}=1.1187p^{-0.0935}$	
1～5	$\dfrac{K}{K_0}=1.6765p^{-0.4179}$	
0.1～1	$\dfrac{K}{K_0}=-0.4344\ln p+1.5282$	$\dfrac{K}{K_0}=4.5772p^{-0.9902}$
<0.1	$\dfrac{K}{K_0}=-0.4781p^{-0.0935}+1.589$	$\dfrac{K}{K_0}=22.051p^{-1.624}$

根据无量纲渗透率与有效压力的关系函数，可计算不同类型储层的无量纲渗透率变化规律（表3-1-4）。由表可以看出，苏75区块80%储层的地面气测渗透率都小于1mD，储层在原始地层压力条件下的有效渗透率比常规岩心分析渗透率低一个数量级，即80%储层的有效渗透率在0.1mD以下。在开发过程中，随着储层有效应力的增加，渗透率变化幅度大，对气藏的渗流规律影响较大。

表3-1-4 相对于地面常规渗透率的无量纲渗透率随有效压力的变化

p（MPa）	无量纲渗透率			
	＞5mD	1～5mD	0.1～1mD	＜0.1mD
20	0.845	0.479	0.236	0.17
30	0.814	0.405	0.158	0.088
40	0.792	0.359	0.119	0.055
45	0.784	0.342	0.106	0.046
50	0.776	0.327	0.095	0.038
52.5	0.772	0.32	0.091	0.035
57.5	0.766	0.308	0.083	0.031
62.5	0.76	0.298	0.076	0.027
67.5	0.755	0.288	0.071	0.024
72.5	0.75	0.28	0.066	0.021
77.5	0.745	0.272	0.062	0.019
80.5	0.742	0.268	0.059	0.018
85	0.738	0.262	0.056	0.016

第二节 启动压力

一、启动压力

启动压力是衡量流体在低渗透储层中开始流动难易程度的重要参数，对于油气勘探和开发具有重要意义。通过对启动压力的研究，可以深入了解低渗透储层的渗流特性，为油气田的开发和生产提供重要的理论依据。而对于低渗透致密气藏气相渗流启动压力梯度的描述主要可归纳为两种方法。第一种方法根据启动压力的定义，采用了与液相相同的方法。根据气相渗流理论，压力平方梯度应比压力梯度更能反映气相是否流动的力学本质；第二种方法考虑到气液两相渗流的差异性，从气体流速公式出发，提出对v和$(p_2^2-p_1^1)$进行线性拟合（v为气相的渗流速率，m/s；p_2、p_1为进出口压力，MPa）。此方法结合了渗流理论，被广泛接受。然而从严格的渗流理论分析可知，对于启动压力梯度研究的前提即为气体流动不符合达西渗流，流量公式自然也不符合达西流量公式，因此对 v 和（$p_2^2-p_1^1$）进行线性拟合也只是近似的做法。

低渗透气藏的启动压力机理主要涉及流体与岩石之间的相互作用。在低渗透储层中，由于渗流通道小，流体分子在固、液界面处受到固相分子的作用，加之液相黏度的存在，使得流体的初始流动条件需要一个颇大的力来驱使流体分子进行宏观定向运动。这个力就是启动压力。同时，随着渗透率的降低、束缚水饱和度的增加和岩心致密性的增强，启动压力也会相应增大。

二、苏里格致密气藏启动压力特征

受细小孔喉结构的影响，低渗透致密砂岩储层孔喉结构和流体渗流规律复杂，存在明显的启动压力梯度。研究储层启动压力梯度对苏 75 区块开发政策的制定具有重要意义。

图 3-2-1 为非达西渗流特征曲线，其中 I 为达西渗流，II 为低渗透储层流体低速非达西渗流。当压力梯度超过启动压力梯度 A 点时，气体开始流动。当压力梯度继续增加，流体渗流重新呈线性关系，即 DE 段，将其反方向延长，与 x 轴的交点 B 为拟启动压力梯度。

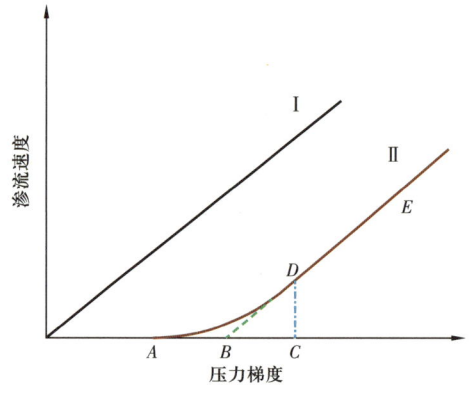

图 3-2-1　低渗透致密砂岩储层非达西渗流特征曲线

通过室内启动压力梯度实验可以对低渗透致密砂岩储层启动梯度特征进行定量分析。本文测试了 9 块样品（图 3-2-2），得到了流体渗流速度和压力梯度的相关性曲线的同时，分别以线性关系和二项式关系拟合，得到岩心的拟启动压力梯度和启动压力梯度。

通过 9 块样品渗透率与启动压力梯度回归曲线（图 3-2-3）、渗透率与拟启动压力梯度回归曲线（图 3-2-4）可以看出，岩心的拟启动压力梯度大于启动压力梯度，平均启动压力梯度为 0.008MPa/m。启动压力梯度随岩心的渗透率增加而呈幂函数关系减小，且存在明显的分界点。当渗透率大于 0.1mD 时，启动压力梯度不明显；而当渗透率小于 0.1mD 时，存在启动压力梯度且较明显。图 3-2-5 则进一步展示了渗透率倒数与启动压力梯度呈近似线性关系。

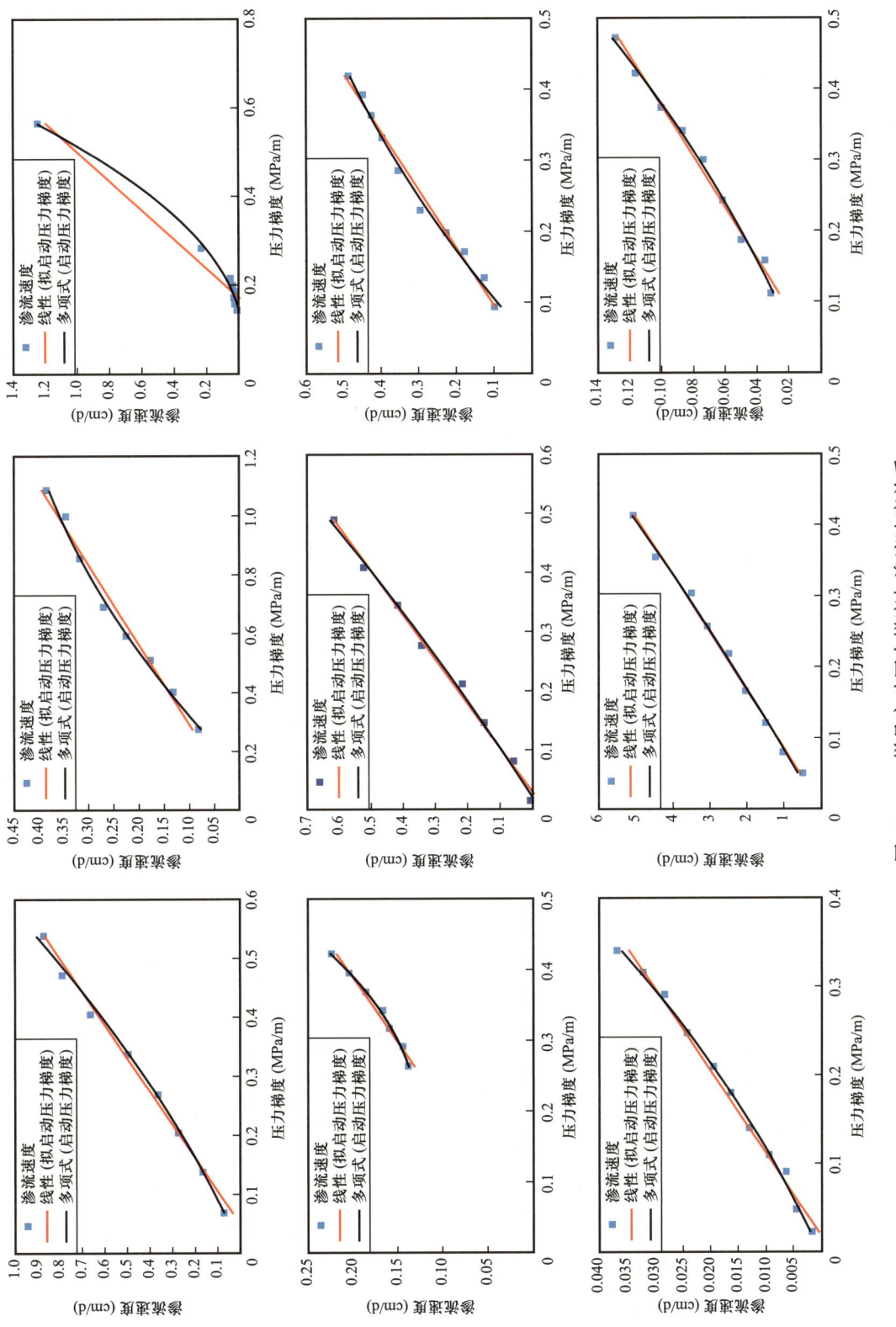

图 3-2-2 样品启动压力梯度与渗流速度关系

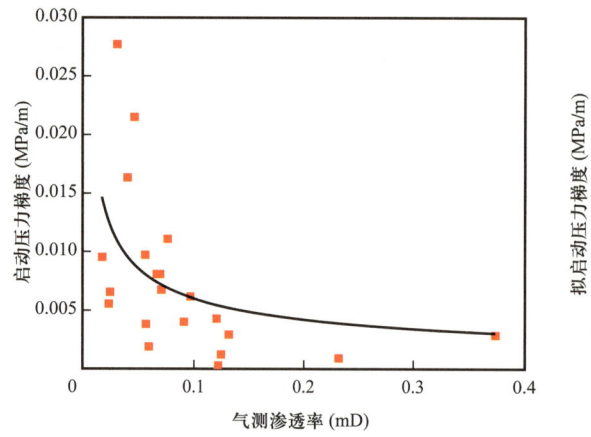 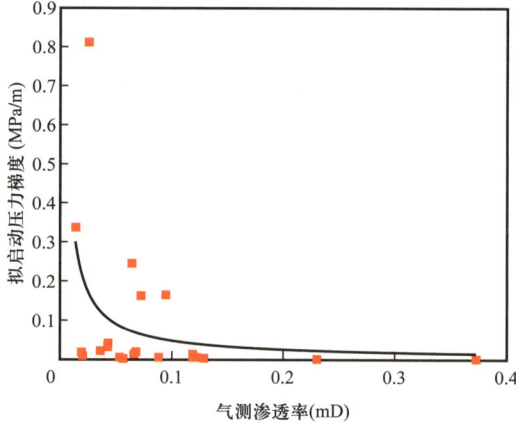

图 3-2-3　气测渗透率与启动压力梯度曲线图　　图 3-2-4　气测渗透率与拟启动压力梯度曲线图

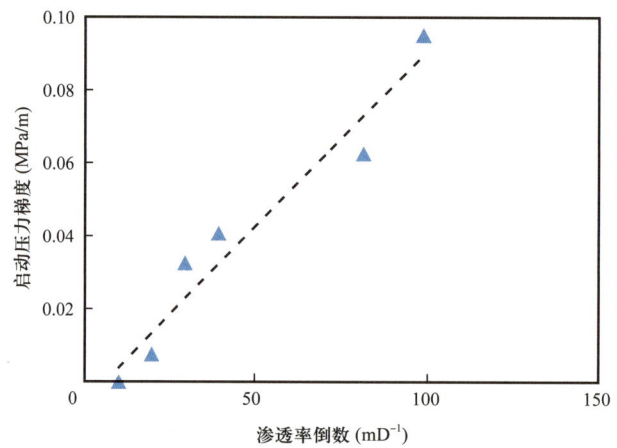

图 3-2-5　渗透率倒数与启动压力梯度关系

当渗透率小于 0.1mD 时,启动压力梯度随渗透率的减小迅速增加。因此,对于渗透率小于 0.1mD 的低渗透致密砂岩气藏,应考虑启动压力梯度。启动压力梯度与渗透率的关系可以描述为

$$\lambda = 0.0006 \times K^{-0.785} \qquad (3-2-1)$$

式中　K——地层渗透率,mD;
　　　λ——启动压力梯度,MPa/m。

苏里格地区高含水致密气藏为气水两相渗流,储层中气水的渗流通道细小,极易形成水化膜。由于毛细管力的作用,地层孔隙中的气体必须克服水化膜的束缚,即作用于水化膜两侧的压力梯度必须高于临界值时气体才能流动,该值即为气体渗流时的启动压力梯度。对苏 75 区 10 块含水岩心通过流量压差法进行气水两相启动压力梯度测试见表 3-2-1。以 4 号和 8 号岩心为例,两岩心的两相启动压力梯度曲线见图 3-2-6。4 号岩心的启动压力梯度值为 1.5MPa/m,8 号岩心的启动压力梯度值为 0.19MPa/m。

表 3-2-1 岩样启动压力实验数据

岩心编号	长度（cm）	直径（cm）	孔隙度（%）	渗透率（mD）	含水饱和度（%）	启动压力梯度（MPa/m）
1	5.96	2.51	7.76	0.132	41.32	0.18
2	6.75	2.52	5.51	0.041	44.45	0.05
3	7.29	2.52	4.95	0.032	43.78	0.03
4	6.33	2.52	12.34	0.396	41.12	1.50
5	6.12	2.53	6.98	0.048	44.89	0.04
6	6.41	2.52	5.32	0.023	42.95	0.02
7	7.76	2.52	5.21	0.040	43.75	0.04
8	6.43	2.52	10.49	0.154	42.25	0.19
9	6.62	2.52	3.34	0.190	41.55	0.23
10	7.44	2.52	8.76	0.154	43.60	0.2

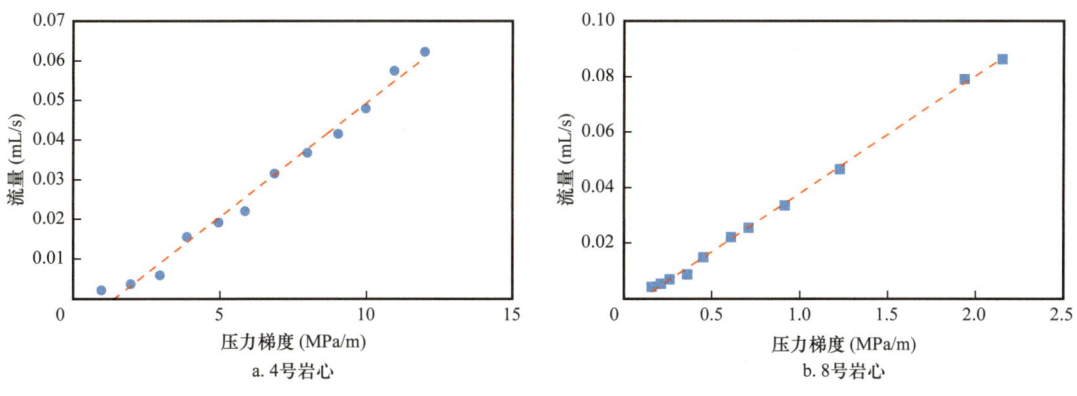

图 3-2-6 气水两相启动压力梯度实验曲线

通过大量室内实验测试发现，致密砂岩气藏储层启动压力梯度与储层含水饱和度和储层渗透率关系十分紧密，启动压力梯度随着含水饱和度的上升和渗透率的减小而快速增大。通过对启动压力梯度与渗透率和含水饱和度的变化规律的研究，可以拟合得到单因素影响时启动压力梯度的表达式。综合考虑含水饱和度和渗透率两个因素影响时，可得到启动压力梯度的统一表达式：

$$\lambda = aS_w^{3.5}K^{-1} - b \tag{3-2-2}$$

式中　λ——启动压力梯度，MPa/m；
　　　S_w——含水饱和度，%；
　　　K——渗透率，mD；
　　　a，b——常数。

用上述方法，只需开展少量实验测试即可拟合得到苏 75 区块的启动压力梯度计算表达式为

$$\lambda = 0.39 S_w^{3.5} K^{-1} - 0.025 \quad (3-2-3)$$

用启动压力梯度表达式可快速获得不同渗透率储层在不同含水饱和度下的启动压力梯度。这里选择三个有代表性的饱和度值进行计算，建立了苏 75 区块不同渗透率和含水饱和度条件下的启动压力梯度关系图版（图 3-2-7）。

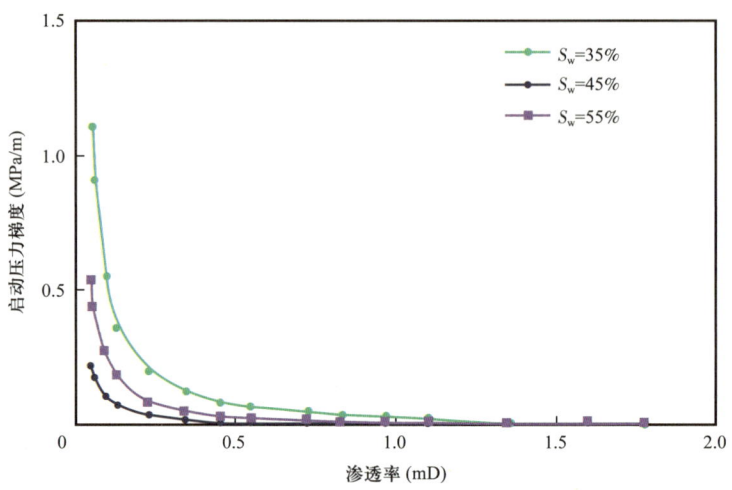

图 3-2-7　渗透率和含水饱和度与启动压力梯度关系曲线

此外，低渗透储层岩石的启动压力还受到岩石周围有效应力的影响，从表 3-2-2 和图 3-2-8 可以看出，随着岩石周围有效应力的增加，低渗透致密砂岩气藏中启动压力梯度升高，且随着物性的变差（孔隙度、渗透率的降低），这一现象更加明显。

表 3-2-2　不同有效应力下的启动压力梯度　　　　　　　　　单位：MPa/m

岩心编号	孔隙度（%）	渗透率（mD）	有效应力（MPa）						
			0	3.0	6.0	10.0	15.0	20.0	30.0
1	6.03	0.096	0.078	0.109	0.141	0.188	0.219	0.249	0.284
2	5.43	0.068	0.107	0.156	0.203	0.272	0.312	0.355	0.411
3	6.22	0.049	0.151	0.239	0.314	0.423	0.522	0.587	0.782
4	5.89	0.038	0.188	0.269	0.378	0.511	0.644	0.765	0.940
5	4.96	0.021	0.337	0.541	0.773	1.078	1.350	1.615	1.937
6	2.79	0.016	0.428	0.773	1.098	1.325	1.559	1.711	2.337
7	4.61	0.065	0.112	0.168	0.221	0.284	0.336	0.372	0.480
8	3.64	0.050	0.144	0.222	0.311	0.402	0.511	0.600	0.728

续表

岩心编号	孔隙度（%）	渗透率（mD）	有效应力（MPa）						
			0	3.0	6.0	10.0	15.0	20.0	30.0
9	4.13	0.101	0.074	0.115	0.165	0.244	0.290	0.310	0.389
10	5.76	0.132	0.061	0.083	0.105	0.128	0.148	0.172	0.217
11	5.87	0.187	0.041	0.053	0.064	0.076	0.089	0.102	0.122
12	5.94	0.206	0.038	0.047	0.057	0.066	0.079	0.090	0.107

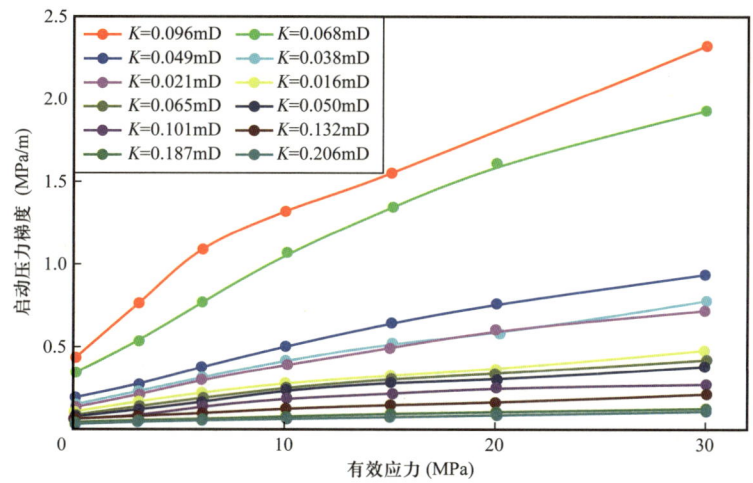

图 3-2-8　不同有效应力与启动压力梯度的关系曲线

第三节　低速非线性渗流特征

一、低速非达西渗流及其数学描述方法

人们通过实验发现了渗透率较低情况下流体渗流的非达西特征，即渗流速度并不是随着压力梯度而线性增加，其中油气藏流体的渗流也表现为相似的特征，该规律最早由列特宾在 1945 年提出。对于非达西渗流规律的描述，最早始于启动压力梯度的概念，之后逐渐发展至动态渗透率。启动压力梯度指的是流体在介质中的流动条件必须满足大于一个定值，这是由布兹列夫斯基最早提出的，有了非达西渗流问题的研究，便可在此基础上对致密气藏开发进行指导，对开发的结果进行评价。

国内关于低速非达西渗流问题的研究也是基于启动压力梯度的模型，低速非达西渗流的主要特征是存在启动压力梯度，当地层中的压力梯度小于启动压力梯度时，流体不能流动，而当地层中的压力梯度大于启动压力梯度时，流体才能流动，渗流符合达西定律。

根据对低渗透气藏特殊渗流机理的研究，低渗透储层一般具有较高的含水饱和度，气体在低渗透储层中的流动阻力主要来自两个方面，一是水膜堵塞孔隙喉道效应，二是毛细管力效应。水膜堵塞仅在初始状态阻碍气体通过，一旦气体冲破水膜束缚，往后气体通过这一喉道就不再有堵塞效应；毛细管束缚水始终占据喉道空间，使得气体只能以气泡形式通过，对气体渗流产生持续的附加阻力，若流动压差无法克服这一附加阻力，气体将停止流动。为了描述这种特殊渗流现象的实质，可以用气体低速非达西渗流来解释，归结为启动压差和临界压力梯度两种控制因素。启动压差是使气体突破孔隙喉道处的水膜束缚从静止到流动时需要在微观孔隙喉道两端形成的最小压差；临界压力梯度是气体开始流动后为了克服毛细管束缚水产生的附加阻力，同时保持连续流动所需要的最小压力梯度。启动压差对气体低速非达西渗流的作用是一个瞬间过程，临界压力梯度对气体低速非达西渗流的作用是一个持续过程，两者是相互独立的因素。在此基础上，描述气体低速非达西渗流规律的数学模型为：

$$\begin{cases} \overline{v} = 0 \left(\Delta p < \Delta p_B, \text{气体不流动} \right) \\ \overline{v} = -\dfrac{K}{\mu} \nabla p \left(1 - \dfrac{\lambda_B}{|\nabla p|} \right) \left(\text{开始流动后}: |\Delta p| > \lambda_B, \text{保持流动} \right) \\ \overline{v} = 0 \left(\text{开始流动后}: |\Delta p| \leq \lambda_B, \text{停止流动} \right) \end{cases} \quad (3-3-1)$$

式中　Δp_B——启动压差；

　　　λ_B——临界压力梯度；

　　　K——渗透率，mD；

　　　μ——气体黏度，mPa·s；

　　　∇p——压力梯度，MPa/m。

低渗透储层气体非达西渗流数学模型，考虑了气体冲破水膜束缚从静止到流动的突变过程，描述了气体未开始流动、保持流动和停止流动三个阶段的特殊渗流现象和条件。

与国内外已有的关于液体低速非达西渗流规律数学描述相比，上述数学模型有以下两个特点：第一，国内外关于低渗透介质非达西渗流的研究主要针对液体低速非达西渗流规律开展，而本文则是研究建立了描述气体低速非达西渗流的数学模型；第二，除引入经实验证实的"启动压差"外，还引入了"临界压力梯度"这一概念，并强调"临界压力梯度"是气体保持连续流动的控制因素。

以此数学模型为基础，可以建立不同情况下低渗透气藏的试井分析模型和试井分析方法。不论是达西渗流还是低速非达西渗流，其试井模型都有一个共同之处，即单井压降漏斗的外边界距离随开井生产时间的延续而逐渐扩大，但两者的含义截然不同。

如图 3-3-1 所示，在达西渗流条件下，根据公式 $v = K/\mu \nabla p$ 知：只要压力梯度不为零，流速就不为零。即使在开井初期，远井区的气体也会流动，只是流速非常小，正因为流速的这种连续性传递变化，才使常规试井模型不依赖于时间变化的"无限大地层""有限封闭地层""有限定压地层"等边界条件成立。常规试井理论的探测半径概念来自扰动理论，某一时刻流速变化最大的位置就是此时刻压力波传播前缘边界，在压力扰动前缘之外，流体流速很小，但并非绝对不流动。

在气体低速非达西渗流的情况下，由于受启动压差因素影响，地层中气体的流速随位置的变化在压降漏斗传播前缘处不连续，在此前缘之外，地层中的气体不流动。试井理论建立模型时常用的"无限大"边界条件不成立，在压降漏斗前缘没有传播到固定边界之前，采用固定边界条件也不合理。这实际上是一个移动边界数学问题，目前常规试井理论没有考虑这个问题（图 3-3-2）。

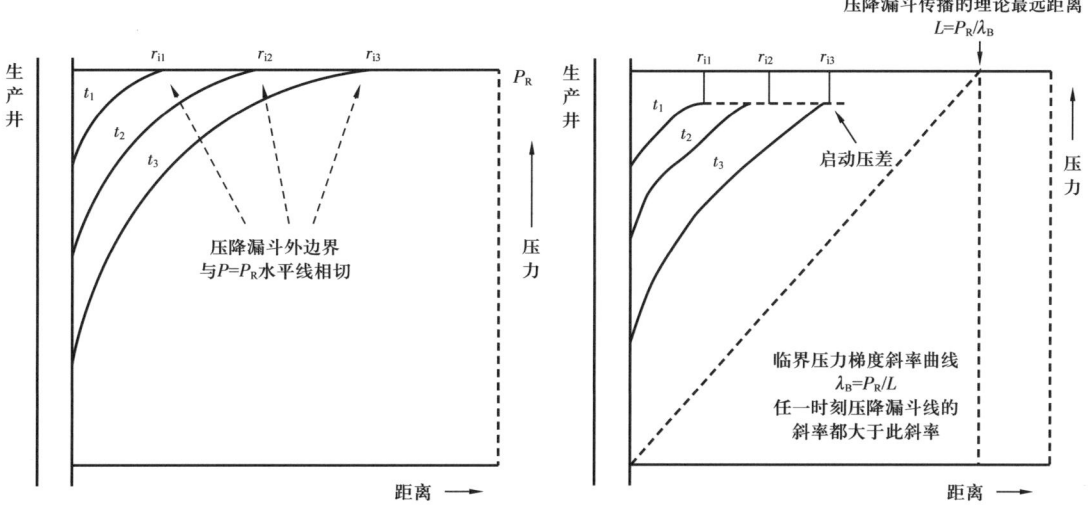

图 3-3-1　达西渗流条件下气井压力剖面　　图 3-3-2　低速非达西渗流条件下气井压力剖面

由于受启动压差因素影响，含启动压差效应的试井模型的一个显著特点是单井供给区域的边界随开井生产时间的延长而逐渐向外扩展，这种动边界特性是其他试井模型所不具有的，也是目前的试井理论方法无法解决的。

通过计算和分析大量的理论曲线，在移动供给边界条件下，低渗透气藏气井具有以下与常规气藏气井不同的动态特点。

1. 气井试井曲线的后期段将上翘

低渗透气藏气井试井曲线的后期段将保持连续上翘的形状（图 3-3-3），主要由临界压力梯度的影响所致，而启动压差主要影响压力曲线的早期段。这是低渗透储层气井与常规气井试井曲线形状上的最大差异。

2. 低渗透气井开井初期的流动会滞后

当低渗透储层的启动压差较大时，气井开井初期流动边界暂时不向外扩展，达到稳定流动有一个滞后过程，即启动时间（图 3-3-4）。充分认识这种特殊性，可以避免低渗透气层测试可能造成的产能低估或漏层。

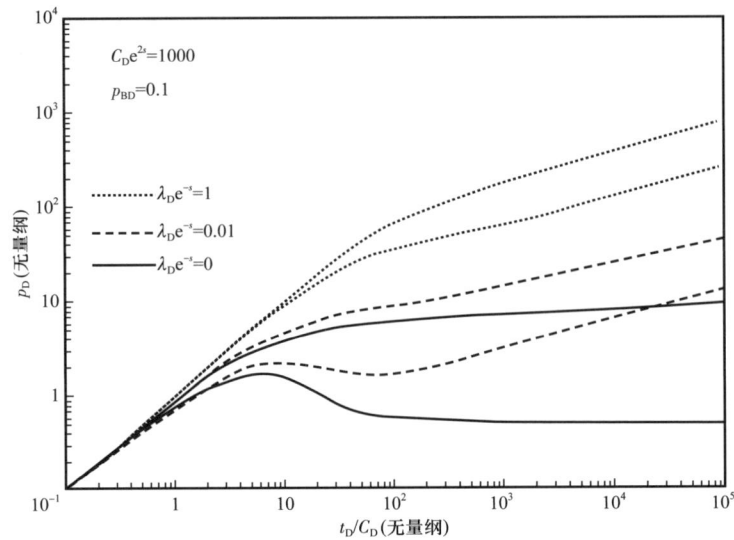

图 3-3-3　含启动压差效应平面径向流试井模型诊断图

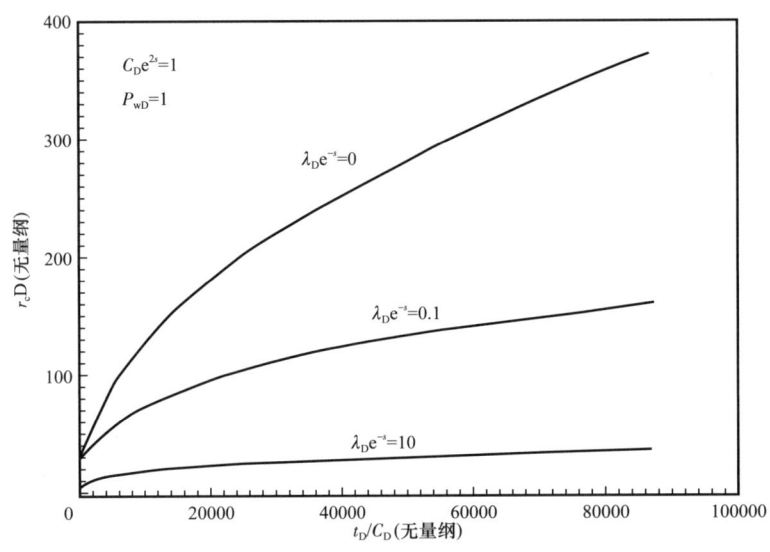

图 3-3-4　不同启动压差下时间与流动区域半径的关系

3. 低渗透气藏气井的有效控制范围小

与中高渗透气藏不同，低渗透储层中即使不存在地质意义上的边界，气井生产时的控制范围也是有限的，这是低渗透储层含水饱和度高、临界压力梯度大情况下出现的特殊现象（图 3-3-5）。上述认识有助于确定低渗透气藏气井的合理井距，计算和评价气井单井控制储量。

进一步研究变井储、圆形封闭地层和复合地层低速非达西渗流模型，双对数图上压力导数试井曲线出现类似于达西渗流试井模型边界反应的上翘特征。由此可以认为，试井双对数曲线的后期段出现连续上翘形状是低渗透气藏气井的一个特殊现象和重要特征。

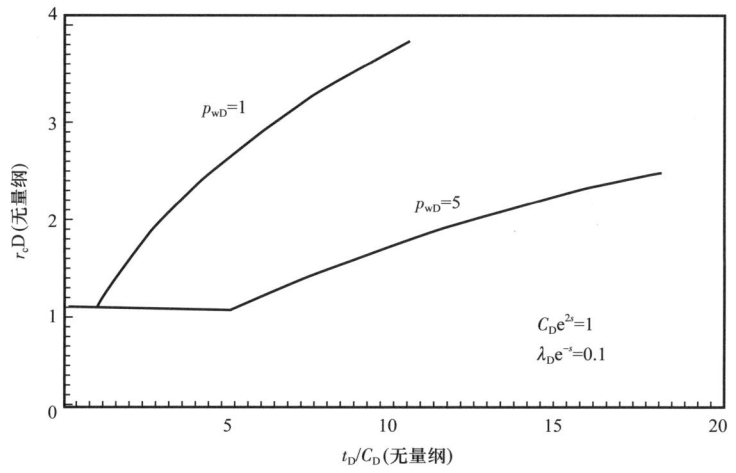

图 3-3-5　不同临界压力梯度下时间与流动区域半径的关系

二、产生低速非达西渗流的原因及机理

低速非达西渗流的主要特征是存在启动压力梯度,当地层中的压力梯度小于启动压力梯度时,流体不能流动,而当地层中的压力梯度大于启动压力梯度时,流体才能流动,渗流符合达西定律。低速非达西渗流是一个复杂的渗流力学现象,通常流体在多孔介质中的流速较低,流体行为偏离达西定律时出现。不同的学者对启动压力梯度产生的原因说法不一。目前主要有三种流派：流体论、介质论和吸着水论。流体论的代表以 Irmay 和 Swartzendruber 为主,认为非牛顿流体的流变性状是引起启动压力梯度的主要原因；介质论的主要代表是 K.C. 巴斯宁耶夫,认为多孔介质的性质会影响流体与多孔介质之间的相互作用力。这种作用力的影响会在原油与多孔介质表面上形成稳定的凝胶状膜,这样凝胶状膜部分覆盖了岩石孔隙。岩石中流体要流动,必须破坏这种凝胶状膜,这就是产生启动压力梯度的原因；吸着水论的主要代表有 Engelhardt、Tunnel 和葛家理等人,吸着水论与介质论极为相似,认为在介质颗粒表面上存在着吸附水层,会对流体的流动产生阻力,流体在介质中流动需要克服这种阻力,这就是启动压力梯度产生的原因。江汉油田勘探开发研究院对地层水和原油在低渗透多孔介质中的渗流特征进行了研究,认为非达西渗流不仅存在于低渗透储层中,流体黏度较高时,由于固液界面分子力的强烈作用,也会存在低速非达西渗流,他们指出固液界面分子力越强,启动压力梯度越大,在相同的地层压力梯度下流体渗流速度越慢。通过对不同渗透率的人工胶结岩心和天然岩心进行单相渗流实验研究,得出渗流曲线,指出在低速渗流下,渗流曲线呈现非线性关系,随着渗流速度的提高,渗流曲线向线性段过渡。相同液体在不同介质中表现出不同的渗流特征,这充分说明了多孔介质的孔隙结构特征对低速非达西流的渗流速度存在着重要影响。这种流动的产生机理可以通过以下几个方面来解释。

多孔介质如岩石或土壤的孔隙结构复杂多变,包括孔隙大小、形状和连通性的不均匀都会影响流体流动的均匀性和连续性。流体的黏度和密度也会影响其在多孔介质中的流动。高黏度或高密度的流体更可能表现出非达西行为，尤其在低流速条件下。温度和压力的变化能显著影响流体的性质以及多孔介质的孔隙度和渗透性，进而影响流动行为。

在低速非达西渗流中，流体的流动速度与施加的压力梯度之间的关系不再是线性的。这种非线性可能是由于孔隙介质内部的微观流动效应或流体和固体界面的相互作用引起的。较低的流速下，流体的惯性力可能仍然足够影响流动，尤其是在流体突然改变方向或通过狭窄通道时。同时，黏滞力在低流速时可能更加显著，这影响流体如何响应压力变化。在微观尺度上，流体可能在孔隙间形成复杂的流线，而这种流线的形状和分布与宏观上观察到的流动行为存在显著差异。

为了更好地理解和预测低速非达西渗流，通常会使用实验和数值模拟相结合的方法。实验可以直接观察流体在特定条件下的行为，而数值模拟则可以通过解决流体动力学方程来预测流动行为，包括采用 Forchheimer 方程等非达西修正模型来考虑非线性因素。

三、低速非达西渗流的影响因素

低速非达西渗流受到多种因素的影响，这些因素可以从流体特性、多孔介质特性及外部条件等方面来具体分析。

1. 多孔介质特性

孔隙度和渗透率：孔隙度高的介质允许更多流体流过，但渗透率不仅取决于孔隙度，还取决于孔隙的大小、形状和连通性。孔隙结构的复杂性会影响流体的流动路径，进而影响流动特性。

介质的均质性：多孔介质的均质性差，即孔隙分布不均匀，可以导致流动通道不规则，增加非达西流动的可能性。

介质的压缩性和弹性：在一些情况下，介质的物理变形也会影响流体流动，尤其是在压力较高的环境中。

2. 流体物理特性

黏度：黏度较高的流体在多孔介质中流动时，更容易表现出非达西行为，因为黏性阻力对流动的影响增大。

流体密度：密度较高的流体由于其惯性效应的增强，也可能导致非达西流动。

温度：流体的黏度和密度都会受到温度的影响，从而影响流动特性。

3. 外部操作条件

压力梯度：施加的压力梯度大小直接影响流动的驱动力。在低压力梯度下，流体的流动更可能偏离达西流动。

流速：即使在较低的流速下，如果流体与多孔介质的相互作用产生复杂的流动动力学效应，也可能观察到非达西流动。

流体注入的持续时间和速率：这些操作条件可以改变流体在介质中的分布和流动状态，影响非达西流动的发生。

4. 化学和生物因素

流体和介质的化学相互作用：如溶解、吸附等化学作用可能改变介质的性质或流体的行为。

生物堵塞：在一些环境中，微生物的活动可能导致孔隙被生物质堵塞，影响流体的流动性。

综上所述，低速非达西渗流是一个多因素、多机制交互作用的复杂现象，理解这些因素对于有效管理和预测此类流动至关重要，特别是在地下水流动、油气开采和环境工程等领域。

四、苏 75 区块低速非达西渗流特征

1. 低渗透岩石中单相气体低速渗流基本特征

根据前人在研究低渗透气藏时选取的 28 块低渗透岩样进行的单相气体渗流实验结果分析，得到了类似图 3-3-6 所示的渗流曲线。从图中可以看出，由于气体滑脱效应的影响，该曲线具有以下特征。

（1）在实验流速范围内，渗流曲线由平缓过渡的两段组成：Ⅰ—较低渗流速度下的下凹型非线性渗流曲线段；Ⅱ—较高渗流速度下的线性渗流段。

（2）渗流曲线呈现低速非达西渗流特征，其直线段的延伸在流速轴上有一正截距，即存在"拟初始流速 V_d"。

（3）低速曲线段与直线段有一交点，表明存在一个从非线性渗流段向拟线性渗流段过渡的临界点，该点对应的压力平方梯度称为"临界压力平方梯度（$\Delta p^2/L$）$_C$"，对应的渗流速度称为"临界流速 V_C"。

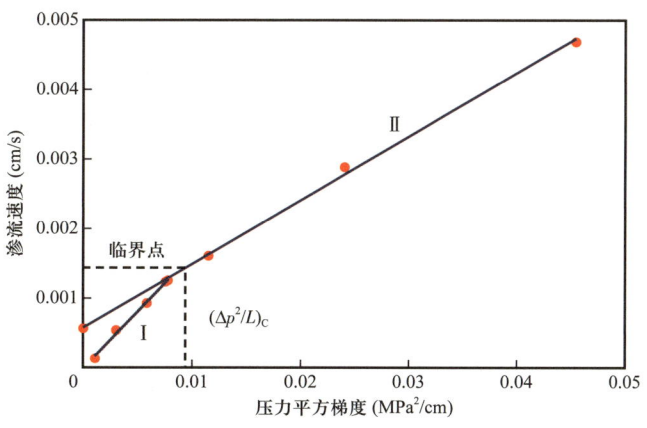

图 3-3-6 低渗透岩样中单相气体低速渗流曲线

将不同渗透率岩样的渗流曲线绘制在同一坐标系中（图3-3-7），可观察到以下一些特征。

（1）曲线形态、位置均与岩样渗透率有关系，随渗透率不同而有规律地变化。

（2）渗透率越低，非线性段越长，临界压力平方梯度值越高，拟初始流速越大。

（3）渗流曲线线性段的位置和斜率均与渗透率有关，随着渗透率增大，曲线斜率增大，渗流曲线远离压力平方梯度轴。

（4）随渗透率增大，非达西型渗流特征明显减弱，非达西型渗流逐渐向达西渗流过渡。在本区的渗透率范围内，储层岩石渗透率高于1.20mD时，单相气体渗流规律基本符合达西渗流规律。

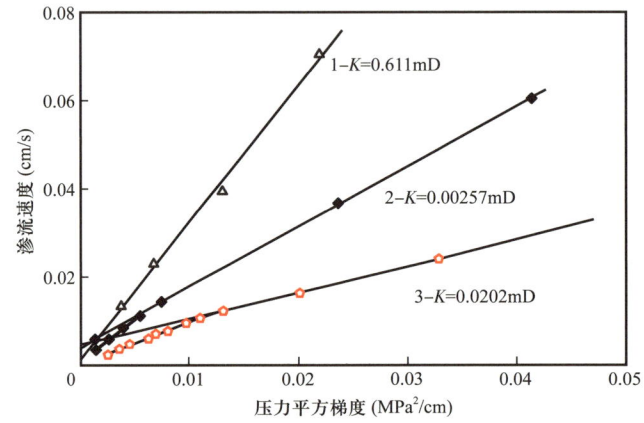

图3-3-7　不同渗透率低渗透岩样中单相气体低速渗流曲线

实验结果表明，无论砂岩或碳酸盐岩，低渗透岩样中均存在着气体低速非达西渗流现象。其主要渗流特征是由于滑脱效应造成的"拟初始流速"，它使气体视渗透率变大，造成同一多孔介质的气体渗透率永远大于液体渗透率。与中、高渗岩样相比，低渗透岩样中气体渗流时的滑脱效应影响加剧，而造成渗流直线段在流速轴上有一正截距。

2. 残余水条件下低渗透岩石中气体低速渗流特征

气藏形成期后滞留在岩石孔隙中的水主要以水膜水、毛细管水及充填在孔隙角落和弯曲处的水等几种形式存在于岩石中。水膜水靠分子引力滞留于孔隙壁上，毛细管水则靠毛细管力滞留于较小的孔道中。储层孔隙中水膜的作用主要是通过改变储层岩石的润湿性，对储层岩石中毛细管压力、流体分布及渗流性质产生重要的影响。在亲水的多孔介质模型中，残余水主要是由于卡断和绕流现象形成的。

低渗透气层通常具有较高的含水饱和度。宏观上，这些水在开采初期或酸化、压裂等作业措施前几乎是不流动的。因此，在模拟实验中考虑岩样含残余水时的情况，才能比较真实地反映低渗透储层中的气体渗流特征和规律。为保证含水低渗透岩样中气体的单相流动，实验中严格控制了压差和含水饱和度的变化。具体方法是根据岩样渗透性的不同，采用尽可能低的实验压差，同时在实验前后对岩样称重，控制其含水饱和度变化不超过3%，以保证气体处于单相渗流状态。

在残余水状态下，根据 30 余块低渗透岩样进行的气体渗流实验结果分析。实验结果表明，岩样渗透率不同、含水饱和度不同，其渗流特征也不同，具体表现为如下特征。

1）孔隙水膜使低渗透岩样低速非线性特征加剧

图 3-3-8 和图 3-3-9 所示分别为第一组砂岩样在 100% 饱和气和残余水状态下的气体渗流曲线及克氏回归曲线。图 3-3-8 中的渗流曲线具有以下特征。

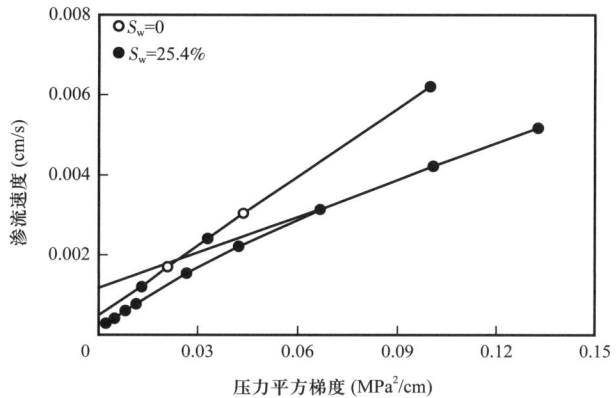

图 3-3-8　第一组低渗透岩样渗流曲线

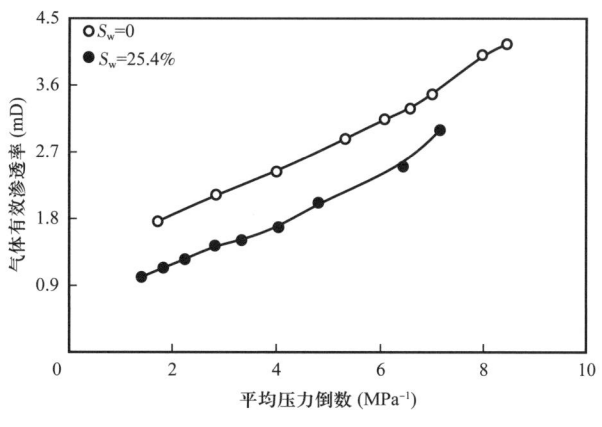

图 3-3-9　第一组岩样克氏回归曲线

（1）两条渗流曲线规律相同，均由平缓过渡的非线性渗流曲线段和拟线性段两段组成。

（2）岩样中残余水的存在使渗流曲线非线性特征更明显，非线性渗流段延长，渗流曲线直线段的延伸在流速轴上的截距增大。

（3）岩样中残余水的存在影响到渗流曲线位置。当存在残余水时，渗流曲线位置降低，靠近压力平方梯度轴。

图 3-3-9 所示为岩样含水饱和度不同时，气体有效渗透率与平均压力之间的关系曲线，图中的两条曲线与图 3-3-8 中的两条曲线分别对应。可以看出第一组岩样在 100%

饱和气体和在残余水状态下的克氏回归曲线趋势一致，即压力较低时，气体有效渗透率与平均压力倒数之间表现出非线性关系；在压力较高时，气体有效渗透率随平均压力的增加而呈线性降低；但在平均压力相同时，含水饱和度大于 0 时岩样的气体渗透率高于含水饱和度为 0 时的岩样饱和度。

2）含水状态下岩样渗流显现"启动压差"

图 3-3-10 和图 3-3-11 为第二组岩样在 100% 饱和气体和含水时的渗流曲线及克氏回归曲线。从图中可以看出，所示渗流曲线表现出以下特征（图 3-3-10）。

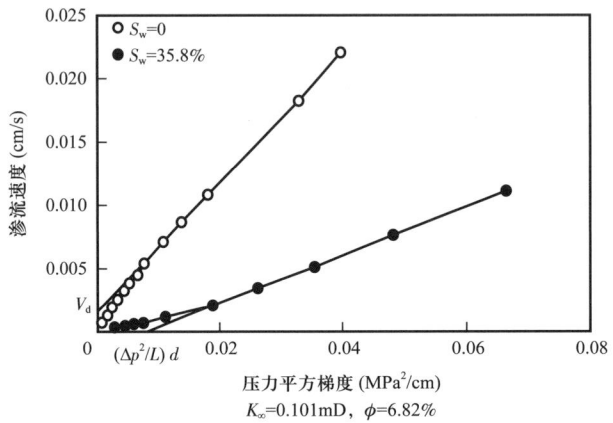

图 3-3-10　第二组岩样的气体渗透率曲线

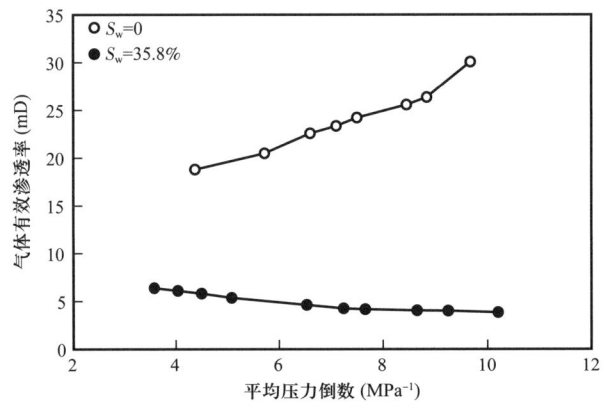

图 3-3-11　第二组岩样（碳酸盐岩）含水时的克氏回归曲线

（1）两条渗流曲线的趋势不同。当岩样含水时，渗流曲线总趋势为上凹型曲线。曲线形态与低渗透油藏中液体低速非达西渗流曲线形态相似。

（2）岩样含水时的渗流曲线同样由平缓过渡的两段曲线组成，即低速渗流下的上凹型曲线和较高渗流速度下的拟线性渗流直线段。与单相气体渗流结果相反，含水岩样渗流曲线直线段的延伸与压力平方梯度轴相交于点 $(\Delta p^2/L)d$，即岩样渗流显现"启动压差"效应。

（3）两条曲线的位置不同。岩样含水时的渗流曲线位置更低，靠近压力平方梯度轴。

图 3-3-11 表明当岩样含水时，在实验压力范围内，气体（视）有效渗透率随实验压力的增加而不断增大，与单相气体渗流实验结果相反。

3）不同的压力范围内含水岩样表现出不同的渗流特征

图 3-3-12、图 3-3-13 为第三组岩样在残余水状态下的气体渗流曲线和克氏回归曲线。从图中可以看出，它们与图 3-2-10、图 3-2-11 的渗流特征均有所区别。

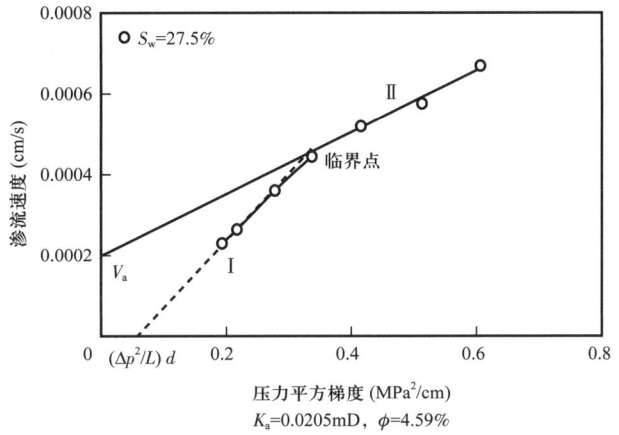

图 3-3-12　残余水条件下第三组岩样的气体渗流曲线

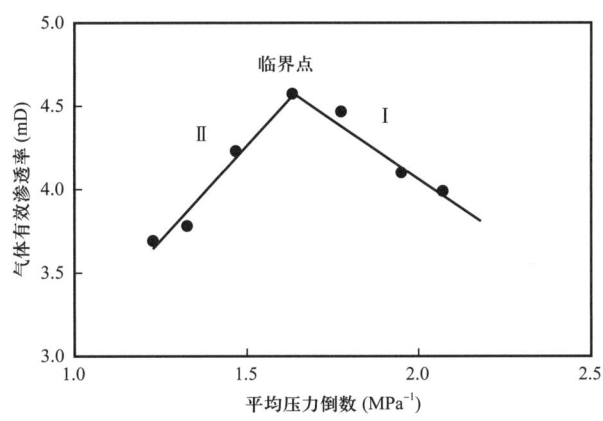

图 3-3-13　残余水条件下第三组岩样的克氏回归曲线

（1）在实验流速范围内，渗流曲线由两段组成：Ⅰ—低速渗流下的上凹型非线性渗流曲线段；Ⅱ—较高渗流速度下的拟线性渗流段。两段曲线存在一交点，即存在一个从非线性渗流段向拟线性渗流段过渡的临界点。

（2）渗流直线段的延伸段与流速轴相交，即存在"拟初始流速 V_d"。

（3）上凹型曲线段的切线延伸与压力平方梯度轴相交于点 $(\Delta p^2/L)d$。图 3-3-12 中可以清晰地观察到第三组岩样渗流曲线中两段渗流区域的存在。图 3-3-13 中的 Ⅰ 段对应于图 3-3-12 中的低速上凹型非线性段，Ⅱ 段对应于图 3-3-12 中的拟线性段。图 3-3-13 中可清楚观察到截然不同的两段气体（视）有效渗透率变化特征和临界点的存在。临界点右端的 Ⅰ 段显示随实验压力的增加，气体（视）有效渗透率增大；临界点左端的 Ⅱ 段显示随实验压力的增加,气体(视)有效渗透率减小。显然,造成这两段曲线特征的作用机理是不同的。

造成含水岩石呈现上述三种特征的原因主要有三个方面:其一是由于气体在岩石中的滑脱效应;其二是由于含水岩石中水堵塞了孔隙喉道;其三是由于毛细管力的影响。研究发现多孔介质中存在着三种毛细管力,第一种是毛细管管径变化造成的,方向与毛细管本身的延伸方向平行;第二种是非润湿相运动所产生的润湿滞后造成的,方向也与毛细管本身的延伸方向平行;第三种方向垂直于毛细管壁指向非润湿相。第二种毛细管力总是阻碍非润湿相的运动,但当运移速率极其缓慢时可以忽略。第三种毛细管力总是起到增大非润湿相运动的摩擦力的作用,而且毛细管越细,毛细管力越大,造成的阻力也越大。因此当岩样含残余水时,由于孔喉壁上束缚水膜的存在,低渗透岩样的孔喉进一步减小,使岩样非达西渗流特征更加明显,降低了岩样的气体渗透率。当岩石孔隙喉道较大、含水饱和度较低时,低渗透含水岩石中的气体滑脱效应占主导地位,表现在渗流曲线直线段在流速轴上的截距为正,在实验压差为0时,气体渗流速度不为0(图3-3-8),同时,随平均压力的增加,气体密度增加,气体分子的平均自由程减小,气体的有效渗透率降低(图3-3-9)。

而当含水岩样孔隙喉道较小、含水饱和度较高时,水膜水可能完全堵塞孔隙喉道,气体渗流必须首先突破水膜的束缚,表现在只有当压差达到一定值后,气体才会开始流动(即存在启动压差),同时由于第三种毛细管力产生的附加阻力的影响,气体有效渗透率随平均压力的增加而增加(如图3-3-10、图3-3-11);对第三组岩样,气体渗流曲线同时表现出了上述两个方面的特征,即在气体渗流曲线上存在一"临界点",当平均压力低于临界点压力时,水对孔隙喉道的堵塞作用和第三种毛细管力的影响居于主导地位,表现为气体渗流存在启动压差,且气体有效渗透率随平均压力的增加而增加。而当平均压力大于临界点压力后,压力较高,气体滑脱效应占主导地位,表现为气体渗流曲线的直线段在流速轴上的截距为正,且气体有效渗透率随平均压力的增加而降低(图3-3-12、图3-3-13)。由此可见,该临界点具有明确的意义,它区分了毛细管力和滑脱效应两种不同作用机理对气体渗流特征的影响。

分析认为,图3-3-8和图3-3-9反映的渗流特征实际是图3-3-12、图3-3-13反映的渗流特征的两个特例。图3-3-8、图3-3-9所示渗流特征表示实验所用岩样的临界压力太低,以致在渗流曲线中无法观察到低速上凹型曲线段的存在。而图3-3-6、图3-3-7所示渗流特征表示实验所用岩样的临界压力较高,实验所用压力未达到其临界压力,气体滑脱效应并未占主导作用。

第四节 滑脱效应

一、滑脱效应概念

储层中气体的滑脱效应指的是气体在岩石孔道或其他多孔介质材料中渗流时,靠近孔道壁表面的气体分子流速并不为零,与孔道中心的气体分子流速几乎没有明显差别的现象。

产生这种效应的主要原因是气固分子之间的作用力要远小于液固分子之间的作用力。因此在固体表面,气体分子并不会完全附着在管壁上,而是在相邻层的气体分子之间存在大量的动量交换,导致连同管壁的气体分子做定向运动,即会沿着管壁滑动。此外当压力极低时,气体分子的平均自由路程可能达到孔道尺寸,使得气体分子能够不受碰撞地自由运动,这也进一步增强了滑脱效应,导致视渗透率增加。

滑脱效应对气体在多孔介质中的渗流特性有显著影响。实验证明,岩石渗透率越低,滑脱效应越明显;同时压力越低,滑脱效应也越明显。这意味着在油气勘探和开采中,滑脱效应可能会影响油气资源的评估和开发效率。

二、苏 75 区块气体滑脱流动特征

选用苏里格气田盒 8 段致密砂岩为研究对象,实验分析了不同渗透率级别岩样所呈现的气体滑脱程度的差异性,并在模拟地层条件下开展了气体滑脱流动实验。针对不同孔隙直径、渗透率级别的岩样,如何选择相应的渗透率修正模型,以及如何明确室内实验与地层条件下气体滑脱流动的异同之处成为研究重点。

选取盒 8 段低渗透致密岩心 8 块(S-1~S-8),按渗透率大小分为 0.01~0.10mD 和 0.10~1.00mD 两组,采用常规稳态法气体测岩心渗透率的实验装置与方法,岩心围压均为 10MPa,气体介质为高纯氮气,通过监测不同进出口压力条件下出口端的气体流量计算相应的气测渗透率:

$$K_a = \frac{2Q_i p_0 \mu L}{A(p_1^2 - p_2^2)} \times 100 \tag{3-4-1}$$

式中 K_a——气测渗透率,μm^2;

Q_i——出口端气体流量,cm^3/s;

p_0——大气压,MPa;

μ——气体黏度,mPa·s;

L——岩心长度,cm;

A——岩心横截面积,cm^2;

p_1——进口端压力,MPa;

p_2——出口端压力,MPa。

为了探究气体滑脱程度与岩心渗透率大小的关系,首先测试了不同进口压力条件下(出口压力均为大气压)岩心气测渗透率(图 3-4-1),并绘制了气测渗透率与平均流体压力倒数(进出口端压力平均值)的关系曲线(图 3-4-2)。当岩心渗透率较高时(S-1,S-2),气测渗透率与平均压力倒数呈线性关系;当岩心气测渗透率较低时(S-3,S-4),气测渗透率与平均压力倒数开始呈现非线性关系,采用二次曲线能对二者进行良好的拟合。

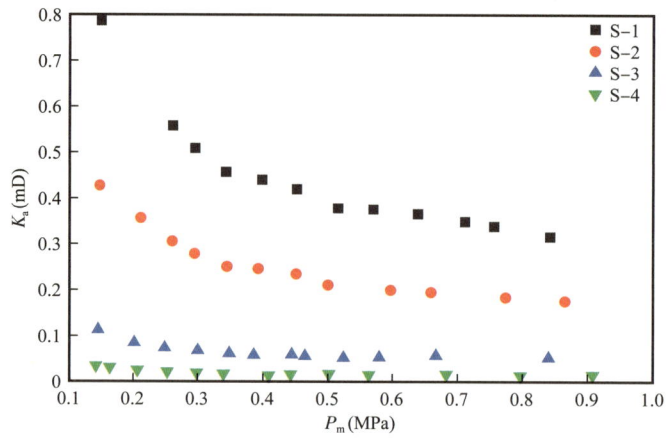

图 3-4-1　变（进口端）驱替压力岩心气测渗透率曲线图

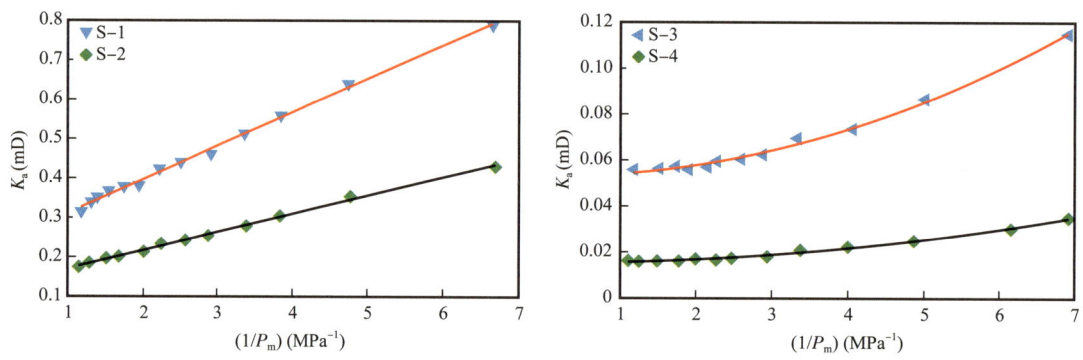

图 3-4-2　不同渗透率岩心气测渗透率与平均压力倒数的关系

前述实验均是出口端压力为大气压，变进口端压力的测试结果，接着进行了改变出口端压力（回压）条件下气体在低渗透致密岩心中的滑脱流动行为，实验结果如图 3-4-3 所示。两块岩心的结果均表明，随着出口端回压的增大，气体的滑脱效应有逐渐受到抑制的趋势，并且当回压增大到某一临界值，岩心的气测渗透率趋于稳定。对比岩样 S-5 和 S-6，发现前者的临界回压值约为 0.8MPa，而后者的临界回压值为 1.4MPa，该临界值有随着岩样渗透率的减小而增大的趋势。

从图中看出无回压条件下，气体在低渗透致密砂岩中流动呈现显著的滑脱效应，并且随着渗透率和孔隙半径的减小，经典的 Klinkenberg 模型适应性变差，需要采用气测渗透率与平均压力倒数的二次曲线来描述相应的滑脱流动行为。出口端施加回压时，随回压的增大，气体流动的滑脱现象有逐渐被弱化甚至完全被抑制的趋势，气测渗透率趋于稳定，并且使气测渗透率稳定的临界回压随岩样渗透率的减小而增大。对于低渗透致密砂岩气藏，储层条件下气体的流动可能受到类似回压的压力作用，开展回压条件下的气体渗流尤其是滑脱流动实验研究，能更好地模拟储层条件，为气体渗流机理分析和产能模型优化提供重要支撑。

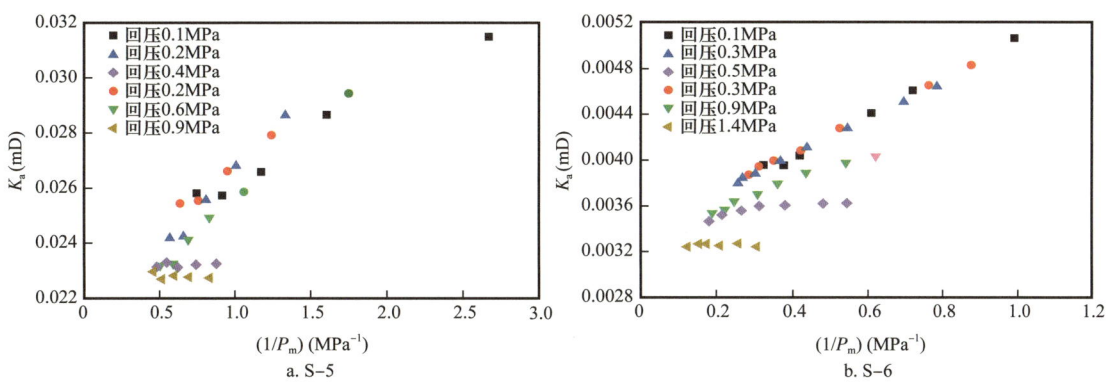

图 3-4-3 变出口压力（回压）的岩心气测渗透率

第五节 可动水渗流特征

一、可动水测试方法

低渗透致密砂岩储层由于其喉道细小，所控制的孔隙体积比较大，含水饱和度一般都比较高；而储层中原生水包含束缚水和可动水，其中束缚水赋存在细小孔喉及死孔隙内，在生产开发过程中无法运移，而可动水赋存在较大一些的孔喉或孔隙中，在生产过程中可以运移并部分产出（产水），对气井产能影响大。

直接确定岩心中的可动水比较困难，一般是先用离心毛细管压力法、气驱水法和核磁共振法确定气藏束缚水饱和度，再根据测井数据确定原始含水饱和度，最终得到可动水饱和度。目前运用较多的还是核磁共振法测试可动水分布特征。

核磁共振法主要利用岩样内流体的核磁共振 T_2 弛豫时间的大小及其分布特征，可对岩样孔隙内流体的赋存状态进行分析。当流体受到孔隙固体表面的作用力很强时，流体的 T_2 弛豫时间很短，流体处于束缚或不可动状态。反之，当流体受到孔隙固体表面的作用力较弱时，流体的 T_2 弛豫时间较长，流体处于自由或可动状态。T_2 弛豫时间表达式为：

$$T_2 = \rho \frac{S}{V} \qquad (3-5-1)$$

式中 ρ——储层及流体的物性；

S/V——岩石比表面。

根据可动水的定义及核磁共振 T_2 弛豫时间物理内涵，岩心可动水饱和度可通过核磁共振测试获取（图 3-5-1）。

二、可动水量分布的影响因素

可动水量作为评价致密砂岩储层流体赋存规律的重要参数，可动水饱和度大小受沉积特征、岩性组合、物性分布及孔喉大小、孔喉配置关系、孔喉形状分布等参数的影响，但孔喉半径对其影响较大。

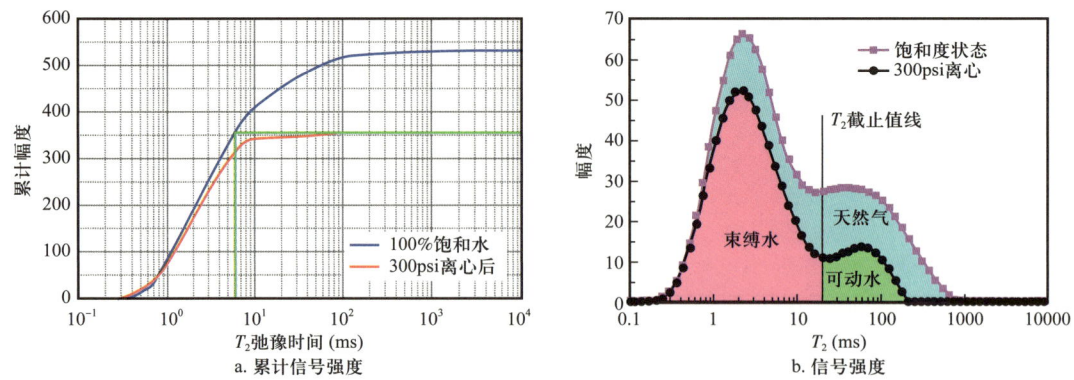

图 3-5-1　核磁可动水饱和度计算示意图

1. 孔喉特征对可动水的影响

鄂尔多斯盆地苏里格 75 区块盒 8 段可动流体饱和度与孔隙半径、喉道半径均值均具有正相关性，但与喉道半径的相关程度相对较差；盒 8 段砂岩储层的溶蚀孔发育，溶蚀作用不但形成了各类次生孔隙，也提高了孔隙间的连通能力，增强流体在层内的运移能力（图 3-5-2）。可动流体饱和度与孔隙半径相关性好于喉道半径，表明对于孔喉配置关系相对较好的储层，孔隙的大小是决定储层孔隙流体流动能力的关键因素。

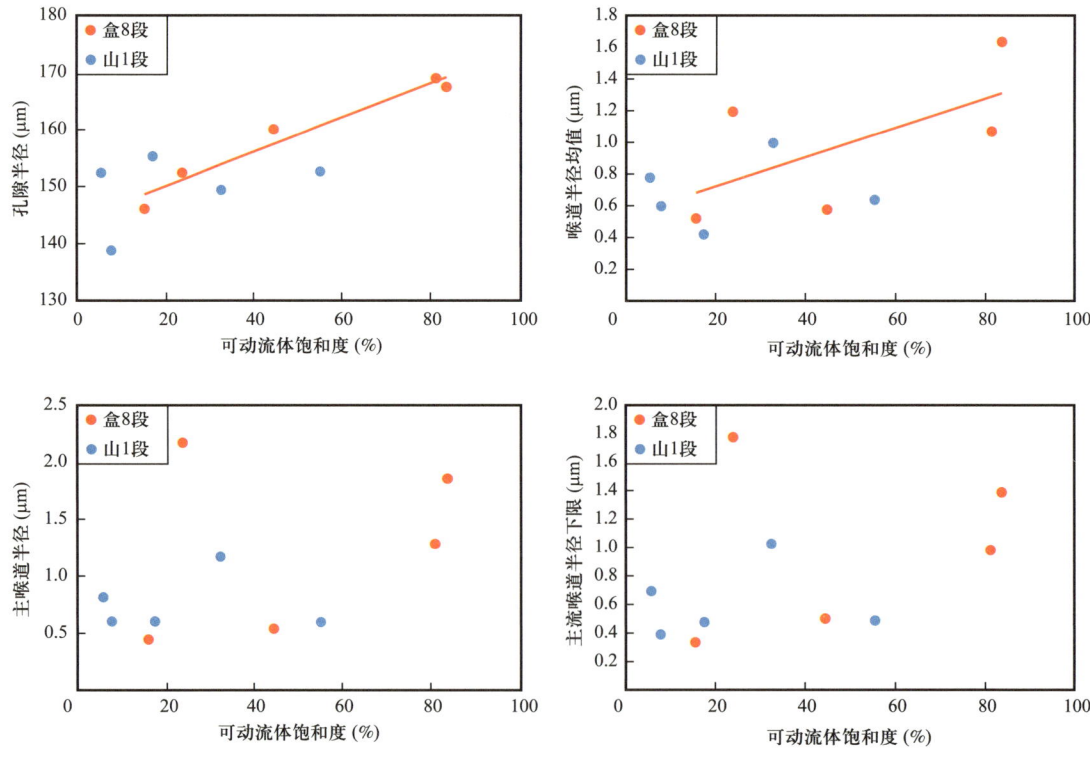

图 3-5-2　苏里格气田西区盒 8 段与山 1 段孔喉半径与可动流体饱和度的相关性

山 1 段可动流体饱和度与孔隙半径、喉道半径的相关性均较差（图 3-5-2）。对微孔发育的储层，较差的孔喉配置关系严重制约了孔喉半径评价可动流体饱和度的能力，孔隙半径较大的储层可能由于微毛细管喉道发育导致孔隙流体可动能力下降。主流喉道半径能表征样品中流体主要渗流通道的结构特征，当主流喉道半径较大时，主要渗流通道截面积增加，流体可动能力增加。可动流体饱和度与主流喉道半径呈正相关，且主流喉道半径与各参数之间的相关性通常好于喉道半径均值。

2. 微观结构参数对可动水的影响

可动流体的渗流能力不但受到孔喉半径大小的影响，还受孔喉间的配置关系及微观非均质特征的影响。微观均值系数能够表征各喉道半径与最大喉道半径的偏离程度。均值系数越小，样品喉道半径越趋近于最大喉道半径，喉道非均质性越弱。分选系数表征喉道的分选特征，分选系数越大，孔喉分选越差。

鄂尔多斯盆地苏里格气田盒 8 段储层可动流体饱和度与微观均值系数呈较弱的负相关性，与分选系数呈中等偏弱的负相关性，山 1 段均无明显的相关性（图 3-5-3a、图 3-5-3b）。孔喉半径比能够反映储层中孔隙、喉道半径的差异特征，随孔喉比减小，孔隙与喉道间半径差异越小（图 3-5-3c）。较小的半径差异减小了流体在孔喉间流动时的附加阻力，提高了流体的渗透能力。

可以看出，"大喉道—小孔隙—均质孔喉配置"是研究区致密砂岩储层高可动流体饱和度的关键，但对于孔喉配置关系复杂的层段而言，用单一参数依然无法判断可动流体饱和度的影响因素（图 3-5-3）。

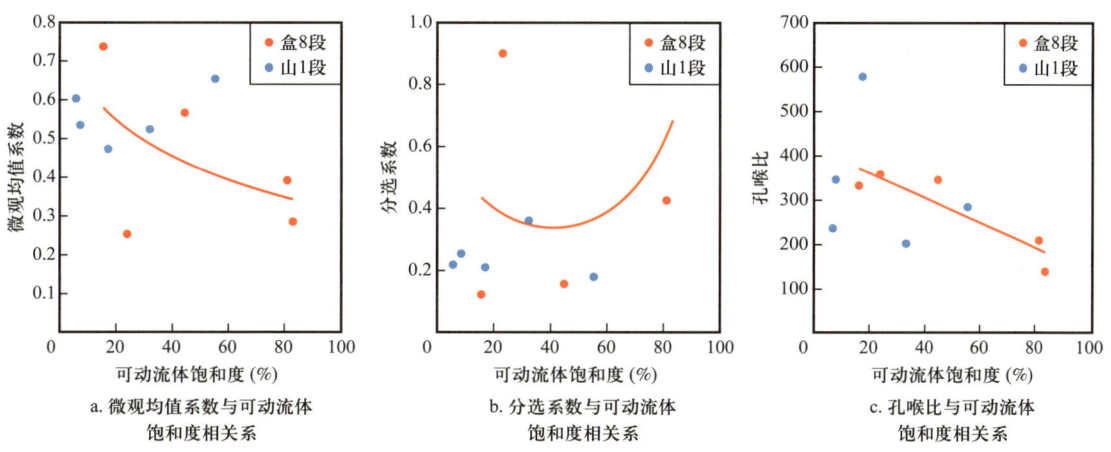

a. 微观均值系数与可动流体饱和度相关系

b. 分选系数与可动流体饱和度相关系

c. 孔喉比与可动流体饱和度相关系

图 3-5-3　苏里格气田西区盒 8 段与山 1 段微观非均质性参数与可动流体饱和度的相关性

三、苏里格低渗透气藏可动水饱和度变化特征

为了分析苏 75 区块可动水分布特征，选取了 4 口取心井的岩心进行核磁共振实验（表 3-5-1）。

表 3-5-1　核磁共振实验岩样的基本物性参数表

编号	直径（cm）	长度（cm）	干重（g）	孔隙度（%）	渗透率（mD）
7	2.498	4.56	56.3172	10.8	1.1
8	2.499	4.76	59.7682	10.5	0.5
9	2.496	4.68	54.3258	9.8	0.8
10	2.499	4.62	57.6325	12.7	2.6

1. 同一岩心在不同驱替压力下的 T_2 谱分布特征

通过实验结果（图 3-5-4～图 3-5-7），发现盒 8 段和山西组可动水具有以下特征。

（1）四块岩心孔隙中可动水与束缚水的分界 $T_{2\text{cutoff}}$ 值介于 13～20ms。其中，7 号岩心的 $T_{2\text{cutoff}}$ 为 16.0ms，8 号岩心的 $T_{2\text{cutoff}}$ 为 13.0ms，9 号岩心的 $T_{2\text{cutoff}}$ 为 13.0ms，10 号岩心的 $T_{2\text{cutoff}}$ 为 20.0ms。

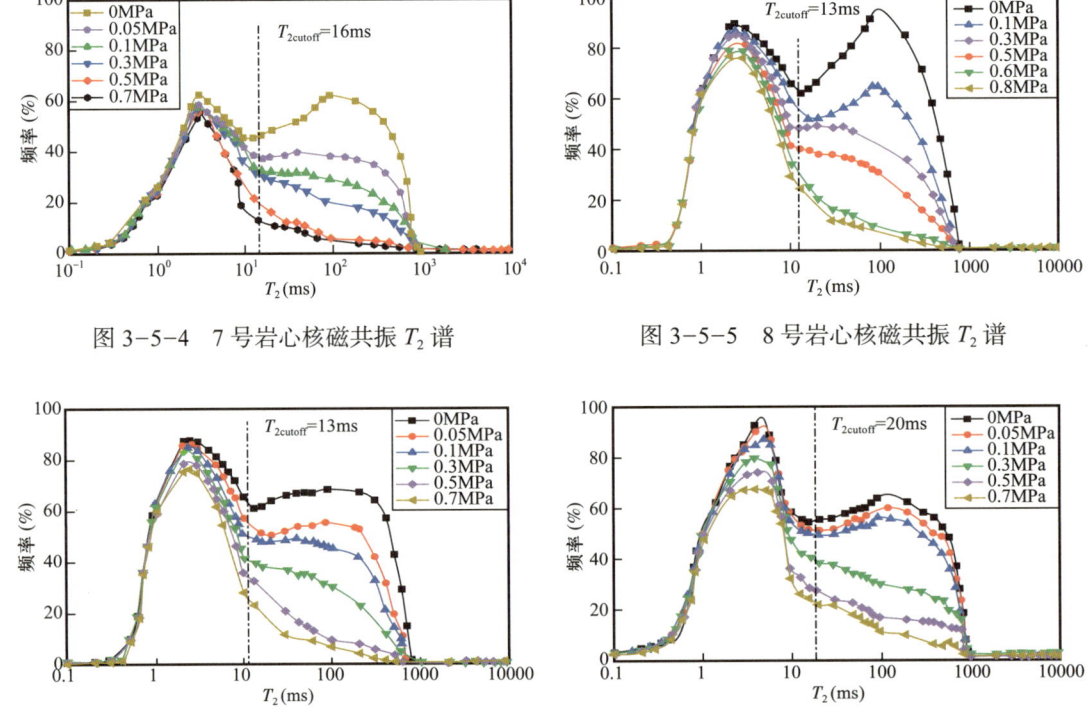

图 3-5-4　7 号岩心核磁共振 T_2 谱　　　图 3-5-5　8 号岩心核磁共振 T_2 谱

图 3-5-6　9 号岩心核磁共振 T_2 谱　　　图 3-5-7　10 号岩心核磁共振 T_2 谱

（2）四块不同孔渗特征岩样的核磁共振 T_2 谱，在低压状态下都表现为双峰形式，左边为不可动峰，右边为可动峰，$T_{2\text{cutoff}}$ 位于两峰交汇处；随着驱替压力的增加，不可动峰基本不变，可动峰逐渐变小。根据理论分析可知，核磁共振 T_2 谱中大于 $T_{2\text{cutoff}}$ 的部分表示大孔隙中的可动水，小于 $T_{2\text{cutoff}}$ 的部分表示小孔隙中的束缚水，所以根据岩样的核磁共振

T_2 谱可以得出不同孔隙类型岩心中束缚水和可动水饱和度的大小。

（3）对同一岩心，T_2 谱中小于 $T_{2\text{cutoff}}$ 的频率随驱替压力的变化不大，而大于 $T_{2\text{cutoff}}$ 的频率却随驱替压力的增加逐渐减小；当 T_2 值增加到一定程度后，频率值非常小，基本保持不变。由此可见，在不同的驱替压力下，对于同一岩心束缚水饱和度基本上是一定值，而可动水饱和度却随着驱替压力的增加而降低，岩心中的原生水随着驱替压力的增加不断被驱替。

2. 不同岩心在同一驱替压力下的 T_2 谱分布特征

为了研究不同岩心在同一驱替压力下的核磁共振 T_2 谱分布特征，绘制了四块不同孔渗特征的岩心在同一驱替压力下的核磁共振 T_2 谱（图 3-5-8～图 3-5-11）。

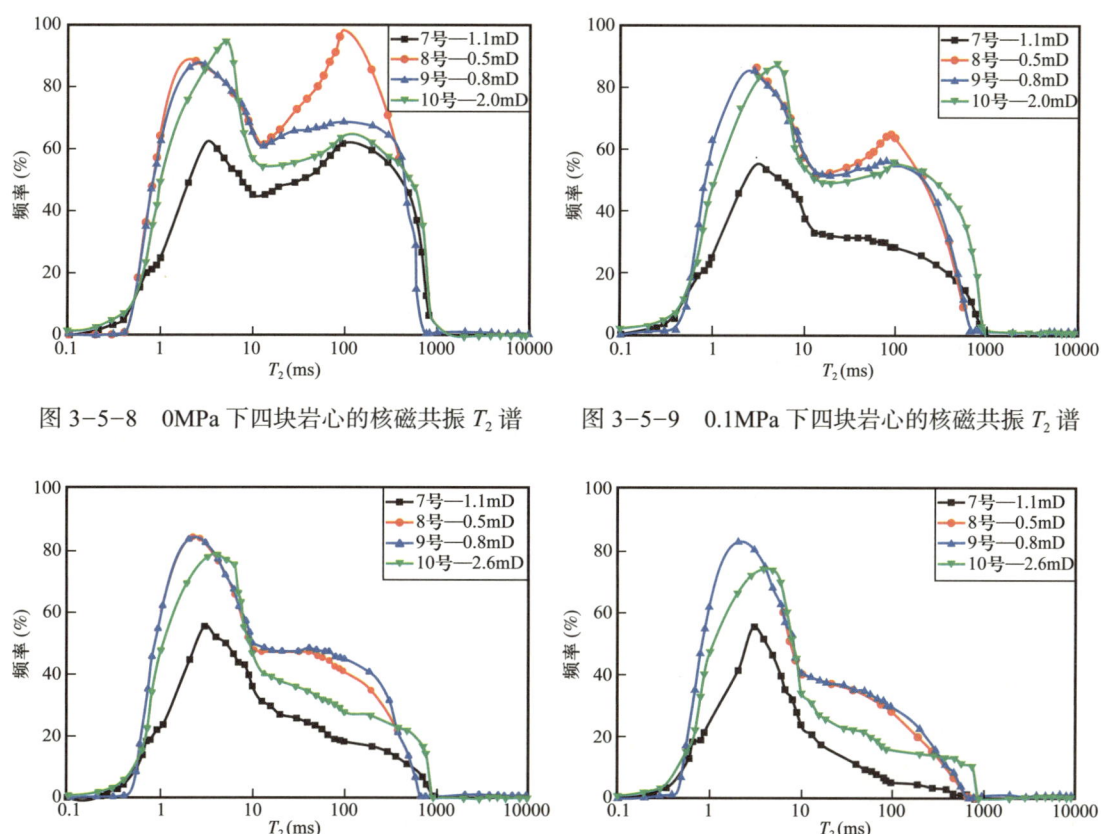

图 3-5-8　0MPa 下四块岩心的核磁共振 T_2 谱　　图 3-5-9　0.1MPa 下四块岩心的核磁共振 T_2 谱

图 3-5-10　0.3MPa 下四块岩心的核磁共振 T_2 谱　　图 3-5-11　0.5MPa 下四块岩心的核磁共振 T_2 谱

从图 3-5-8～图 3-5-11 中可以看出，四块不同孔渗特征的岩样在同一驱替压力下气驱稳定后得到的核磁共振 T_2 谱变化趋势基本一致；在同一驱替压力下当 T_2 值一定时，除 7 号岩心外，总体上岩样的孔渗越高其核磁共振频率值越低。这表明不同岩心在同一驱替压力下的核磁共振 T_2 谱分布频率与岩心的物性、孔隙结构密切相关，岩石的物性越好，核磁共振的频率越低。

3. 岩石孔隙中的可动水饱和度分析

在不同驱替压力下，岩心的含水饱和度剖面可根据核磁共振 T_2 谱和得到的 $T_{2cutoff}$ 值，计算得到不同 T_2 值下的累积含水饱和度，进而可得到四块岩心在不同驱替压力下的含水饱和度剖面（图 3-5-12～图 3-5-15）。

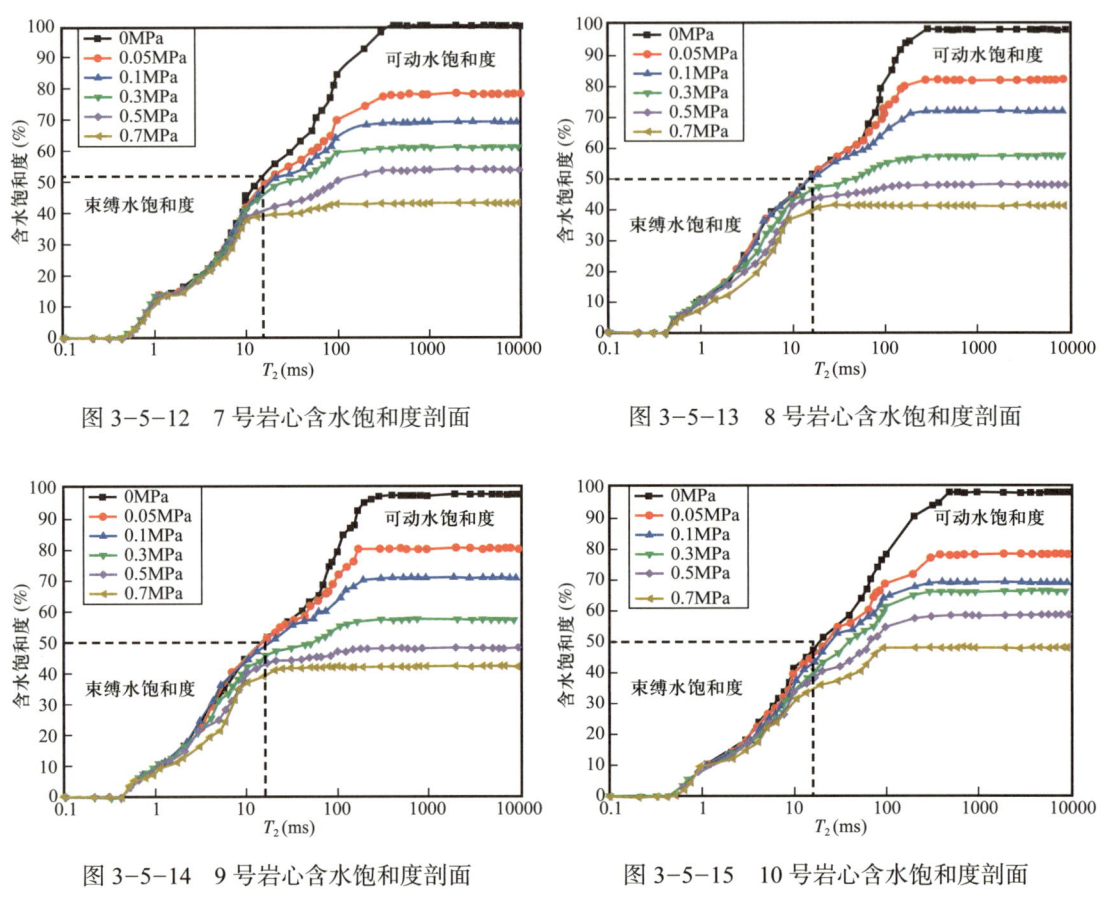

图 3-5-12　7 号岩心含水饱和度剖面　　　　图 3-5-13　8 号岩心含水饱和度剖面

图 3-5-14　9 号岩心含水饱和度剖面　　　　图 3-5-15　10 号岩心含水饱和度剖面

从图 3-5-12～图 3-5-15 中可以看出：

（1）在同一驱替压力下，随着 T_2 值的增加，岩样的含水饱和度逐渐增加，但增加到一定程度后就不再增加。

（2）对于同一岩样，在小于 $T_{2cutoff}$ 值时，岩心中含水饱和度随驱替压力的增加变化幅度很小，说明小于 $T_{2cutoff}$ 值所对应的含水饱和度为该岩心中的束缚水饱和度；在大于 $T_{2cutoff}$ 值时，岩心中含水饱和度随驱替压力的增加而降低，降低幅度较大，说明驱替压力越大，岩心中被驱出的水越多，可动水饱和度也越低。

4. 不同条件下岩心中含水饱和度变化规律

为了研究不同孔渗特征岩心的总含水饱和度、束缚水饱和度、可动水饱和度及可采出可动水饱和度随驱替压力的变化关系，根据图 3-5-12～图 3-5-15 得到四块岩心在不同驱替压力下的总含水、束缚水、可动水及可采出可动水饱和度,并绘制了图 3-5-16~图 3-5-19。

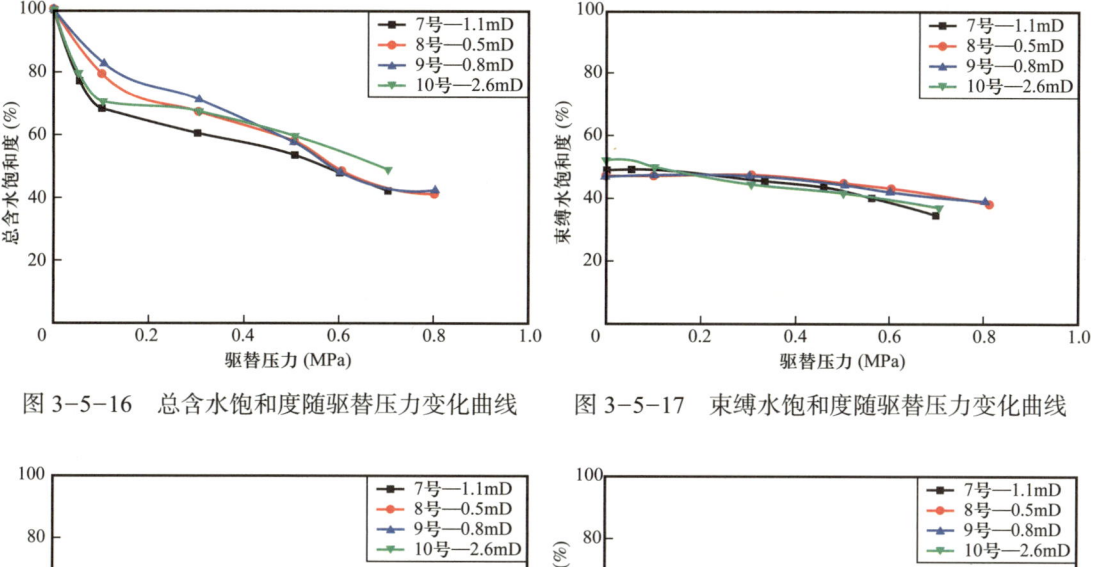

图 3-5-16 总含水饱和度随驱替压力变化曲线　图 3-5-17 束缚水饱和度随驱替压力变化曲线

图 3-5-18 可动水饱和度随驱替压力变化曲线　图 3-5-19 可采出可动水饱和度随驱替压力变化曲线

（1）从图 3-5-16 中可以看出,总含水饱和度随着驱替压力的增加而降低,下降速度较快；在同一驱替压力下,岩样的孔渗越高,含水饱和度越低。由此可见,岩样中含水饱和度的变化规律与岩石的物性和驱替压力有直接关系,在同样的驱替压力下,岩样的孔渗越高,孔隙中原生水的可动程度越大。

（2）从图 3-5-17 中可以看出,在低压驱替阶段,束缚水饱和度随驱替压力增加基本不变,当驱替压力增大到一定程度后,部分束缚水可以转化为可动水被驱替出来,岩样的孔渗越高,束缚水被驱出的临界压力越低。

（3）从图 3-5-18 中可以看出,可动水饱和度随着驱替压力的增加而降低,在较低的驱替压力下可动水就能够被驱替出来,当驱替压力增大到一定程度后,可动水饱和度降至很低；在同一驱替压力下,岩样的孔渗越高,可动水饱和度越低。由此可见,对于低渗透岩心,只要增加驱替压力,可动水就有可能被采出,岩样的孔渗越高,孔隙中原生水的可动程度越大。

（4）从图 3-5-19 中可以看出,可采出可动水饱和度随着驱替压力的增加而增加,驱替压力越大,岩样中驱出的可动水越多;在同一驱替压力下,岩样的孔渗越高,可采出可动水饱和度越高。由此可见,岩样中可采出可动水的变化趋势与岩样的物性直接相关,岩样的物性越好,岩样中可动水的采出程度越好。

四、可动水测井解释分析

1. 可动水饱和度测井解释原理

由前面的分析可知,岩心可动水饱和度与岩心孔隙度、渗透率相关性差,直接通过孔隙度、渗透率预测储层可动水饱和度行不通,而岩心测试结果表明岩心束缚水饱和度与岩心孔隙度存在很好正相关性(图3-5-20),苏75井区岩样束缚水饱和度S_{wr}计算如下:

$$S_{wr}=87.9-4.1\phi \quad (3-5-2)$$

式中 ϕ——孔隙度,%。

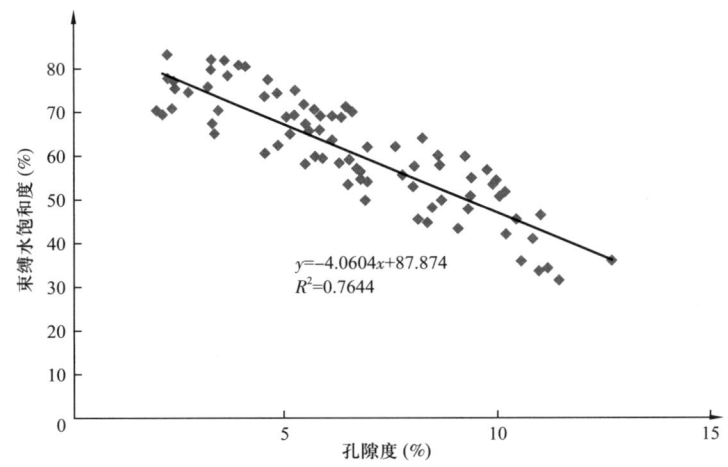

图3-5-20 苏75井区岩样束缚水饱和度

根据水的赋存状态,储层水分为束缚水和可动水,其中可动水饱和度S_{mw}:

$$S_{mw}=S_w-S_{wr} \quad (3-5-3)$$

将式(3-5-2)代入式(3-5-3)得

$$S_{mw}=S_w-87.9+4.1\phi \quad (3-5-4)$$

根据式(3-5-4)结合常规测井可快速获得储层含水饱和度S_w和孔隙度ϕ计算获得储层可动水饱和度数据,即式(3-5-4)为低渗透致密砂岩储层可动水饱和度测井理论依据。

2. 储层可动水饱和度测井解释应用

苏7×-5×-1×井同时钻开山1段、盒8段,其中盒8段下部储层可动水饱和度高,导致气井生产很快见水,产能快速递减,生产动态特征与可动水饱和度解释成果相符(表3-5-2,图3-5-21、图3-5-22)。

表 3-5-2 苏 7×-5×-1× 井压裂射孔情况

井号	测井解释		地质分类	层位	射孔井段（m）	排液情况	
	气层（m/层）	含气层（m/层）				累排液（m³）	返排率（%）
苏 7×-5×-1×	6.2/2	2～3/2	Ⅱ	山1段	3577.4～3581.4	167.1	33.5
				盒8段	3540.6～3550.6		

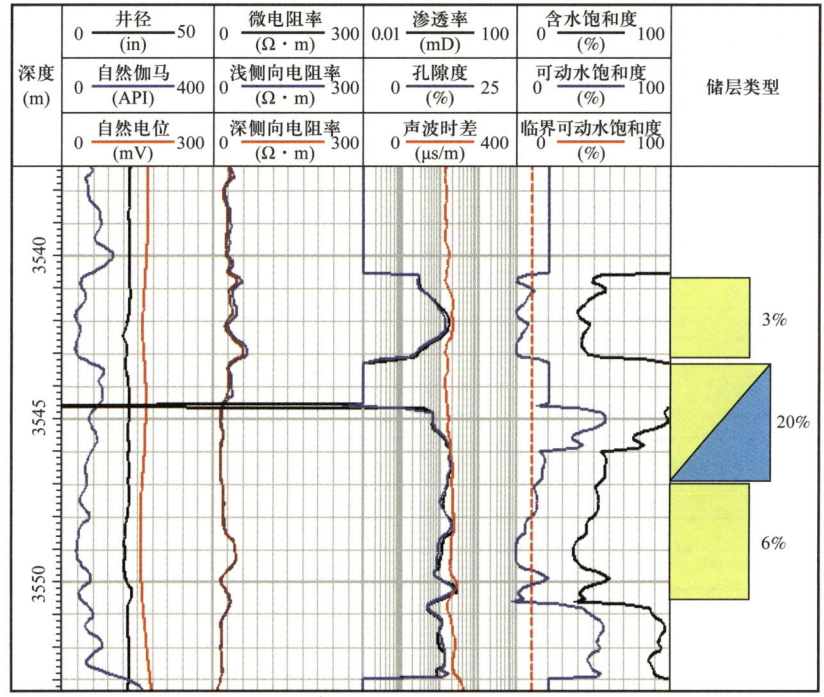

图 3-5-21 苏 7×-5×-1× 井可动水饱和度测井解释曲线

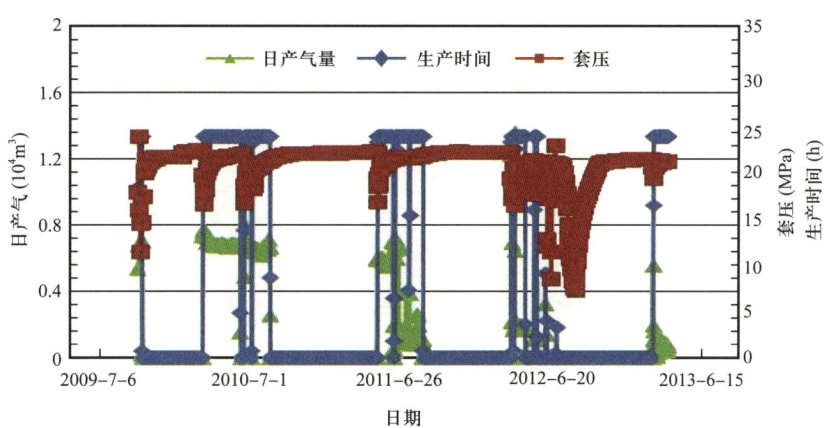

图 3-5-22 苏 7×-5×-1× 井生产动态曲线

第六节 不稳定试井评价渗流特征

一、不稳定试井解释方法

不稳定试井以气井实测的井底压力和产量等动态资料为依据，以气井不稳定渗流理论为基础，测试气井在关井或开井过程中井底压力与时间的关系，可确定测试层的渗流特征参数，如渗透率 K、储能比 ω、窜流系数 λ 和地层系数 Kh 等。

在初始地层压力下开井生产过程中井底压力下降的变化为压力降落，相反关井后井底压力恢复过程压力变化为压力恢复。现场实践应用表明，气井开井生产过程中受井筒相态分布的影响，压力变化存在波动，而这种压力波动直接影响双对数曲线形态的稳定性，从而影响试井解释结果的精度。为了消除压力波动的影响，提高试井解释结果精度，通常情况下进行关井压力恢复测试。关井过程中产量恒为 0，最为稳定，并采用关井压力恢复数据作为试井解释的基础数据（图 3-6-1）。

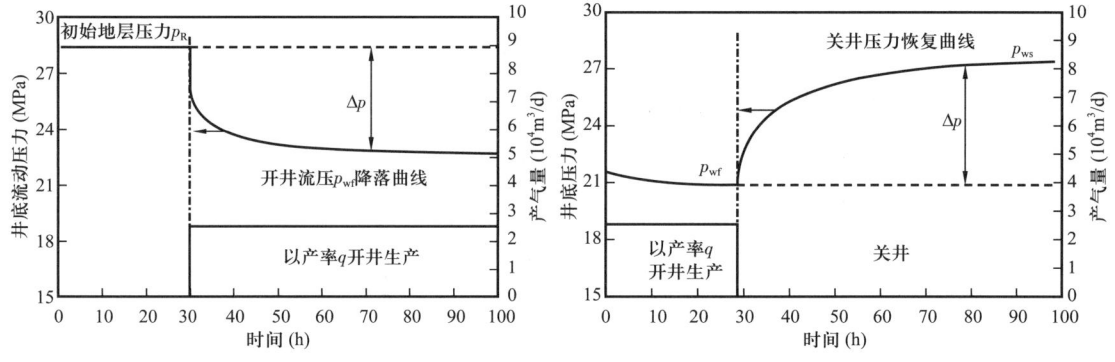

图 3-6-1 压力降落与压力恢复曲线示意图

1. 不稳定试井的基础理论

假设地层水平、无限大、均质、等厚，压缩系数和孔隙度为常数，流体为单相弱可压缩，压缩系数、黏度为常数，流动是水平和等温；假设井是垂直的，完全钻穿产层，地层压力梯度很小。

在关井压力恢复中，假定一口井 A 以稳定产量 q 生产了 t_p 时间，然后关井进行压力恢复测试。即关井 Δt 后 [也就是在 $(t_p+\Delta t)$ 时刻] 的井底压力，应用叠加原理来推导压力恢复公式，关井时刻的时间定为 0，关井时间用 Δt 表示。

假如井 A 在关井后继续以恒定产量 q 一直生产下去，则在 $(t_p+\Delta t)$ 时刻的压力为

$$p_{ws}(t_p+\Delta t) = p_i - \frac{2.121 q \mu B}{Kh}\left[\lg\frac{K(t_p+\Delta t)}{\varphi \mu C_t r_w^2} + 2.0923 + 0.8686 S\right] \quad (3-6-1)$$

式中 p_{ws}——拟压力，无量纲；
t_p——生产时间，h；
Δt——关井时间，h；
p_i——原始地层压力，MPa；
K——气体渗透率，mD；
h——地层厚度，m；
μ——气体黏度，mPa·s；
q——恒定产量，m³/d；
ϕ——孔隙度，无量纲；
C_t——地层综合压缩系数，MPa⁻¹；
r_w——井半径，m。

在井 A 关井时刻开始（时间为 0）后又以恒定产量 q 注入，也可以理解为以恒定产量 $-q$ 继续生产，那么在压力降落上关井 Δt 时刻的压力为

$$p_{ws}(\Delta t) = p_i - \frac{2.121(-q)\mu B}{Kh}\left[\lg\frac{K(\Delta t)}{\varphi\mu C_t r_w^2} + 2.0923 + 0.8686 S\right] \qquad (3\text{-}6\text{-}2)$$

若两种情况同时发生，则井 A 在关井时刻开始，产量的代数和为 $q+(-q)=0$，即相当于关井。两个公式的和即为关井后井底压力的计算公式：

$$p_{ws}(\Delta t) = p_i - \frac{2.121 q \mu B}{Kh}\lg\frac{tp + \Delta t}{\Delta t} \qquad (3\text{-}6\text{-}3)$$

式（3-6-3）又被称为 Horner 公式，从形式上看是一条线性曲线，获得压力恢复直线段的斜率 m 后，可求得渗透率 K 及其他参数。

$$K = \frac{2.121 q \mu B}{m} \qquad (3\text{-}6\text{-}4)$$

此外，从 Horner 公式可以看到，当关井时间 Δt 区域无穷大时，$\frac{t_p + \Delta t}{\Delta t}$ 趋于 1，$\lg\frac{t_p + \Delta t}{\Delta t}$ 趋于 0，关井压力 $p_{ws}(\Delta t)$ 趋于原始地层压力 p_i。如果我们把 Horner 压力恢复曲线的直线段延长，让它与 $\frac{t_p + \Delta t}{\Delta t}=1$ 相交，交点对应的压力称为"霍纳外推压力"，对于尚未投入开发的气藏，它就是原始地层压力；对于已投入开发的气藏，则是气藏的视平均压力。

2. 无限导流井的渗流特征

模型基本假定如下：（1）只压开一条裂缝，这条裂缝贯穿整个气层，且与井筒对称，其半长称为裂缝半长；（2）裂缝具有无限大的渗透率，因此整条裂缝中压力相同。也就是

说，沿着裂缝不存在压力损失，流体从储集体流进裂缝就等于流进了井筒，故称作"无限导流性裂缝";(3)裂缝的宽度为 0;(4)如果压裂井位于长方形封闭气藏的中央，则裂缝方向与该气藏的一条不渗透边界平行(图 3-6-2)。

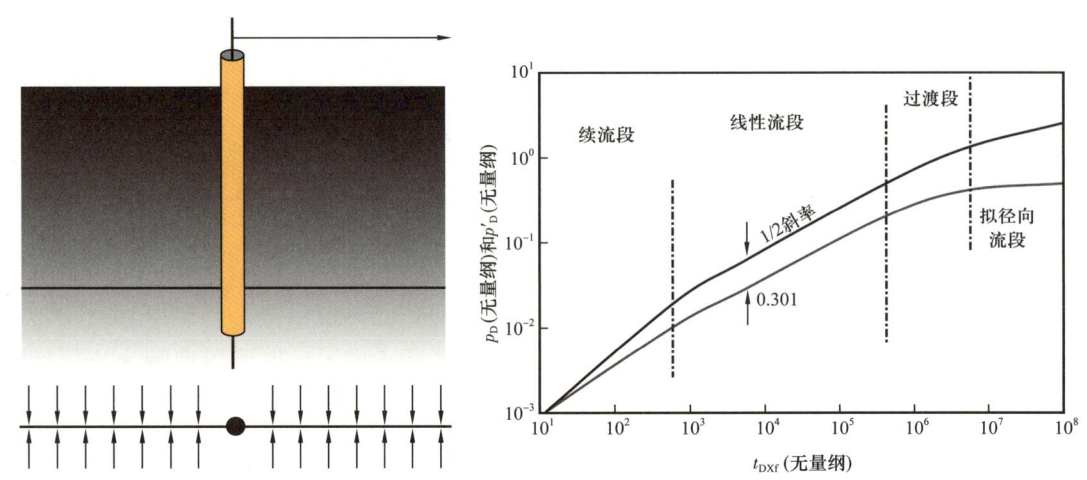

图 3-6-2　无限导流性垂直裂缝井模型示意图

双对数曲线呈现的特征为:

(1)在早期阶段(图中续流段为井筒储集阶段 + 过渡段)，压差曲线和导数曲线重合，呈一条斜率为 1 的直线，随后受表皮效应和线性流影响，压差曲线和导数曲线分开。

(2)在线性流阶段，压差曲线和导数曲线都呈斜率 1/2 的直线，它们之间相互平行，且相距 lg2≈0.301 个对数周期。

(3)在拟径向流阶段，导数曲线是水平直线，压力导数为 0.5。

在人工压裂过程中加入分选非常好的压裂砂时产生的裂缝，很可能符合这种模型。在均质地层中的压裂井，当压裂裂缝具有很高导流能力时，其典型的不稳定压力曲线，如图 3-6-3 所示。

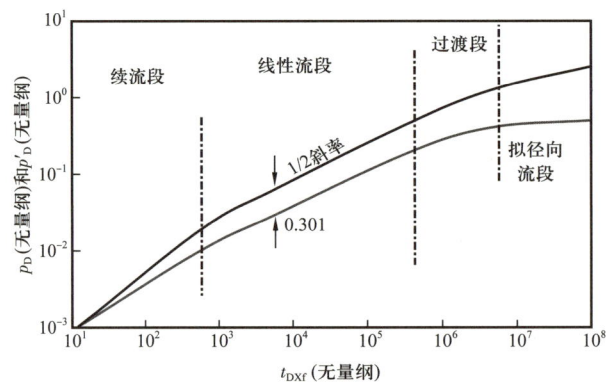

图 3-6-3　高导流能力压裂裂缝双对数模式图(Kh=10mD·m，X_f=200m，F_{CD}=150，S_f=0)
Kh 为地层流动系数，mD·m;X_f 为支撑裂缝半长，m;F_{CD} 为导流系数，无量纲;S_f 为裂缝表皮系数，无量纲

苏7×–4×–2×井位于内蒙古自治区鄂托克旗察汗淖尔苏木什拉布日都西偏南约7.7km处，是鄂尔多斯盆地伊陕斜坡苏75区块上的一口开发井。该井盒8段第16、17号地层射孔井段3444.7～3450.2m，射孔厚度为5.5m。2010年4月16日加砂压裂，4月16—25日放喷求产，求产期间日产天然气2.688×10⁴～2.088×10⁴m³，油压10.5MPa下降至2.0MPa，油压12.0MPa下降至4.5MPa，地层后续能力不足，压裂改造后未获得工业气流，没有达到投产条件。2010年5月17日投产，根据2016年6月8日24h生产情况，该井产气量0.5182×10⁴m³/d，油压3.32MPa，套压5.50MPa。为了解产层目前动态参数及地层压力，2016年6月24日—8月6日对该井段进行压力恢复试井。

本次试井采用井下悬挂器携带电子压力计的施工方式，对3444.7～3450.2m射孔井段进行压力恢复试井。2016年6月24日16：12电子压力计接电池，17：05电子压力计随井下悬挂器坐封在3330m处，17：30关井测压力恢复，8月6日14：00—14：40用试井车打捞出悬挂器和电子压力计，回放数据，并重下电子压力计测静压梯度，16：50电子压力计起出井口，结束试井。试井期间，记录恢复点开始压力为8.59MPa，恢复末点压力为19.30MPa，关井恢复时间1028.22h。电子压力计回放数据和曲线准确记录了整个试井过程中的井底压力和温度变化特征，较好地反映了储层的特性，达到了测试目的。对测压数据进行霍纳分析（图3-6-4），外推地层压力24.17MPa，通过静压测试数据，折算储层中部静压为19.46MPa，对应中深3447.45m，折算地层压力系数0.58。

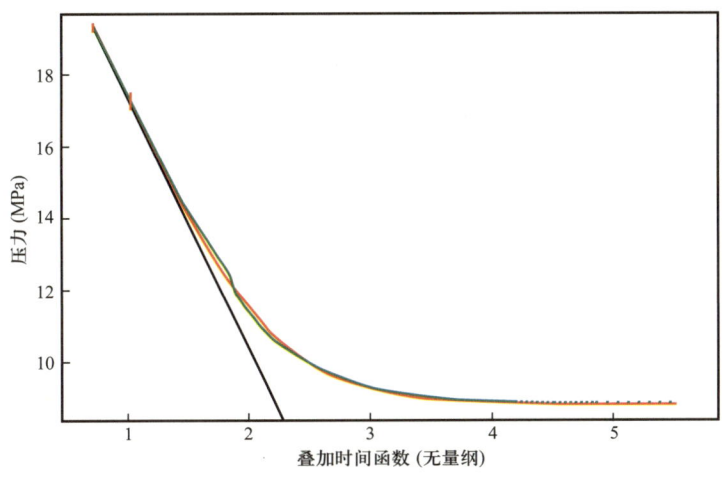

图3-6-4　苏7×–4×–2×井霍纳分析图

双对数曲线形态（图3-6-5）显示，经过近2个对数周期的井筒储集阶段后，压差曲线和导数曲线呈平行趋势上升，为线性流特征，反映的是有限导流性垂直裂缝特征，人工压裂裂缝特征明显。经试井解释软件分析，计算得出基质渗透率0.039mD，表皮系数为–5.08。通过对测压数据进行分析，采用现代试井分析方法中的拟合技术得出储层渗流条件差。从拟合所得表皮系数来看，井筒周围地层不存在污染。地层压力系数0.58，反映地层虽有一定的能量供给，但明显低于正常的压力系统。

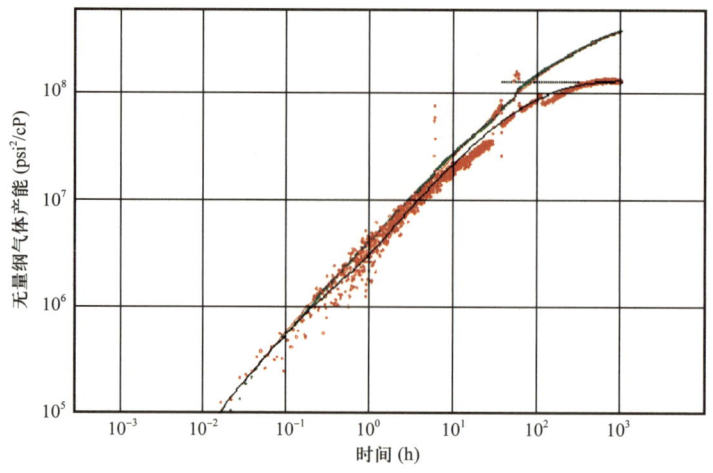

图 3-6-5　苏 7×-4×-2× 井双对数—导数曲线图

3. 有限导流井的渗流特征

如果沿着裂缝的压力梯度不是小得可以忽略，裂缝的渗透率为无限大的假设不再成立，此时裂缝不具有"无限导流性"，而是属于"有限导流性"（图 3-6-6）。有限导流性垂直裂缝的基本假定如下。

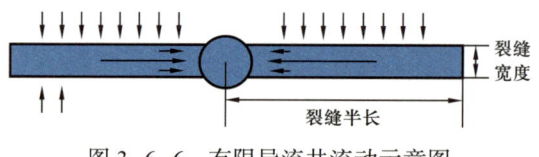

图 3-6-6　有限导流井流动示意图

（1）只压开一条裂缝，这条裂缝贯穿整个气层，且与井筒对称，其半长为裂缝半长（图 3-6-7）。

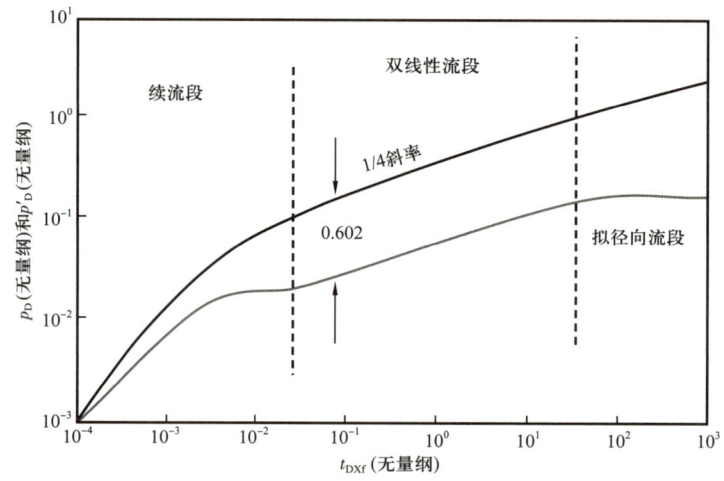

图 3-6-7　有限导流性垂直裂缝井模型示意图

(2)裂缝具有一定的渗透率,沿着裂缝存在压力损失,即裂缝的导流性是有限的。

(3)裂缝的宽度不为0。

(4)裂缝渗透率比气层渗透率大得多。

双对数曲线呈现以下特征。

(1)在早期阶段(图中续流段为井筒储集阶段+过渡段),压差曲线和导数曲线重合,呈一条斜率为1的直线,随后受表皮效应和线性流影响,压差曲线和导数曲线分开。

(2)在线性流阶段,压差曲线和导数曲线都呈斜率1/4的直线,它们之间相互平行,且相距lg4≈0.602个对数周期。

(3)在拟径向流阶段,导数曲线是水平直线,压力导数为0.5。

大型加砂压裂往往产生相交的裂缝,这种裂缝常符合这种模型。

具有有限导流能力的气井在苏75区块中分布较多,是最为典型的低渗透气藏压裂井。例如苏7×-5×-1×井,该井位于内蒙古自治区鄂托克旗乌兰镇什拉布日都嘎查,是鄂尔多斯盆地伊陕斜坡苏75区块上的一口开发井。2009年8月6日开钻,2009年8月25日完钻,完钻时井深3687.00m。

该井于2010年5月21日投产,初期套压为23.41MPa,日产气量为$1.9 \times 10^4 m^3$。2010年8月23日因压降速率过大更换节流器,配产由$1.5 \times 10^4 m^3$下调至$0.8 \times 10^4 m^3$。由于井筒积液,2013年5月27—9月18日进行泡排排水采气,增气效果一般。2014年4月21日开井,判断节流器失效,经过多次打捞节流器均未成功,一直处于关井停产状态。2018年7月5日进行分离器地面计量生产,产量控制在$1.5 \times 10^4 \sim 2.0 \times 10^4 m^3$,受井口遇卡节流器的影响,井口时常发生冻堵造成关井停产。2018年7月17日将井口遇卡节流器成功捞出后以$1.5 \times 10^4 m^3$生产,7月27日—8月27日对该井进行了压力恢复测试(图3-6-8)。

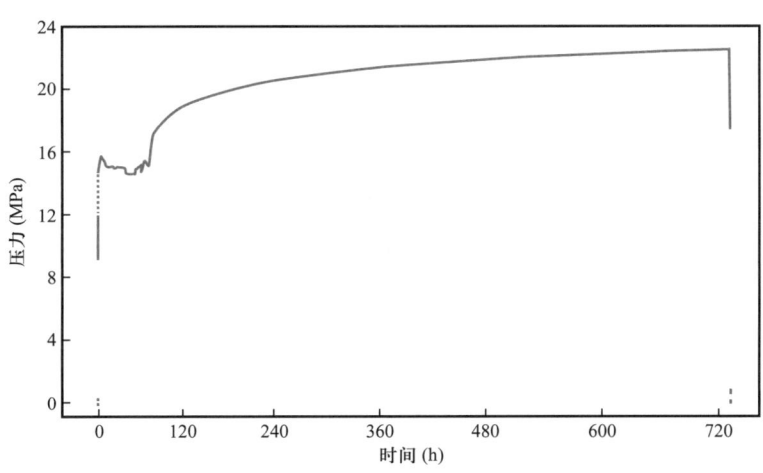

图3-6-8 苏7×-5×-1×井关压力恢复压力曲线图

关井压力恢复分析,测时间—压力曲线图直观反映,在关井684h的时间里,压力曲线早期恢复较快,关井60h后,压力缓慢上升,末点压力为24.57MPa,整体反应储层导压能力一般。

根据本井压力恢复曲线霍纳外推压力为26.46MPa(测点深度为3257m/垂深3100.25m),

折算到中部外推地层压力为27.41MPa（中部深度为3607.05m/垂深3448.15m），计算外推压力系数为0.80（图3-6-9）。

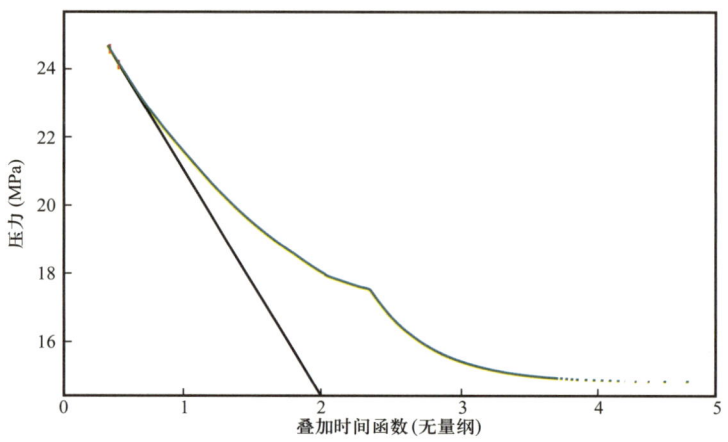

图3-6-9　苏7×-5×-1×井霍纳分析图

双对数曲线形态（图3-6-10）显示，经过近2个对数周期的井筒储集阶段后，压差曲线和导数曲线呈平行趋势上升，为线性流特征，反映的是有限导流性垂直裂缝特征，人工压裂裂缝特征明显。经试井解释软件分析，计算得出基质渗透率为0.042mD，裂缝渗透率为0.153mD，表皮系数-0.86，裂缝半长73m，参数结果说明改造后地层的渗透率提升，经过长期生产后裂缝形态保存较好，井筒附近地层无污染。

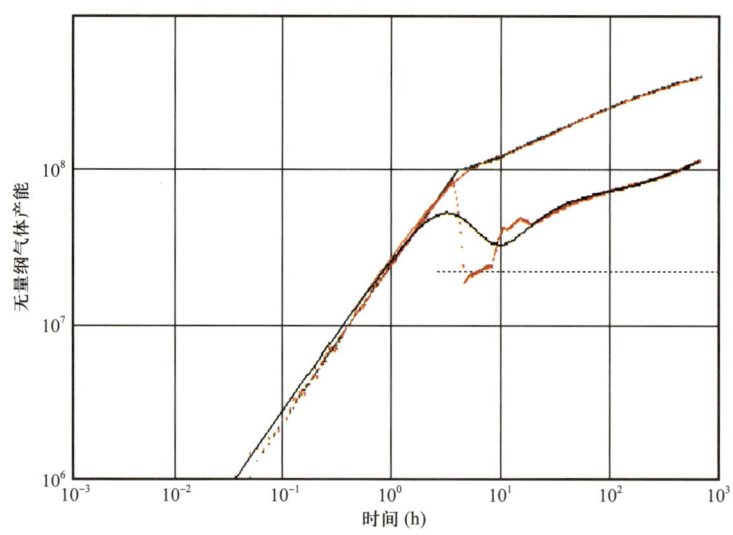

图3-6-10　苏7×-5×-1×井双对数曲线拟合图

试气情况：7月28日23:30—7月29日7:30定产量生产，孔板为15.992mm，油压为6.47~6.59MPa，套压为12.70~12.65MPa，平均日产气量为1.3290×10⁴m³，日产水量为7.2m³。选用储层中部流压为18.82MPa，储层中部静压为25.08MPa，计算该井无阻流量为2.9119×10⁴m³/d。

4. 无限大边界模型

1）均质无限大边界

地层流动分为续流段、线性流段、过渡段和径向流段。其典型双对数特征图如图3-6-11所示。这类井的特点主要体现在测试时间和生产时间的短暂性，导致未能充分了解地层边界，进而无法有效拟合确定压力历史数据与气井的流动边界。

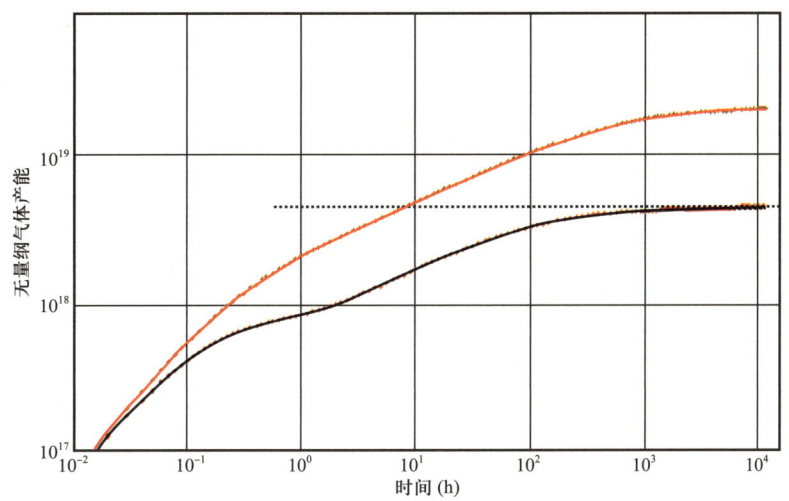

图3-6-11 均质无限大地层压裂气井双对数曲线特征图

苏7×-6×-1×井位于内蒙古自治区鄂托克旗乌兰镇乌兰柴达木，是鄂尔多斯盆地伊陕斜坡苏75区块上的一口开发井。

该井山1段地层3694.2～3716.8m井段（厚度13.8m/3层）射孔后井口无油气显示，直接压裂，压后于2020年9月24日投产，目前日产气量0.8497×10⁴m³，油压3.67MPa，套压15.37MPa，截至2021年7月23日，累计产气量323.34×10⁴m³。

为获取本井产气层的目前地层压力、温度及储层动态参数，分析气藏稳产条件，为产能建设提供依据，2021年7月28日—9月15日对该井进行了关井压力恢复测试，模型解释结果（图3-6-12、图3-6-13）。

地层渗透率：K=0.062mD；压裂裂缝半长：X_f=38.93m；全井表皮系数：S=-5.57。从得到的各项物性参数结果说明，储层属于低渗透层，物性较差，岩性致密，井筒附近地层目前完善程度较好，无污染，在探测半径102.14m范围内，裂缝是流体的主要渗流通道，储层横向上呈均质气藏特征。

2）径向复合无限大边界

复合地层内压裂气井测试的不稳定试井曲线，图3-6-14与复合封闭地层中压裂气井的特征相似，只是少了最后的边界流动反应阶段，仍可分为续流段、内区径向流段、过渡段、外区径向流段。出现这种特征的原因主要是外区储层物性差，连通范围广，短期内流动无法达到边界，以致在压力曲线上都无法拟合确定其外区边界。

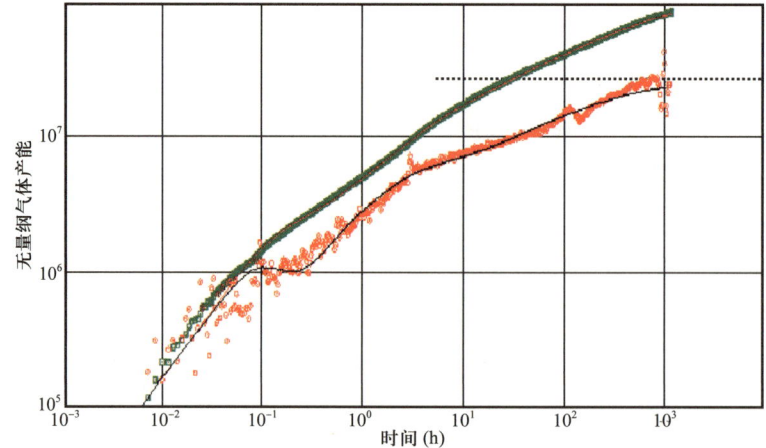

图 3-6-12　苏 7×-6×-1× 井关井双对数—导数曲线拟合图

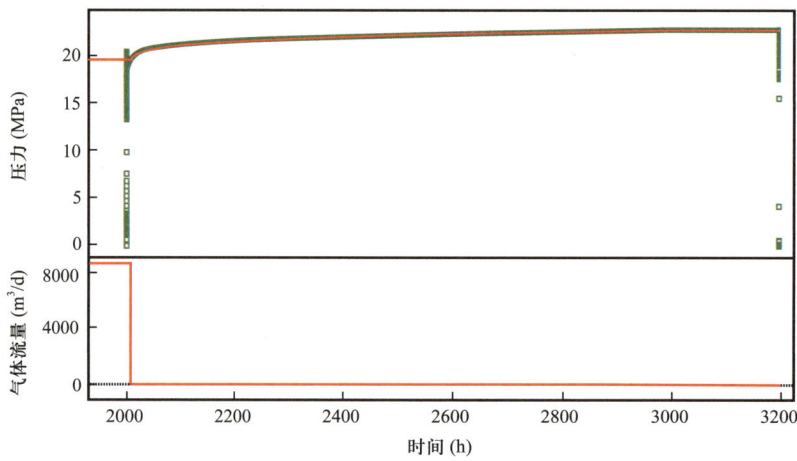

图 3-6-13　苏 7×-6×-1× 井压力历史拟合图

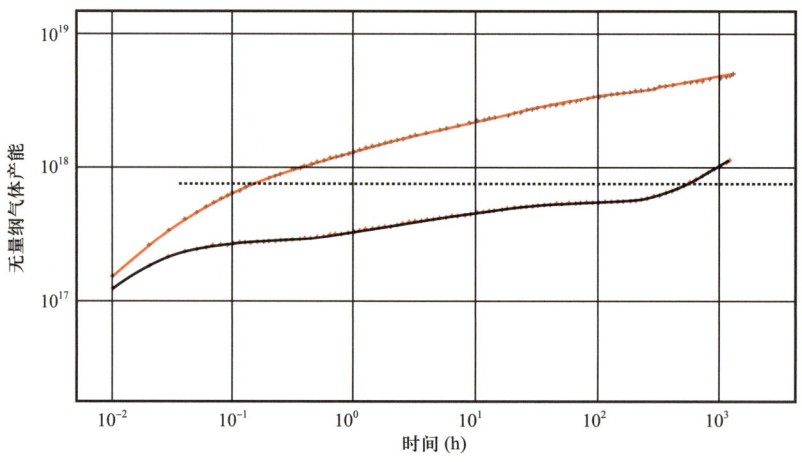

图 3-6-14　径向复合无限大地层双对数曲线

苏7×-6×-3×井位于内蒙古自治区鄂托克旗乌兰镇，是鄂尔多斯盆地伊陕斜坡苏75区块上的一口开发井。2020年6月27日开钻，2020年7月10日完钻。为了解该井目前动态参数及地层压力，2021年6月18日—2021年8月3日对本井进行了压力恢复试井。根据压力恢复数据和生产数据拟合双对数曲线（图3-6-15）和压力历史拟合图（图3-6-16）。

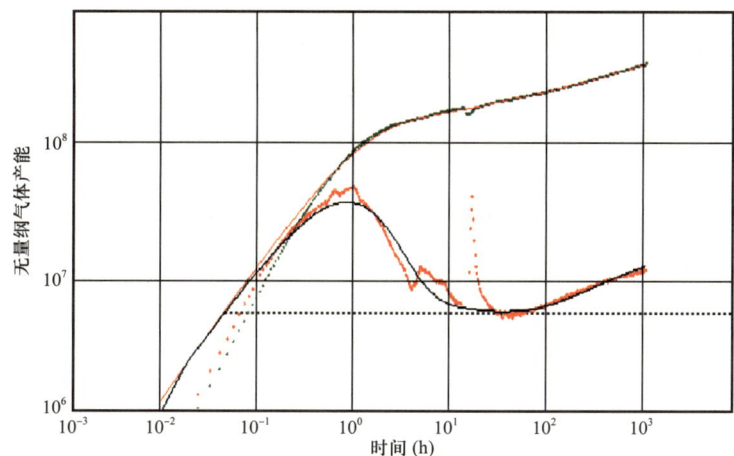

图3-6-15　苏7×-6×-3×井关井双对数—导数曲线图

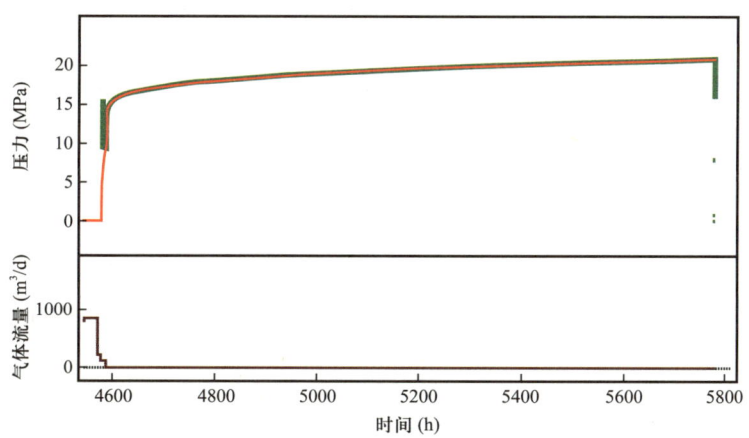

图3-6-16　苏7×-6×-3×井压力历史拟合图

模型解释结果为：双对数曲线经历了1.5个周期的井筒储集阶段。1个周期的过渡段后进入径向流阶段。采用恒定井储+径向复合模型进行分析解释，计算得出地层气相渗透率为0.131mD，地层系数为1.18，表皮系数为8.11，各项物性参数结果说明地层的渗透性差，井筒附近地层不完善，存在污染，总体反映储层物性偏差。

5. 水平井

1）水平井试井资料录取情况

随着目前水平井钻井技术的提高，针对目的层的中靶概率不断提高。但针对水平井的试井资料录取和分析却开展得还不够理想,原因大致有以下几个方面。

(1)在水平井进行压力资料录取时,压力计一般都下到造斜段上方的直井末端位置。这一位置距离目的层不论在垂向距离上或在井筒中的线性距离,均相距甚远。而这一段内的井流物成分很复杂,积水、积液难以排出,水平段内的起伏又造成一些气体的死区,因而难以录取到更正确地反映地层情况的压力。

(2)储层的起伏变化,加上井眼的实际穿行轨迹难以控制和规范,因此水平井钻遇的地层,常常起伏不定、断断续续,甚至重复穿过多个层段,难以建立相应的解析模型。

(3)影响试井曲线的参数较多,若要全面确定这些参数的影响,即使针对一些简单的地层模型,也要长达 8~10 个对数周期的录取时间,这在现场难以做到。

若水平井按下述条件完井,可作为典型的特征进行分析。

地层是水平无限的、等厚的均质地层,水平渗透率为 K_x、K_y,垂向渗透率为 K_z;水平井穿入地层后,其水平段穿行轨迹是水平的,水平段长 L_e,井筒距离气层底部的距离为常数 Z_w(图 3-6-17)。

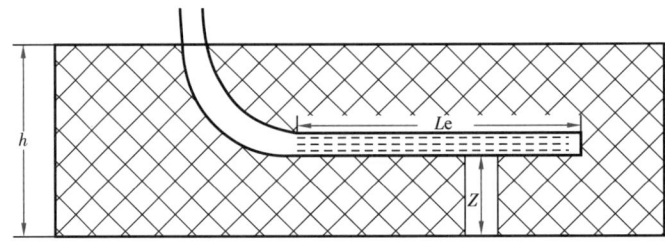

图 3-6-17 水平井穿行地层相对位置示意图

2)典型的试井模式图

该类典型井的参数为:(1)水平段足够长;(2)钻穿的气层较厚;(3)水平段大致位于地层的中间位置;(4)水平段未受污染伤害。

典型的水平井压力恢复双对数如图 3-6-18 所示。从图中可以见到如下特征。

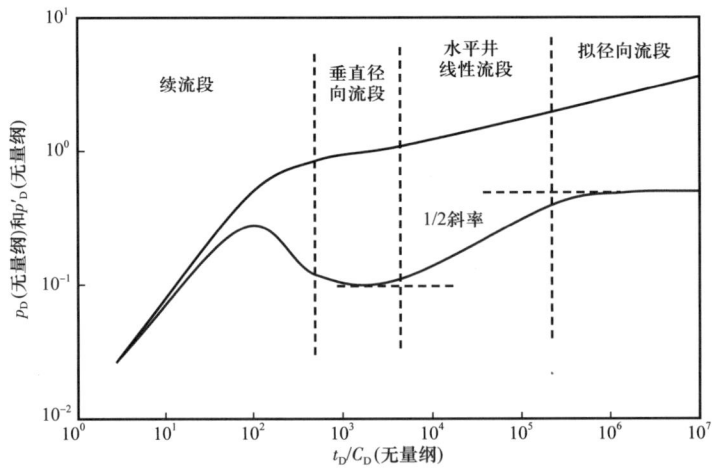

图 3-6-18 水平井压力恢复曲线典型流动特征图

（1）续流段。（2）垂向径流段。对于较厚的地层，当水平井穿过其中时，会产生垂向径流段。但当地层较薄时，或井的续流影响较大时，这一流动段将消失或被淹没。（3）水平井线流性流段。这是水平井试井曲线的重要特征线段，对于具有较长水平井段的井，这一流动段将更为明显。导数表现为1/2斜率的上升直线。（4）拟径向流段。压力导数在这一段为水平直线，只有分布面积较大的地层，才能出现这一流动段。

3）储层较薄时演变为类似压裂井的图形

当储层较薄时，垂向径向流段将消失，关井后立即显示水平段线性流段，这将类似于一般压裂井的图形特征（图3-6-19a）。如果水平井段在钻完井中受到污染损害，则演化为类似存在裂缝表皮污染的压裂井的特征（图3-6-19b）。

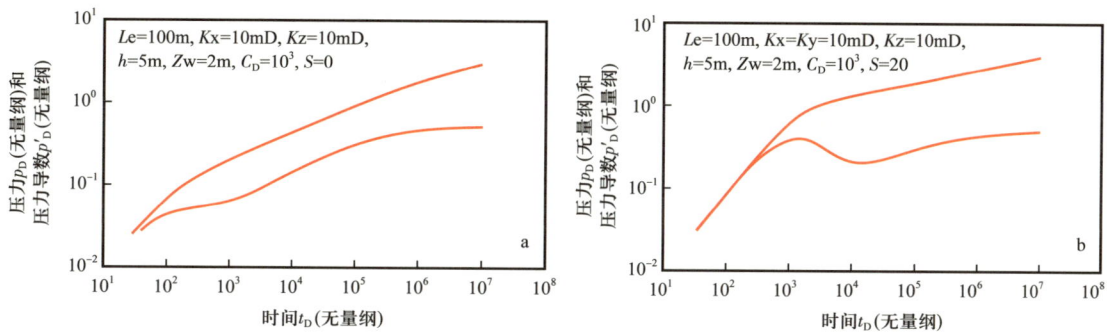

图3-6-19 类似压裂井特征曲线的水平井试井特征曲线图

苏7×-7×-×井位于内蒙古自治区鄂托克旗苏集嘎查西南约5km，是鄂尔多斯盆地伊陕斜坡苏里格气田苏75区块上的一口评价井。2010年10月29日投产，截止到2016年11月21日，日产气$2.7598 \times 10^4 m^3$，累计产气量$8945.99 \times 10^4 m^3$。为了解产层目前动态参数及地层压力，2016年11月25日—2017年1月06日对本井进行了压力恢复试井，关井前日产气量$2.76 \times 10^4 m^3$。

通过对测压数据进行双对数导数曲线分析（图3-6-20），采用现代试井分析方法中的

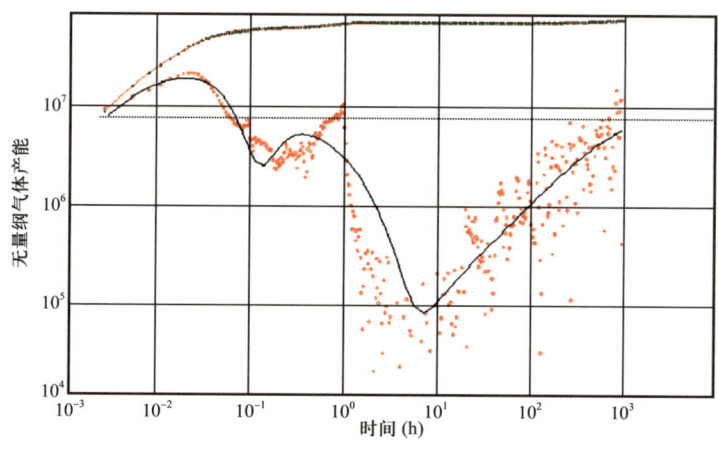

图3-6-20 苏7×-7×-×井双对数—导数曲线图

拟合技术（图 3-6-21），选用变井储 + 径向复合 + 无限大油藏模型进行分析，求得地层有效渗透率为 2.48mD，表皮系数为 -3.06。

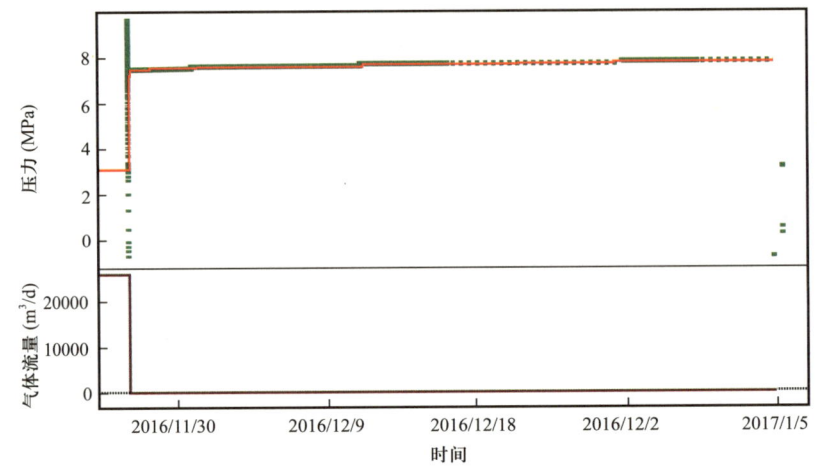

图 3-6-21　苏 7×-7×-× 井压力历史拟合图

综上所述，对该井储层特性认识有：（1）由于本次测试是井口关井，故而所得数据无法反应地层的真实情况；（2）从双对数—导数曲线上来看，地层非均质性明显。

二、试井渗流特征变化

在不同时期针对同一层位的气井进行多次试井，是跟踪气井储层动态特征变化的常用手段，能够更深入了解不同生产阶段储层物性变化和人工裂缝形态变化，从而指导下步措施。苏 75 区块开展了多口井的定点试井监测。

1. 苏 7×-6×-1× 井

苏 7×-6×-1× 井位于内蒙古自治区鄂托克旗乌兰镇乌兰柴达木嘎查，是鄂尔多斯盆地伊陕斜坡苏 75 区块上的一口开发井。2018 年 3 月 20 日开钻，2018 年 4 月 3 日完钻，完钻时井深为 3822.00m。

该井于投产初期的 2018 年 7 月 28 日—8 月 12 日对山 1 段地层 3746.60～3784.20m 井段 5 层 12.6m 进行了产能试井 + 关井压力恢复测试。在投产 1 年多时间后的 2019 年 9 月 18 日—11 月 8 日又对山 1 段进行了关井压力恢复测试。

投产初期关井压力恢复测试 234.6h，末点压力为 26.53MPa，霍纳外推压力为 26.86MPa（测点深度为 3420m/ 垂深 3127.97m），折算到中部外推地层压力为 27.41MPa（中部深度为 3765.4m/ 垂深 3473.28m），计算外推压力系数为 0.80。生产阶段霍纳外推地层压力（斜深 3462.0m/ 垂深 3169.95m）为 22.88MPa，折算中部（斜深 3765.4m/ 垂深 3473.28m）压力为 23.26MPa，折算地层压力系数为 0.68。

将投产初期的地层压力 27.41MPa 作为原始地层压力，生产 415 天累计产气量 $0.04 \times 10^8 m^3$ 后地层压力降至 23.26MPa，压力系数由 0.80 降至 0.68，压力降幅达到

4.15MPa，压力有所衰减，每 10^4m^3 气量压力损耗 0.01MPa。

对储层物性特征分析从两次试井的双对数曲线形态来看，线性流特征较为明显，压差曲线与导数曲线在井筒储集阶段结束后以"平行"趋势上升，人工压裂裂缝效果明显。线性流特征阶段中压差曲线和导数曲线之间的距离基本不变，反映裂缝宽度未发生较大变化，裂缝形态保持良好（图 3-6-22）。

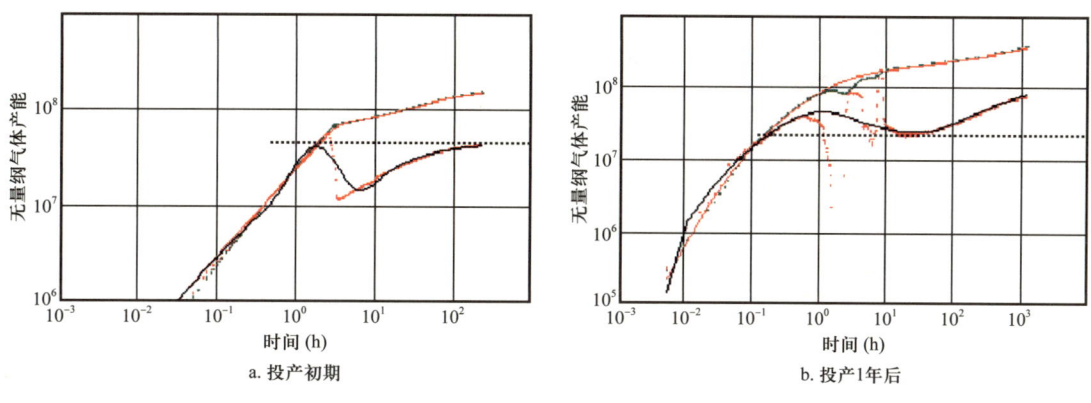

图 3-6-22　苏 7×-6×-1× 井双对数曲线图

2. 苏 7×-7×-1× 井

苏 7×-7×-1× 井位于内蒙古自治区鄂托克旗乌兰镇哈达图嘎查，是鄂尔多斯盆地伊陕斜坡苏 75 区块上的一口评价井。2018 年 6 月 3 日开钻，同年 6 月 17 日完钻，完钻时井深为 3566.00m。

2018 年 8 月 29 日—9 月 15 日对该山 1 段地层 3454.0～3482.0m 井段 4 层厚 11.2m 进行了产能试井 + 关井压力恢复测试；生产 407 天后于 2019 年 10 月 11 日—11 月 26 日对本井进行了关井压力恢复测试。

投产初期关井压力恢复测试 304.6h，末点压力为 28.29MPa，霍纳外推压力为 28.85MPa（测点深度为 3300m），折算到中部外推地层压力为 29.12MPa（中部深度 3468m），计算外推压力系数为 0.86。生产阶段霍纳外推地层压力 21.08MPa（测点深度 3392m），折算中部压力为 21.16MPa。折算地层压力系数为 0.62。

将投产初期的地层压力 29.12MPa 作为原始地层压力，生产 407 天累计产量 $0.03×10^8\text{m}^3$ 后地层压力降至 21.16MPa，压力系数由 0.86 降至 0.62，压力降幅达到 7.96MPa，每 10^4m^3 气量压力损耗 0.026MPa，压力有所衰减，地层能量损耗较多（图 3-6-23）。

从两次试井的双对数曲线形态来看，导数曲线经过井筒储集阶段、过渡段后进入径向流阶段，很短时间后导数曲线始终处于"上翘"趋势，整体反映的是径向复合气藏特征，即井筒远端储层物性变差引起的"上翘"，进而说明在储层压开后，大部分气体聚集在裂缝系统内，开井生产后裂缝系统内的大量气体流入井筒，而基质系统中的进入裂缝系统气体体积达不到产出体积，供气能力较差，地层能量传导能力较差。另一方面，导数曲线

"上翘"定性上反映裂缝宽度近宽远窄,井筒远端裂缝有闭合趋势,渗流能力下降,"上翘"越严重,储层物性越差。压裂后裂缝形态未完全展开,经过长期生产后,远端裂缝闭合趋势更为明显(图3-6-23)。

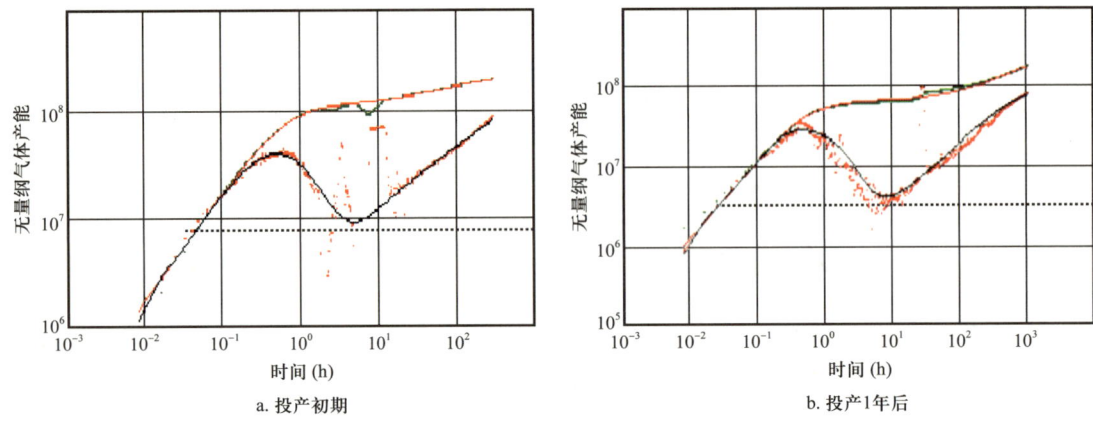

图3-6-23 苏7×-7×-1×井双对数曲线图

三、低渗透产水气井压力恢复测试方法优化

目前的不稳定试井分析方法,大多是建立在压力恢复曲线出现径向流基础之上。然而对低渗透产层,许多井由于压力恢复速度慢,在常规的测试时间内测不到径向流动段,所获资料大部分为早期资料,这是低渗透气井试井资料解释的难点之一。低渗透气井早期阶段压力恢复数据,由于受到地层条件和井筒条件的影响,其压力恢复曲线出现"驼峰效应"。影响因素很多,而最主要的影响因素为关井后井筒内气液分离。气井的井底压力上升,实际上反映了两个过程:关井后气层压力的升高过程;气液分离过程液体对井底压力的影响。由于这两者之间的变化速度不一样,导致早期阶段出现"常规""驼峰""隐驼峰"等类型,增加了资料的解释难度。为了正确解释气井的早期段测试资料,提高资料的利用率,缩短测试施工时间,必须找到使用于针对低渗透气井测试的方法。

通过分析苏75区块历年测试资料,依据苏里格气田的低渗透气藏渗流特征,建立了适用于苏里格气田低渗透储层的试井解释模型,并形成了相应的试井解释方法。采用变流量试井消除压力导数曲线的"驼峰效应",通过预估地层系数和流动系数确定关井时间(图3-6-24,表3-6-1)。

Y1井是一口气水同出井,2013年4月对该井进行了压力恢复测试,测试时该井日产气30000m³,日产水2.75m³,实测的压力恢复曲线出现了明显的"驼峰效应"(图3-6-25),影响导数—双对数曲线解释模型的选择,最终导致解释成果出现错误,分析认为出现这种现象是关井造成了相分离效应严重形成的。2014年5月对该井进行了变流量试井,实测压力曲线未出现"驼峰效应",且导数—双对数曲线光滑连续,模型特征明显确保了解释成果的准确性(图3-6-25)。

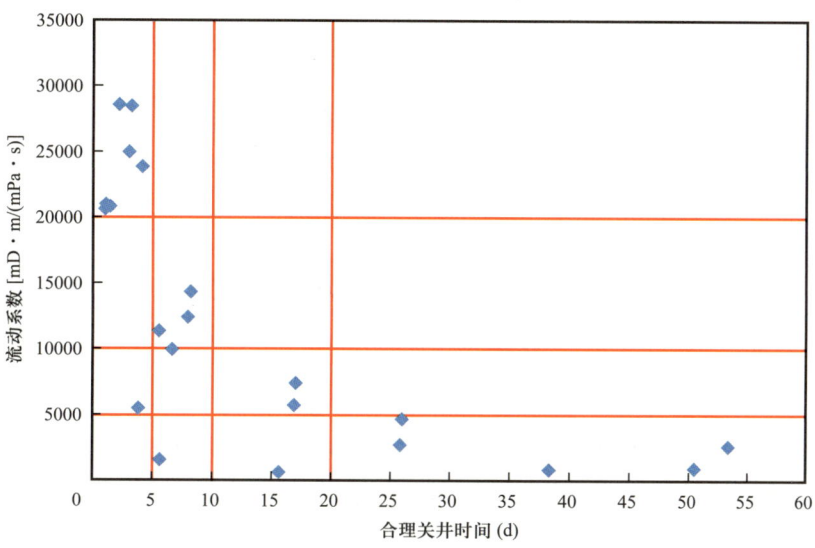

图 3-6-24 压力恢复测试合理关井时间

表 3-6-1 流动系数和关井时间

参数范围	建议关井时间（d）
流动系数＞20000mD·m/（mPa·s）	5
10000mD·m/（mPa·s）＜流动系数＜20000mD·m/（mPa·s）	10
5000mD·m/（mPa·s）＜流动系数＜10000mD·m/（mPa·s）	20
流动系数＜5000mD·m/（mPa·s）	30

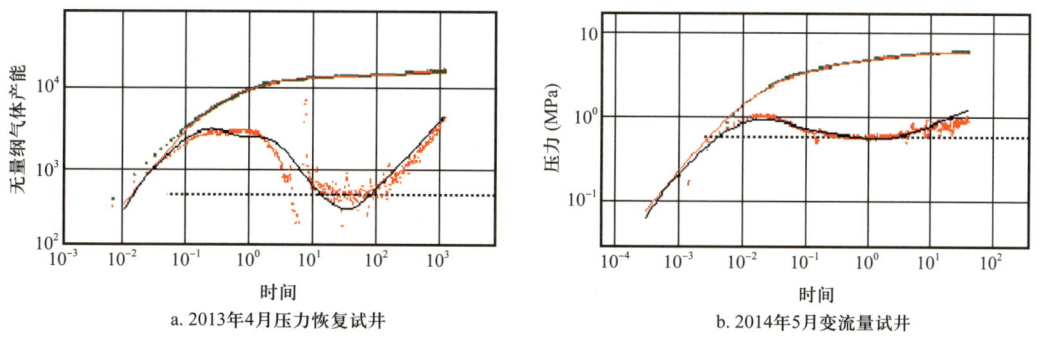

a. 2013年4月压力恢复试井　　　　　b. 2014年5月变流量试井

图 3-6-25 压力恢复测试方法双对数曲线对比图

第四章 致密砂岩气藏产能评价技术

第一节 产能测试和分析

一、产能评价方法

产能评价理论主要基于气藏的地质特征、储层物性、流体性质及开发条件等因素,通过综合分析这些因素对气藏产能的影响,建立适合的评价模型和方法。这些理论旨在揭示气藏产能的形成机制、变化规律及影响因素,为气藏的开发和管理提供科学依据。常用的有三种方法:回压试井、等时试井、修正等时试井。苏 75 区块历年产能试井开展 123 井次,其中回压试井 121 井次,修正等时试井 2 井次。

1. 回压试井

通过采取由小产量逐步加大的程序连续以 3~4 个稳定产量生产,每个产量下都要求流动压力达到稳定,测量其稳定产量和相对应的稳定流压,最后关井测量地层压力(图 4-1-1)。

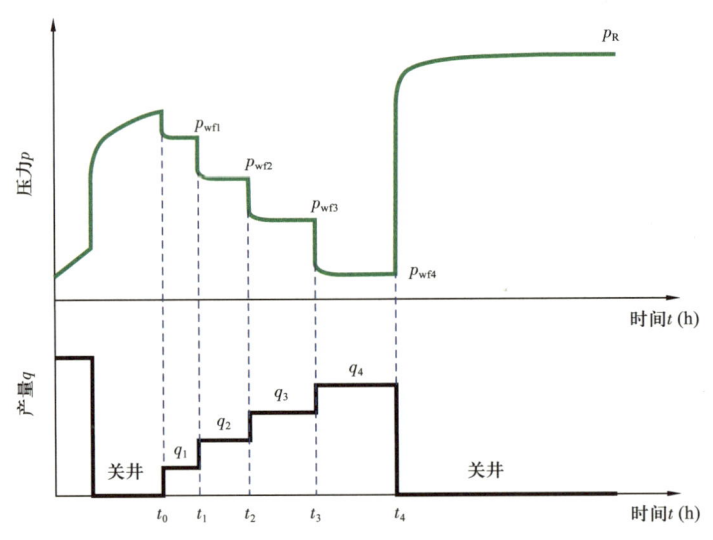

图 4-1-1 回压试井工作制度示意图

取得回压试井现场测试资料后,需进行产能试井解释。首先绘制产能曲线,一种叫"指数式产能曲线",一种叫"二项式产能曲线",然后写出两种曲线对应的产能方程,最后绘制流入动态曲线(IPR 曲线),计算无阻流量和合理配产。

1）指数式产能方程

指数式产能方程是由外国学者于 1936 年经过大量现场观察，根据经验提出的关系式。对于有限气藏，在拟稳定流条件下，一口非完善井的产能方程为

$$q_\mathrm{g} = C\left(p_\mathrm{R}^2 - p_\mathrm{wf}^2\right)^n \tag{4-1-1}$$

式中　q_g——日产气量，$10^4\mathrm{m}^3$；

p_R——地层压力，MPa；

p_wf——井底流压，MPa；

C——产能方程系数，$10^4\mathrm{m}^3/\mathrm{d}/(\mathrm{MPa}^{2n})$；

n——产能方程指数（渗流指数），$0.5\sim1$，无量纲。

渗流指数 n 反映气体流动的状态，数值 $0.5\leqslant n\leqslant1$。当气体流动为纯层流时，$n=1$；当气体流动为纯湍流时，$n=0.5$；通常，$0.5<n<1$，表明气体流动有部分呈层流，另外部分呈湍流。

对式（4-1-1）两边取对数得

$$\lg q_\mathrm{g} = \lg C + n\lg\left(p_\mathrm{R}^2 - p_\mathrm{wf}^2\right) \tag{4-1-2}$$

$$\lg\left(p_\mathrm{R}^2 - p_\mathrm{wf}^2\right) = \frac{1}{n}\lg q_\mathrm{g} - \frac{1}{n}\lg C \tag{4-1-3}$$

在双对数坐标纸上绘制（$p_\mathrm{R}^2-p_\mathrm{wf}^2$）和 q_g 的关系曲线（或在直角坐标系中绘制 $\lg(p_\mathrm{R}^2-p_\mathrm{wf}^2)$ 和 $\lg q_\mathrm{g}$ 的关系曲线）。由图 4-1-2 可知，应得到一条斜率为 $1/n$，截距为 $-1/n\lg C$ 的直线，这就是指数式产能曲线。

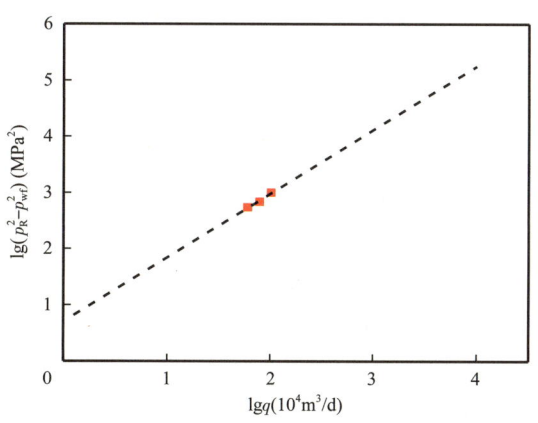

图 4-1-2　指数式产能曲线示意图

计算出 n 和 C 值后，可以得到指数式产能方程，令 $p_\mathrm{wf}=0$，代入产能方程，就得到：

$$q_\mathrm{AOF} = Cp_\mathrm{R}^{2n} \tag{4-1-4}$$

在进行产能试井解释时必须注意，得到的 n 值一定要在其合理的范围内，即满足

$0.5 \leq n \leq 1$，如果出现 $n<0.5$ 或 $n>1$，必须仔细复核原始数据，检查解释过程，找出问题并纠正。

2）二项式产能方程

二项式产能方程是一种根据流动方程的解，经过较为严格的理论推导而得出的产能方程。对于有限气藏，在拟稳定流和非完善井，忽略 $1/r_e$ 时：

$$p_R^2 - p_{wf}^2 = \frac{3.684 \times 10^4 \bar{\mu}\bar{Z}Tp_{sc}}{KhT_{sc}}\left(\ln\frac{r_e}{r_w} - \frac{3}{4} + S_c\right)q_g + \frac{1.966 \times 10^{-8} \beta \gamma_g \bar{Z}Tp_{sc}^2}{h^2 T_{sc}^2 R r_w}q_g^2 \quad (4-1-5)$$

简化为

$$p_R^2 - p_{wf}^2 = aq_g + bq_g^2 \quad (4-1-6)$$

式中　q_g——日产气量，$10^4 m^3$；

　　　p_R——地层压力，MPa；

　　　p_{wf}——井底流压，MPa；

　　　a, b——储层中层流和湍流流动部分的系数。

对（4-1-7）转换得：

$$\frac{p_R^2 - p_{wf}^2}{q_g} = a + bq_g \quad (4-1-7)$$

3）典型案例

$\frac{p_R^2 - p_{wf}^2}{q_g}$ 为"归整化的压力平方差"。在直角坐标系中绘制 $\frac{p_R^2 - p_{wf}^2}{q_g}$ 与产气量 q_g 的关系曲线，应得到一条直线，此直线的斜率为 b，纵截距为 a，这样代入式（4-1-8）就可以得到二项式产能方程（图4-1-3）。

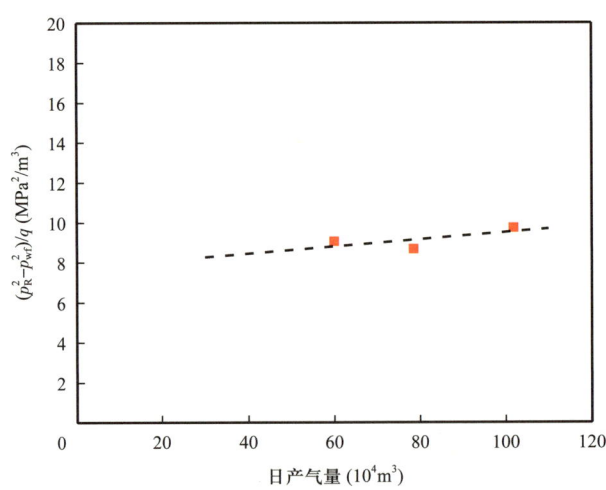

图 4-1-3　二项式产能曲线示意图

把式（4-1-6）看成 q_g 的二次方程并求解，令 $p_{wf}=0$，便得到无阻流量的计算公式：

$$q_{AOF} = \frac{-a + \sqrt{a^2 + 4bp_R^2}}{2b} \qquad (4-1-8)$$

在进行回压试井时，最小产量可取气井无阻流量的10%，最大产量可取气井无阻流量的75%，在最小产量和最大产量之间再选两个产量，这样就构成了回压试井的4个产量工作制度。但是，在气井未进行测试之前，一般难以确切知道气井的无阻流量，此时可采用静态资料估算的方法。

最大抗冲蚀流量计算：

$$q_{sc} = 2.5 \times 10^8 \frac{A p v_{cr}}{ZT} \qquad (4-1-9)$$

式中 q_{sc}——最大抗冲蚀流量，$10^4 m^3/s$；
p——压力，MPa；
v_{cr}——气体流速，m/s；
T——温度，℃；
A——常数；
Z——真实气体偏差系数。

气井压恢测试时达到拟稳定所需时间：

$$t_s \approx 74.2 \frac{\phi S_g \mu_g r_e^2}{K p_R} \qquad (4-1-10)$$

式中 t_s——气井压恢测试时达到拟稳定所需时间，h；
ϕ——孔隙度；
S_g——含气饱和度；
μ_g——气体黏度，mPa·s；
K——气体渗透率，mD；
p_R——气体对比压力，MPa；
r_e——供液半径，m。

以苏7×-1×-1×井为例，2022年6月28日—12月11日对本井盒8段、山1段、山2段地层3435.0~3476.6m井段进行了试采+关井压力恢复测试。试采期间分别采用平均气量10316m³/d、12458m³/d、14411m³/d、16381m³/d试采59.19天（1420.5h），试采期间累计产气719622m³，累计产水316.6m³，总返排率113.8%。生产阶段采用4个由小到大的生产制度，每个制度间隔2000m³/d，终关井107天，完成回压试井（图4-1-4）。

回压试井的一个判断标准是每个工作制度下产量压力是否达到稳定，从试采动态曲线上看各制度下油压套压基本处于水平位置（图4-1-5）。

根据产能测试数据绘制回压试井的二项式和指数式产能曲线，建立二项式和指数式产能方程求取无阻流量（表4-1-1）。

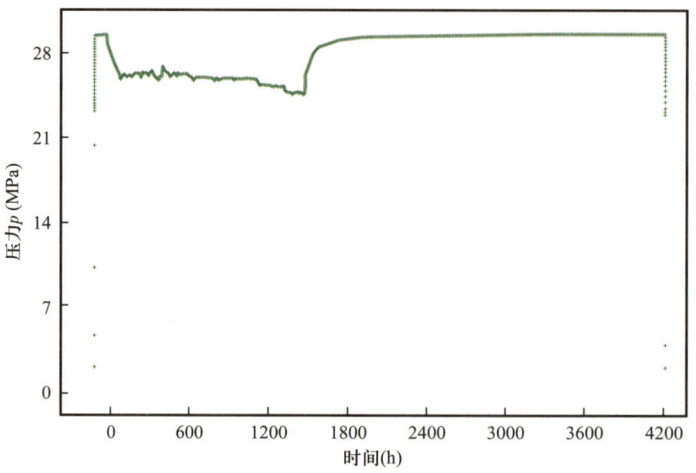

图 4-1-4　苏 7×-1×-1× 井回压试井压力曲线图

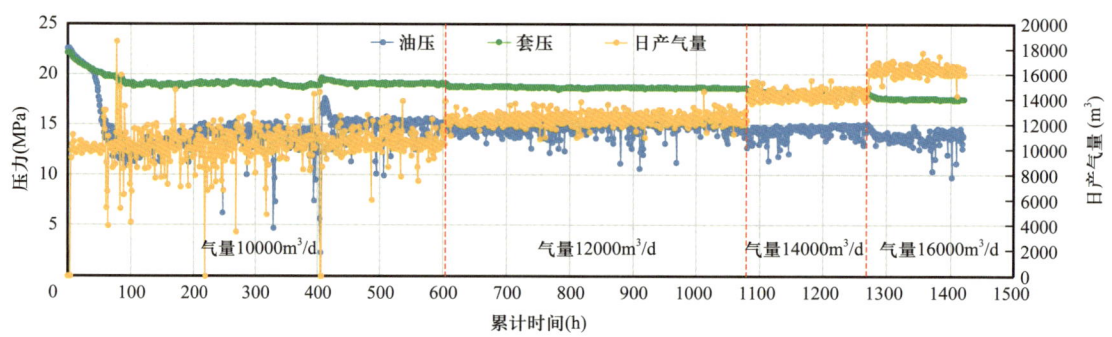

图 4-1-5　苏 7×-1×-1× 井试采动态曲线图

表 4-1-1　苏 7×-1×-1× 井产能曲线绘制数据表

稳定测点	日产气量 q_g ($10^4 m^3$)	静压 p_R (MPa)	流压 p_{wf} (MPa)	($p_R^2 - p_{wf}^2$) (MPa^2)	($p_R^2 - p_{wf}^2$)/q_g [MPa^2/($10^4 m^3 \cdot d^{-1}$)]	lg($p_R^2 - p_{wf}^2$) (MPa^2)	lgq_g ($10^4 m^3/d$)
1	1.0316	29.59	26.48	174.38	169.0362	2.2415	0.0135
2	1.2458	29.59	25.77	211.48	169.7505	2.3253	0.0954
3	1.4411	29.59	25.09	246.06	170.7446	2.3910	0.1587
4	1.6381	29.59	24.38	281.18	171.6523	2.4490	0.2143

按照二项式产能曲线在直角坐标系中绘制 $\dfrac{p_R^2 - p_{wf}^2}{q_g}$ 与产气量 q_g 的关系曲线，得到斜率 b=4.3808，截距 a=163.43，二项式产能方程为 $p_R^2 - p_{wf}^2 = 163.443 q_g + 4.3808 q_g^2$，计算无阻流量 q_{AOF}=4.73×10^{4}m^3/d（图 4-1-6）。

按照指数式产能曲线在直角坐标系中绘制 lg($p_R^2 - p_{wf}^2$) 和 lgq_g 的关系曲线，得到斜率 $1/n$=1.0334，计算 n=0.9677，符合 0.5≤n≤1 的范围；得到截距 $-1/n$lg$C$=2.2272，

计算 C=0.00699,指数式产能方程为 q_g=0.00699$(p_R^2-p_{wf}^2)^{0.9677}$,计算无阻流量 q_{AOF}=4.9201×10^{4}m^3/d(图 4-1-7)。

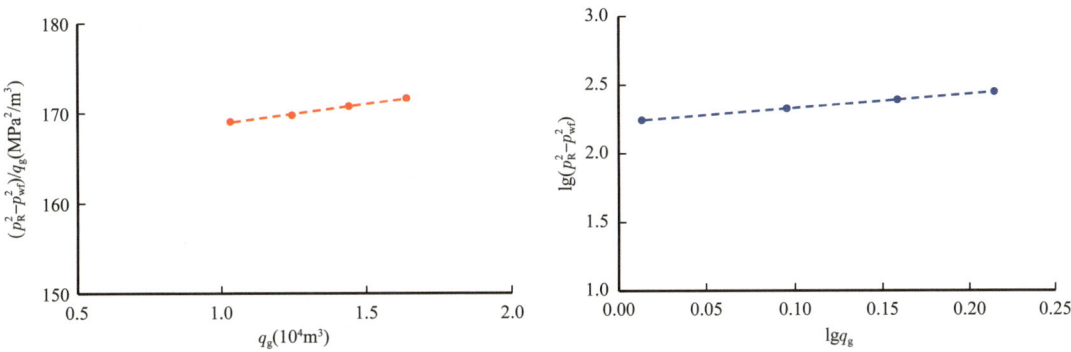

图 4-1-6 苏 7×-1×-1× 井二项式产能曲线图　　图 4-1-7 苏 7×-1×-1× 井指数式产能曲线图

2. 等时试井

等时试井是连续以 3~4 个不同的稳定产量进行开井生产,且每个产量保持相同的生产时间 t,这种方式的关键是它并不要求每个产量下的流压都达到稳定,但通常会要求测试过程至少要进入径向流动阶段。在不同开井生产之间都插进一个关井压力恢复,要求每次关井的压力恢复到地层压力。最后一次生产则要延续较长时间,使得流压达到稳定,最后一次的生产称为"延时生产",最后进行终关井(图 4-1-8)。

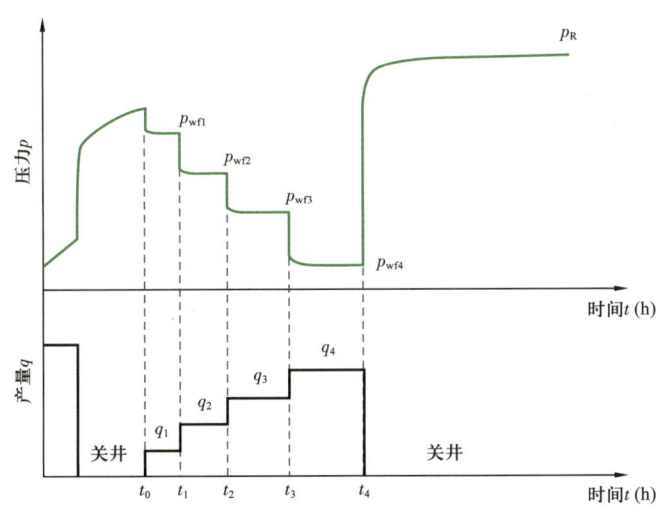

图 4-1-8 等时试井工作制度示意图

相比回压试井,等时试井不要求每个开井流动压力达到稳定,但每次开井之前都必须关井并恢复到地层压力。在产量和压力不稳定点测试后,再采用一个较小的气量延续生产达到稳定。

在直角坐标系中用等时试井前期 3~4 个工作制度的产量 q_i(i=1,2,3,4)和末端

点的流压 p_{wfi}（i=1，2，3，4）以不稳定产能点 $\left[q_i, \left(\dfrac{p_R^2 - p_{wfi}^2}{q_i}\right)\right]$（$i$=1，2，3，4）绘制产能曲线，得到一条直线，这是"不稳定（二项式）产能曲线"。再通过延时生产的稳定产能点 $\left[q_i, \left(\dfrac{p_R^2 - p_{wfi}^2}{q_i}\right)\right]$（$i$=5）作不稳定产能曲线的平行线，即可以得到稳定（二项式）产能曲线，从而建立二项式产能方程（图 4-1-9）。

在双对数坐标系中用等时试井前期 3~4 个工作制度的不稳定产能点 $[q_i, (p_R^2-p_{wfi}^2)]$（i=1，2，3，4）绘制产能曲线，将得到一条"不稳定（指数式）产能曲线"。通过延时生产的稳定产能点 $[q_i, (p_R^2-p_{wfi}^2)]$（i=5）作不稳定产能曲线的平行线，即可以得到稳定（指数式）产能曲线，从而建立指数式产能方程（图 4-1-10）。

如果测试层的渗透性很好，以至于在等时试井的等时生产阶段，流压在 t 时间内达到了稳定，那么在产能曲线中延时生产的稳定产能点会落在不稳定产能曲线上，"不稳定产能曲线"其实就是"稳定产能曲线"。如果流压尚未稳定但接近稳定，那么稳定产能曲线越靠近不稳定产能曲线，越不会影响施工程序和解释结果。

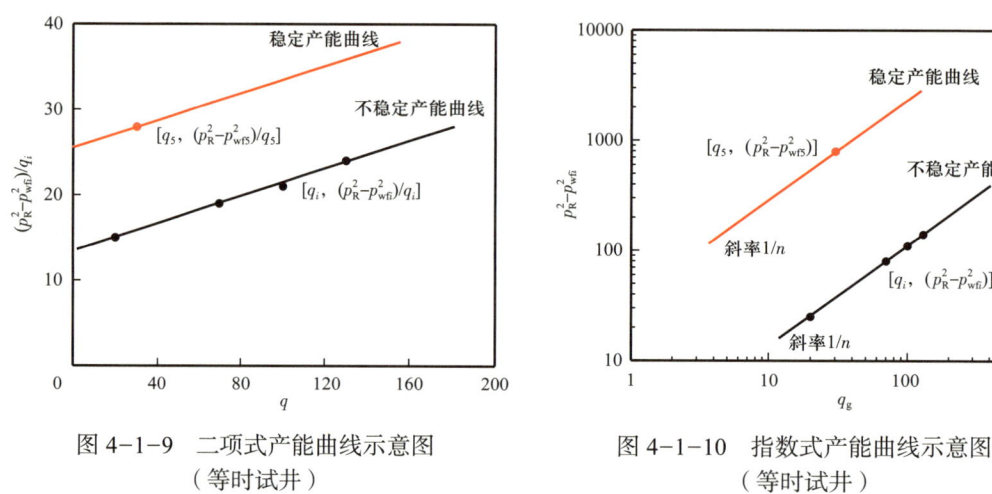

图 4-1-9　二项式产能曲线示意图
（等时试井）

图 4-1-10　指数式产能曲线示意图
（等时试井）

3. 修正等时试井

等时试井虽然缩短了开井时间，但要求关井恢复到地层压力，这个过程需要较长时间，对于渗透性较差的致密气层需要的时间更长。为了进一步节省试井测试时间，在等时试井基础上完善了工作制度，这就是修正等时试井，又称改进的等时试井（图 4-1-11）。

修正等时试井是连续以 3~4 个稳定产量开井生产相同的时间 t，不管流压是否达到稳定，一般要求一定要进入径向流动阶段，通常采取产量由小逐步加大的程序。在每个不同开井生产之间插进的关井压力恢复时间也相同，不要求每次关井压力恢复到地层压力。最后进行一次"延时生产"和终关井。

测量每次生产的稳定产量 q_i（i=1，2，3，4）、其末端点的流压 p_{wfi}（i=1，2，3，4）、

延时生产产量 q_i（$i=5$）和对应的稳定流压 p_{wf}，以及每次关井末的关井压力 p_{wsi}（$i=1$，2，3，4）。

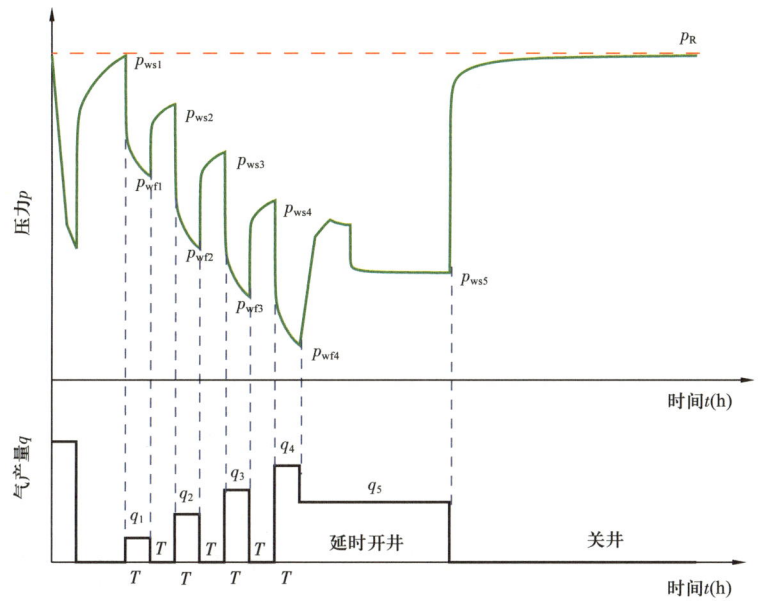

图 4-1-11　修正等时试井工作制度示意图

修正等时试井流动期产量的确定方法与回压试井方法基本相同，产量序列必须采用递增的方式进行，测试的最小产量和最大产量分别为 $q_1=0.1q_{AOF}$，$q_4=0.75q_{AOF}$，或 $q_1=q\times0.05pr$，$q_4=q\times0.25pr$，并且要求 q_i（$i=1$，2，3，4）是等比数列，其公比为 1.5～2.0 比较合理。

合理开井生产时间计算：

$$t_p = 62.49 \frac{\phi \mu_g C_g}{k} \quad (4-1-11)$$

式中　t_p——开井生产时间，d；
　　　C_g——气体压缩系数，MPa^{-1}；
　　　ϕ——孔隙度，无量纲；
　　　μ_g——地层天然气黏度，$mPa\cdot s$；
　　　k——常数。

井筒储集效应影响时间计算：

$$t_{ws} = \frac{36177\bar{\mu} V_{ws} C_{ws}}{Kh} \quad (4-1-12)$$

式中　t_{ws}——井筒储集效应影响时间，h；
　　　$\bar{\mu}$——平均黏度，$mPa\cdot s$；
　　　V_{ws}——井筒体积，m^3；

C_{ws}——储集系数，m³/MPa；

Kh——地层系数，mD·m。

1）二项式产能曲线

在直角坐标系中用等时试井前期3~4个工作制度的产量 q_i（i=1，2，3，4）和末端点的流压 p_{wfi}（i=1，2，3，4）以不稳定产能点 $\left[q_i,\left(\dfrac{p_{wsi}^2-p_{wfi}^2}{q_i}\right)\right]$（$i$=1，2，3，4）绘制产能曲线，得到一条直线，这是"不稳定（二项式）产能曲线"。再通过延时生产的稳定产能点 $\left[q_i,\left(\dfrac{p_R^2-p_{wfi}^2}{q_i}\right)\right]$（$i$=5）作不稳定产能曲线的平行线，即可以得到稳定（二项式）产能曲线，从而建立二项式产能方程（图4-1-12）。

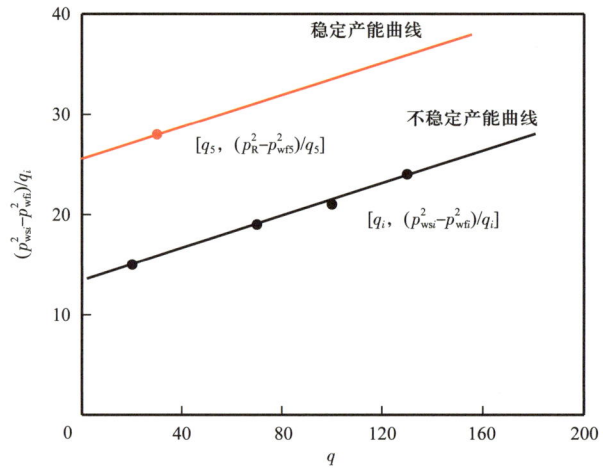

图4-1-12 二项式产能曲线示意图（修正等时试井）

2）指数式产能曲线

在双对数坐标系中用等时试井前期3~4个工作制度的不稳定产能点 $[q_i,(p_{wsi}^2-p_{wfi}^2)]$（$i$=1，2，3，4）绘制产能曲线，得到一条"不稳定（指数式）产能曲线"，通过延时生产的稳定产能点 $[q_i,(p_R^2-p_{wfi}^2)]$（i=5）作不稳定产能曲线的平行线，即可以得到稳定（指数式）产能曲线，从而建立指数式产能方程（图4-1-13）。

3）典型井案例

苏7×-8×-3×井是苏75区块南一区的一口水平井。2011年9月15日—2012年1月13日对3686.8~4715.6m井段进行了修正等时试井。储层中部垂深3422.58m，压力计深度3150.0m。

修正等时阶段以平均气量 $4×10^4$m³/d、$7×10^4$m³/d、$10×10^4$m³/d、$15×10^4$m³/d 四个制度开井24h，每个制度之间关井24h，延时生产以气量 $10×10^4$m³/d 生产30天，终关井45天。施工期间累计产气 $0.05×10^4$m³，累计产水628.9m³（图4-1-14、图4-1-15）。

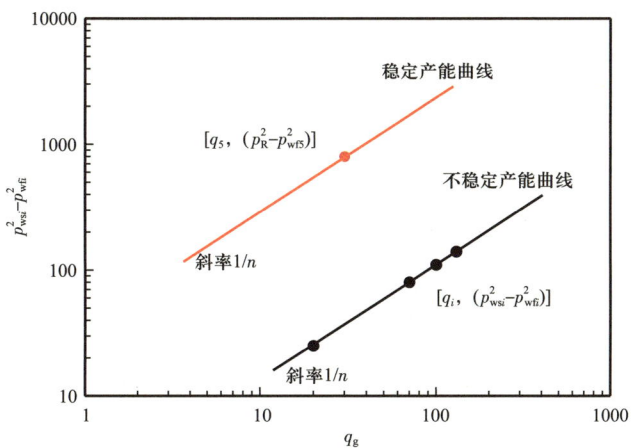

图 4-1-13 指数式产能曲线示意图（修正等时试井）

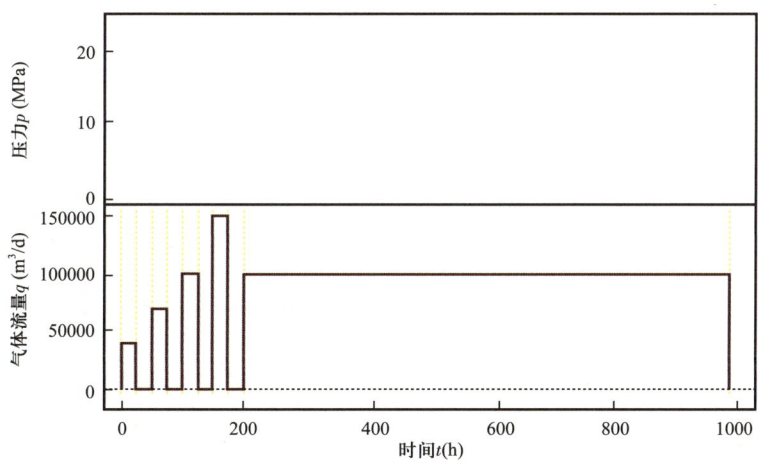

图 4-1-14 苏 7×-8×-3× 井压力曲线图（开井阶段）

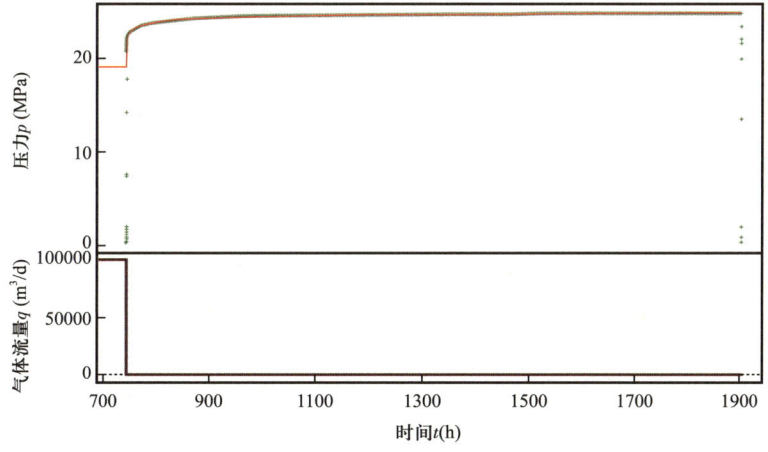

图 4-1-15 苏 7×-8×-3× 井压力曲线图（关井阶段）

本次试井期间测点深度 3150m 处地层压力为 24.86MPa，根据静压梯度 0.142MPa/100m 折算到储层中部静压为 25.25MPa/3422.58m，折算地层压力系数 0.75，属于低压系统。

因为气体压缩性较大，在未达到稳定情况下常使用拟压力建立产能方程，拟压力又称"真实气体的势函数"，引入了气体偏差系数 Z，其定义是

$$\phi p = 2\int_{p_0}^{p}\frac{p}{\mu Z}\mathrm{d}p \qquad (4-1-13)$$

用拟压力代替压力的平方，相应地二项式产能方程和指数式产能方程变为

$$\phi p_R - \phi p_{wf} = aq_g + bq_g^2 \text{和} q_g = c(\phi p_R - \phi p_{wf})^n \qquad (4-1-14)$$

式中 ϕ——孔隙度，无量纲；

p_R——地层压力，MPa；

p_{wf}——井底流压，MPa；

q_g——日产气量，$10^4\mathrm{m}^3$；

a、b、c、n——常数。

利用试井解释软件绘制压力与拟压力关系曲线（图 4-1-16），对压力进行拟压力转换，得到绘制产能曲线所需要的数据（表 4-1-2）。

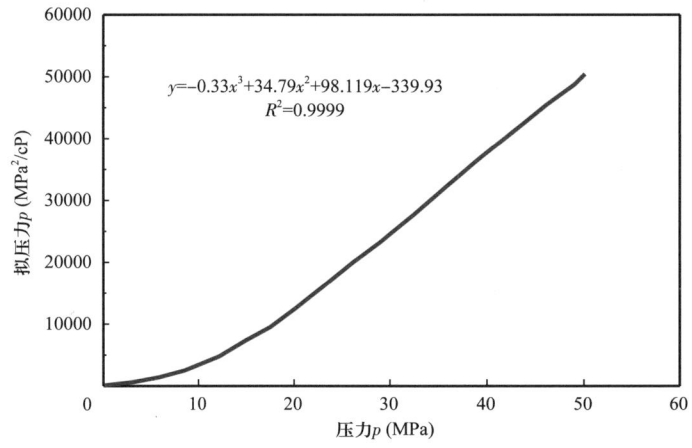

图 4-1-16 苏 7×-8×-3× 井压力与拟压力关系曲线图

表 4-1-2 苏 7×-8×-3× 井产能曲线绘制数据表

测点	日产气量 q_g（$10^4\mathrm{m}^3$）	静压 p_R（MPa）	流压 p_{wf}（MPa）	静压（拟压力）（$\mathrm{MPa}^2/\mathrm{cP}$）	流压（拟压力）（$\mathrm{MPa}^2/\mathrm{cP}$）	$\phi p_R - \phi p_{wf}$	$(\phi p_R - \phi p_{wf})/q_i$	$\lg(\phi p_R - \phi p_{wf})$	$\lg q$（$10^4\mathrm{m}^3/\mathrm{d}$）
1	4	25.36	24.49	19115.46	18065.54	1049.92	262.48	3.02	0.60
2	7	25.22	23.12	18944.27	16432.87	2511.40	358.77	3.40	0.85

续表

测点	日产气量 q_g (10^4m^3)	静压 p_R (MPa)	流压 p_{wf} (MPa)	静压（拟压力）(MPa^2/cP)	流压（拟压力）(MPa^2/cP)	$\phi p_R - \phi p_{wf}$	$(\phi p_R - \phi p_{wf})/q_i$	$\lg(\phi p_R - \phi p_{wf})$	$\lg q$ (10^4m^3/d)
3	10	25.10	21.70	18797.84	14787.66	4010.18	401.02	3.60	1.00
4	15	25.03	18.91	18712.55	11716.30	6996.25	466.42	3.84	1.18
5	10	25.64	21.69	19458.97	14776.26	4682.72	468.27	3.67	1.00

按照二项式产能曲线在直角坐标系中绘制 $\dfrac{\phi p_{wsi} - \phi p_{wfi}}{q_i}$ 与产气量 q_i 的关系曲线，得到不稳定产能曲线。以稳定产能点 $\left(q_5, \dfrac{\phi p_R - \phi p_{wf5}}{q_5}\right)$ 作不稳定产能曲线的平行线，得到斜率 $b=17.721$，截距 $a=291.06$，二项式产能方程为 $\phi p_R - \phi p_{wf} = 291.06 q_g + 17.721 q_g^2$，计算无阻流量 $q_{AOF}=25.9274 \times 10^4$m^3/d（图4-1-17）。

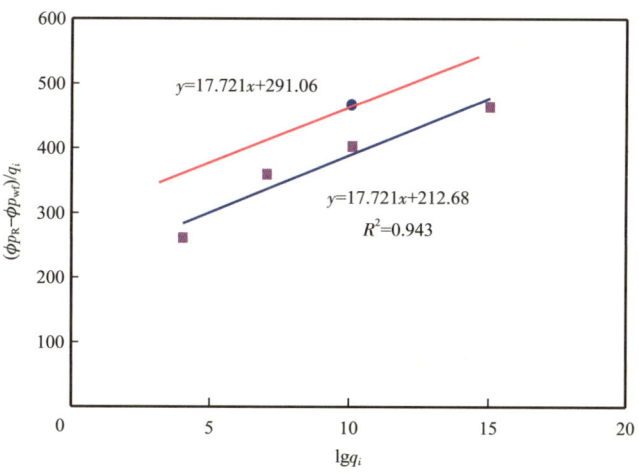

图4-1-17　苏7×-8×-3×井二项式产能曲线

按照指数式产能曲线在直角坐标系中绘制 $\lg(\phi p_{wsi} - \phi p_{wfi})$ 和 $\lg q_i$ 的关系曲线，得到不稳定产能曲线。以稳定产能点 $[\lg q_5, \lg(\phi p_R - \phi p_{wf5})]$ 做不稳定产能曲线的平行线，得到斜率 $1/n=1.4305$，计算 $n=0.6991$，符合 $0.5 \leq n \leq 1$ 的范围；得到截距 $-\dfrac{1}{n}\lg C = 2.24$，计算 $C=0.0272$，指数式产能方程为 $q_g = 0.0272(\phi p_R - \phi p_{wf})^{0.6991}$，计算无阻流量 $q_{AOF}=27.0676 \times 10^4$m^3/d（图4-1-18）。

4）"三参数"法优化二项式产能方程

产能试井资料在求取产能方程时往往容易出现各类异常，这时采用常规的试井解释方法无法对资料进行处理，无法获取产能方程及无阻流量，无论是哪种因素造成的异常，直接影响的都是压力的稳定可靠性，而压力恰恰是常规方法得到准确气井产能方程的前提。故对于此类异常的产能试井，采用"三参数法"求取产能方程，即将常规求取二项式产能方程的两参数 A 和 B 值变成求取 A、B 及 C_j 值三个参数的方法（图 4-1-19）。

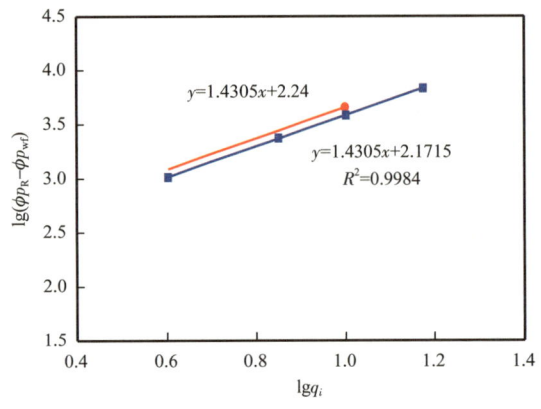

图 4-1-18　苏 7×-8×-3× 井指数式产能曲线

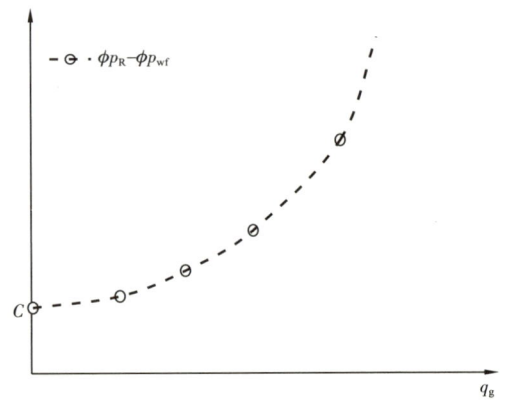

图 4-1-19　系数 C 校正初值的确定方法图

4. "一点法"产能

气井"一点法"试气工艺技术简单，施工成本低、施工周期短，广泛应用于低渗透气田气井产能预测和评价。区块历年产能试井广泛采用"一点法"试气评价。

以苏 7×-6×-× 井为例，该井在 2015 年 11—12 月对山西、盒 8 段（3401.7～3454.2m，9 层厚 26.4m）进行产能评价，为产能建设提供依据。

实测时间—压力曲线图（图 4-1-20）直观反映了在关井 147h 的时间里，早期曲线恢复较快，5h 内压力由关井初期 20.52MPa 升至 20.86MPa，基本可以达到地层压力 20.95MPa 的 99.57%，后期压力达到稳定状态 20.95MPa，24h 压力未上升，表明储层导压能力较强。

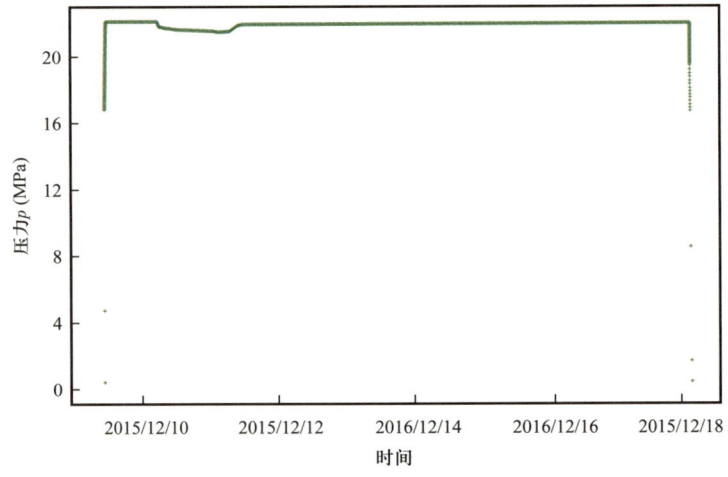

图 4-1-20　苏 7×-6×-× 井实测时间—压力曲线图

根据本井压力恢复曲线关井末点压力为20.95MPa，测点深度为3315m，折算原始地层压力系数0.64。根据3300m处测点压力20.90MPa折算到储层中深3427.95m处压力为21.10MPa，折算目前地层压力系数为0.63。

采用一点法对苏7×-6×-×井盒8段及山西组气层试气，选用12月11日10:30—12日10:30稳定生产24h，孔板为19.975mm，油压为15.28~14.46MPa，套压为15.88~15.73MPa，平均气产量为$4.02 \times 10^4 \text{m}^3/\text{d}$。

由3300m处测点流压20.47MPa折算到储层中部3427.95m处流压为20.69MPa，由测点静压20.90MPa/折算到储层中部静压为21.10MPa，用式（4-1-17）计算无阻流量为$96.49 \times 10^4 \text{m}^3/\text{d}$。

$$q_{\text{AOF}} = \frac{0.1706q}{\sqrt{1 + 0.3703 \frac{p_R^2 - p_{\text{wf}}^2}{p_R^2}} - 1} \quad (4\text{-}1\text{-}15)$$

式中 q——日产气量，10^4m^3；
p_{wf}——井底流动压力，MPa；
p_e——原始（或平均）地层压力，MPa；
q_{AOF}——无阻流量，$10^4 \text{m}^3/\text{d}$。

根据式（4-1-16）、式（4-1-17）和式（4-1-18）可建立气层的二项式产能方程：

$$p_e^2 - p_{\text{wf}}^2 = Aq + Bq^2 \quad (4\text{-}1\text{-}16)$$

$$A = \frac{p_e^2}{q_{\text{AOF}}} + \frac{p_e^2(q_{\text{AOF}} - q) - p_{\text{wf}}^2 q_{\text{AOF}}}{q_{\text{AOF}} q(q_{\text{AOF}} - q)} \quad (4\text{-}1\text{-}17)$$

$$B = \frac{p_e^2 q - (p_e^2 - p_{\text{wf}}^2) q_{\text{AOF}}}{q_{\text{AOF}} q(q_{\text{AOF}} - q)} \quad (4\text{-}1\text{-}18)$$

将q_{AOF}、q、p_{wf}、p_e的值依次代入式（4-1-17）、式（4-1-18）中求得方程系数A、B的值，将A、B值代入式（4-1-19）即可得到该层的二项式产能方程为

$$p_e^2 - p_{\text{wf}}^2 = 4.25q + 0.004q^2 \quad (4\text{-}1\text{-}19)$$

二、气井产能特征

通过气井产能测试方法获得苏75区块各气井的产能，苏75区块不同类型的气井具有不同的产能特征。这里采用静态、动态参数对气井进行分类，以指导苏75区块气井生产。静态参数包括主力气层厚度和累计有效厚度；动态参数包括无阻流量、日产气量和单位压降采气量，分类标准如表4-1-3所示。苏75区块于2009年开始规模开发，2016年之前Ⅰ类井和Ⅱ类井比例平均在64%以上，2016年后Ⅰ类井和Ⅱ类井比例提升至70%以上（图4-1-21）。

表 4-1-3 苏 75 区块直定向井分类标准

分类标准		Ⅰ类井	Ⅱ类井	Ⅲ类井
静态分类	主力单层厚度（m）	≥5	3～5	≤3
	累计有效厚度（m）	≥8	5～8	≤5
动态分类	无阻流量（$10^4 m^3/d$）	≥10	5～10	≤5
	日产气量（$10^4 m^3$）	≥2.0	1.0～2.0	≤1.0

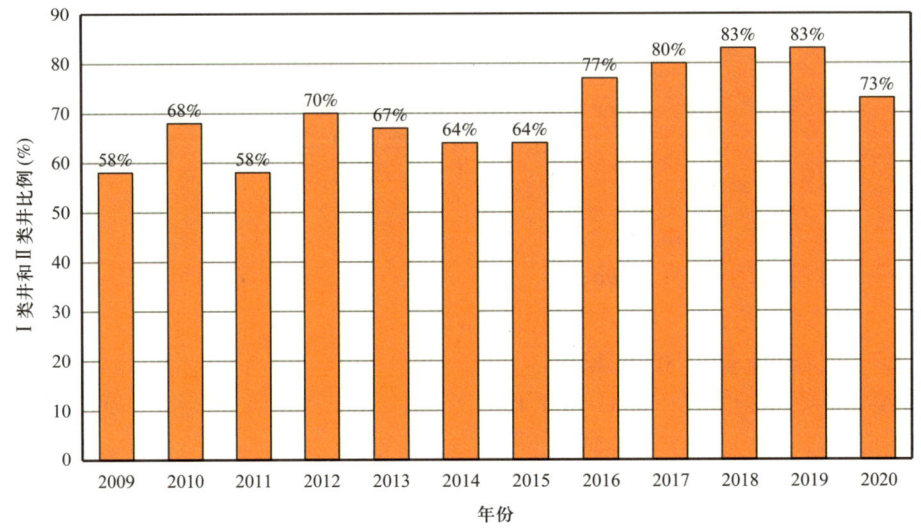

图 4-1-21 苏 75 区块分年投产直井Ⅰ类井和Ⅱ类井比例

统计历年产能试井资料，对比压力系数、试气产量与无阻流量指标，直定井Ⅰ类、Ⅱ类、Ⅲ类井各项指标均呈下降趋势，水平井测试地层压力系数偏低，试气产量达到直定井Ⅰ类井的 3 倍，无阻流量达到直定井的 2 倍（表 4-1-4～表 4-1-7，图 4-1-22～图 4-1-24）。

表 4-1-4 气井分类参数对比

分类	试井井数（口）	平均压力系数	平均试气产量（$10^4 m^3/d$）	平均无阻流量（$10^4 m^3/d$）
直定井Ⅰ类	31	0.87	3.11	33.43
直定井Ⅱ类	44	0.85	2.27	13.98
直定井Ⅲ类	23	0.85	1.74	6.65
水平井	18	0.76	9.23	66.27

水平井试井开展 18 口，其中盒 8 段开展 16 口、山西组开展 2 口，对比各项指标盒 8 段整体优于山西组，计算无阻流量相差 1 倍。山西组无阻流量与直定井Ⅰ类井指标相当（表 4-1-8）。

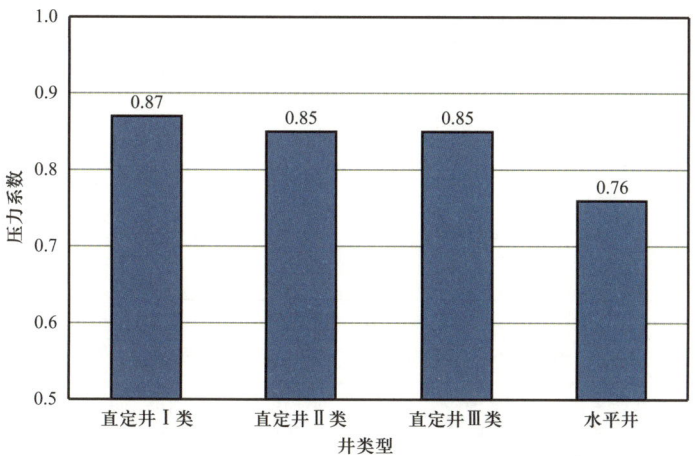

图 4-1-22 分类气井平均压力系数对比

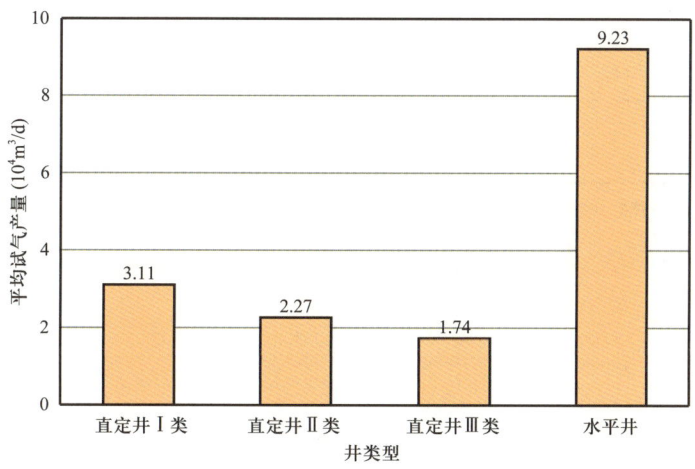

图 4-1-23 分类气井平均试气产量对比

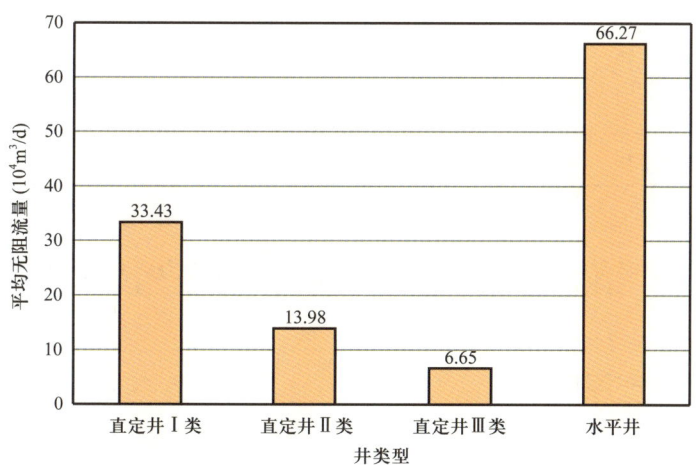

图 4-1-24 分类气井平均无阻流量对比

表 4-1-5 直定井 Ⅰ 类气井分类参数对比

层位	试井井数（口）	平均压力系数	平均试气产量（$10^4 m^3/d$）	平均无阻流量（$10^4 m^3/d$）
盒 8 段	11	0.90	3.27	37.29
山西组	3	0.85	3.22	34.52
盒 8 段和山西组	17	0.86	3.25	35.74
Ⅰ类平均	31	0.87	3.11	34.75

表 4-1-6 直定井 Ⅱ 类气井分类参数对比

层位	试井井数（口）	平均压力系数	平均试气产量（$10^4 m^3/d$）	平均无阻流量（$10^4 m^3/d$）
盒 8 段	4	0.87	3.02	21.98
山西组	7	0.85	1.88	10.46
盒 8 段和山西组	33	0.85	2.26	13.75
Ⅱ类平均	44	0.85	2.27	13.98

表 4-1-7 直定井 Ⅲ 类气井分类参数对比

层位	试井井数（口）	平均压力系数	平均试气产量（$10^4 m^3/d$）	平均无阻流量（$10^4 m^3/d$）
盒 8 段	1	0.89	1.51	11.21
山西组	5	0.85	1.73	8.58
盒 8 段和山西组	17	0.84	1.97	6.32
Ⅲ类平均	23	0.85	1.89	7.13

表 4-1-8 水平井分类参数对比

层位	试井井数	平均压力系数	平均试气产量（$10^4 m^3/d$）	平均无阻流量（$10^4 m^3/d$）
盒 8 段	16	0.76	9.49	70.66
山西组	2	0.73	7.12	31.15
水平井合计	18	0.76	9.23	66.27

第二节 气井初期合理配产技术

一、致密气配产原则

考虑到不同气层的地质特征和产能差异，应针对每个气层单独确定合理的产量范围，以确保整体开发的效益最大化。以临界出砂压差计算各层产量作为配产上限。为了防止地层砂粒被气流携带至地面，造成管线冲蚀磨损等问题，需要计算各气层的临界出砂压差，并以此为依据确定各层的最大配产量。为防止井底积液导致的气井生产不正常，各层配产应大于最低携液产量，以确保井底积液不会积累过多，影响气井的正常生产。此外为了防止管线冲蚀，各层配产应低于最大冲蚀产量。在生产过程中，地层产出砂会被气流携带至地面，可能对油管、管件等造成冲蚀。因此需要控制各层的产量，使其低于最大冲蚀产量，以保护管线的完整性。为了清除井底细砂，各层配产应高于携砂临界产量。若井底细砂不能及时清除，可能会砂埋部分产层，影响气井的正常生产。因此，配产时还应考虑携砂临界产量，确保产量足够高能够清除井底细砂。

在气井全生命周期理念指导下，结合气井生产动态，开展气井精细分类，明确各类气井不同阶段开发动态特征。采用"适配长稳"的配产原则精准施策，最大限度提升单井EUR。单井配产时应当遵循以下原则：（1）合理利用地层能量；（2）气井能够稳产三年或预测稳产年限达到三年以上；（3）尽量延缓因压降漏斗过深而引发的裂缝闭合及应力敏感现象发生；（4）单井产量应大于携液产量。采用压降速率法、采气指示曲线、合理生产压差和产量不稳定分析等方法，评价单井合理产量。

综上所述，低渗透气藏气井合理配产需要综合考虑地质特征、产能差异、出砂问题、井底积液、管线冲蚀，以及井底细砂清除等多个因素，以制定科学的配产方案，实现气藏的高效、经济开发。同时，在实际操作中，还需要根据气藏的动态变化及时调整配产策略，确保气井的长期稳定生产。

二、现场经验配产方法

1. 配产原则

配产原则如下。

（1）投产前每口井进行静压测试，观察压力系数保持程度。

（2）根据每口井打开层位的静态参数，参考试气的日产气、日产水、开井时期的油套压变化，以及关井后油套压恢复情况，确定初期单井配产方案；开井期间油套压能够保持在 18MPa 及以上时取试气产量的 1/2 进行配产，15~18MPa 时取试气产量的 1/3 进行配产，15MPa 以下的试气产量低于 $2.1\times10^4 m^3/d$，基本上按照 $1\times10^4 m^3/d$ 气量配产，试气产量低于 $1.51\times10^4 m^3/d$ 的一般不进行配产（不下节流器）；

（3）在新井投产后每天跟踪产量及油套压的变化，单井套压压降速率大于等于 0.15MPa/d 时，需对节流器气嘴大小进行调整，同时节流器气嘴大小要求施工方在气压缩机运行时不得超过配产的 ±20%，若超过范围则进行更换节流器；

（4）新井生产制度通过产量、压力变化进行及时调整。

2. 直定井配产

依据苏里格气田开发规划部署的苏 75 区块新建产气能力 $8\times10^8 m^3/a$，结合目前实钻效果及对该区块富集区储量分析，计划 2009—2010 年两年建成 $8\times10^8 m^3/a$ 的产气能力。

其中2009年建成$3×10^8m^3/a$的产气能力，2010年新建$5×10^8m^3/a$的产气能力、共建成$8×10^8m^3/a$的产气能力。

以目前初步优选出的Ⅰ类和Ⅱ类储量富集区为开发目标，在440km²范围内按75%的储量动用程度，累计动用地质储量$592.04×10^8m^3$，并采用一套层系开发，在部分厚度大于12m的有利区域集中部署为600m×600m的正方形主体井网开发；在厚度8～12m的区域先期部署850m×850m正方形骨架井网，随着认识程度的提高，后期在局部有利区域集中部署600m×600m的正方形主体井网开发。采取"整体部署、分步实施、集中建产、滚动接替"的开发方式，建成天然气年生产规模$8×10^8m^3$，采用块间接替和井间加密相结合的产能接替方式保持区块稳产。其中该区块2009年的$3×10^8m^3/a$开发方案动用地质储量$220×10^8m^3$，采用一套开发层系正方形骨架井网，部署在区块中部气层厚度大于12m的储量富集区内，动用含气面积135km²。

根据分年投产直井生产情况统计（表4-2-1，图4-2-1、图4-2-2），2014年以后投产井第一年平均日产气量都在$1.3×10^4m^3$左右，三年平均日产气量$1.0×10^4m^3$以上，历年投产气井压力保持水平较为稳定。

表4-2-1　分年投产直定井生产指标统计表

投产年份	井数（口）	投产初期套压（MPa）	第一年平均日产气量（10^4m^3）	第一年末套压（MPa）	前三年平均日产气量（10^4m^3）	三年末套压（MPa）	目前日产气量（10^4m^3）	目前套压（MPa）	井均累计产气量（10^4m^3）	预测EUR（10^4m^3）
2009	80	21.1	1.64	14.6	1.32	11.2	0.28	7.9	2739	2674
2010	128	20.5	1.12	14.6	0.88	11.3	0.22	8.2	1799	2314
2011	24	18.7	1.00	11.3	0.76	9.1	0.28	6.6	1471	2161
2012	23	17.7	1.34	10.7	0.97	8.0	0.31	7.4	1574	2088
2013	21	18.3	1.20	10.7	0.85	9.5	0.35	8.5	1189	2230
2014	22	19.4	1.31	12.3	1.03	10.6	0.40	8.0	1334	2130
2015	25	18.4	1.85	12.9	1.32	9.9	0.51	8.3	1713	2454
2016	30	17.0	1.52	11.9	1.20	9.3	0.76	8.6	1197	2589
2017	20	17.2	1.28	11.1	1.06	8.6	0.79	9.4	961	2389
2018	18	18.6	1.29	12.5	1.06	10.2	0.73	11.6	754	2265
2019	42	23.3	1.35	12.2			1.14	12.4	613	2301
2020	70	22.7	1.31	13.2			1.37	16.1	135	2284
平均	—	19.4	1.35	12.3	1.05	9.8	0.60	9.4	1290	2323

根据2017—2020年150口投产直/定向井生产情况分析，初期产量、压力保持水平相近，分年投产直井生产情况和指标相差不大。综合分析，2017—2020年投产直/定井首年产量$1.3×10^4m^3/d$，压降速率0.0222mPa/d，EUR指标保持在$2300×10^4m^3$左右，基本保持稳定（图4-2-3、图4-2-4，表4-2-2）。

第四章 致密砂岩气藏产能评价技术

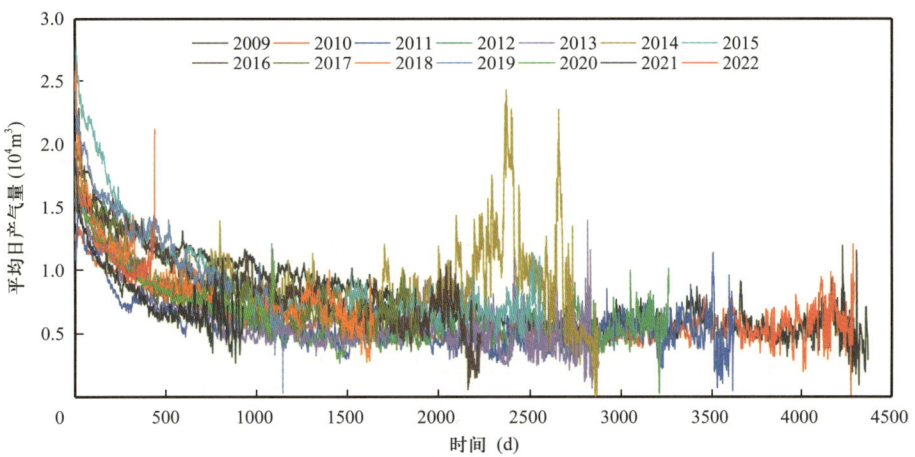

图 4-2-1　苏 75 区块分年投产直井日产曲线图

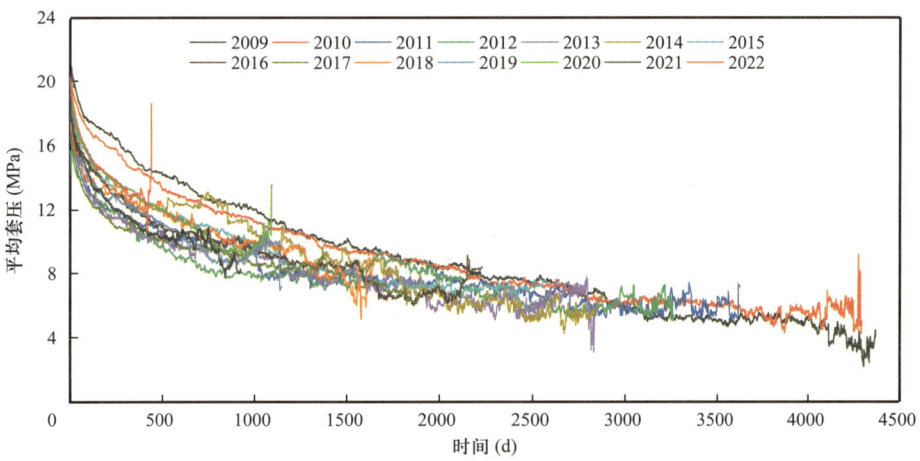

图 4-2-2　苏 75 区块分年投产直井套压曲线图

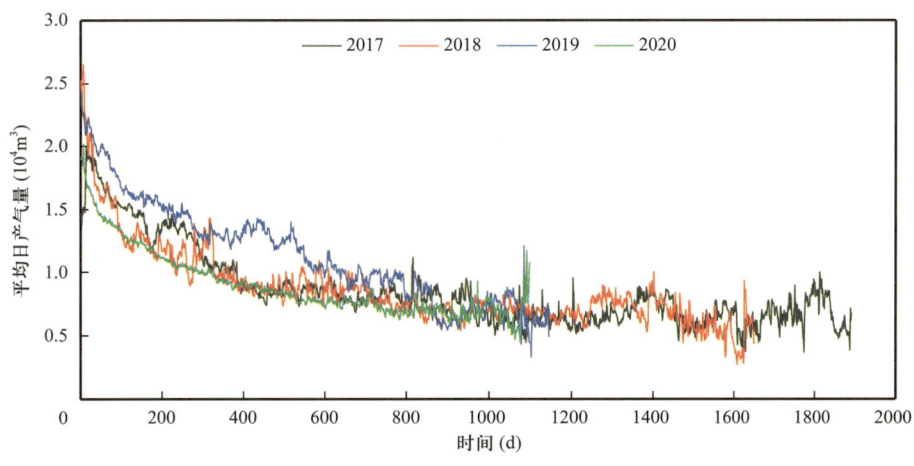

图 4-2-3　苏 75 区块 2017—2020 年份年投产直井产量变化图

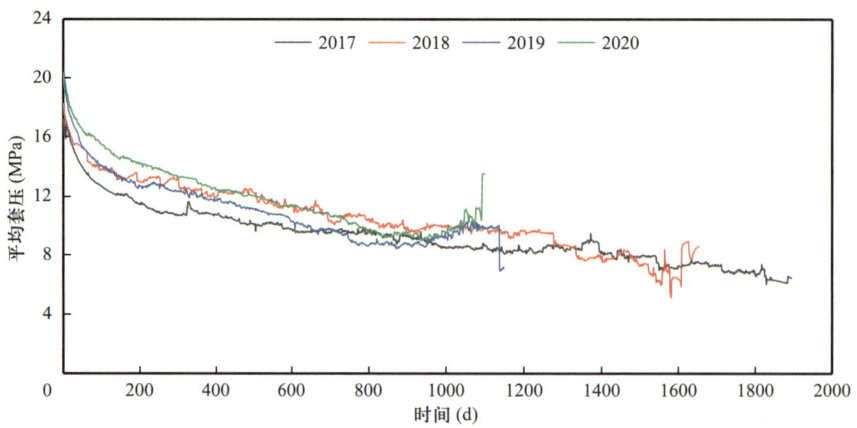

图 4-2-4 苏 75 区块 2017—2020 年份年投产直井压力变化图

表 4-2-2 苏 75 区块近 4 年投产直井生产指标统计表

投产年份	井数（口）	投产初期套压（MPa）	第一年平均日产气量（10^4m^3）	第一年末套压（MPa）	前三年平均日产气量（10^4m^3）	三年末套压（MPa）	目前日产气量（10^4m^3）	目前套压（MPa）	压降速率（MPa/d）	预测EUR（10^4m^3）
2017	20	17.2	1.28	11.1	1.06	8.6	0.79	9.4	0.0242	2389
2018	18	18.6	1.29	12.5	1.06	10.2	0.73	11.6	0.0185	2265
2019	42	23.3	1.35	12.2			1.14	12.4	0.0239	2301
2020	70	22.7	1.31	13.2			1.37	16.1	0.0215	2284
平均	—	20.5	1.31	12.3	1.06	9.4	1.01	12.4	0.0220	2310

方案中Ⅰ类、Ⅱ类、Ⅲ类气井比例分别取 20%、50%、30%，合理的单井初期配产为：Ⅰ类井 $2×10^4m^3/d$、Ⅱ类井 $1×10^4m^3/d$、Ⅲ类井 $0.6×10^4m^3/d$，前三年平均单井日产气 $1.03×10^4 \sim 1.00×10^4m^3$。实现钻 30 口井、建产 $1×10^8m^3/a$、稳产 3 年的开发基本要求。

同时，考虑到与直井相比，丛式井具有占地少、污染小、便于管理等方面的优势，尽可能多的采用丛式井开发。由于丛式井开发的技术优势及安全、环保等方面的社会意义，在同等或相近的条件下，应优先考虑利用定向丛式井进行开发。因此，在方案部署时，要求在认识相对清楚、地质条件相对落实的区域尽可能地安排丛式井进行开发。

1）直定井Ⅰ类井配产：以苏 7×-5×-× 井为例

2017 年 11 月 24 日—12 月 6 日产能试井，求产时间为 92.5h，稳定时间为 8.0h，油压为 18.8MPa，套压为 20.5MPa；日产气量为 $4.0×10^4m^3$，无阻流量为 $22.3×10^4m^3/d$；按照该井试气时开井期间油套压分别为 18.0MPa 和 19.5MPa，试气产量为 $4.98×10^4m^3/d$，由于压力相对较高，按照其产量的 1/2 进行配产 $2.5×10^4m^3/d$；2017 年 12 月 13 日投产，投产后高产稳期较长，初期一年内产量由 $2.8×10^4m^3/d$ 下降至 $2.3×10^4m^3/d$，压降速率 0.014MPa/d。套压为 8.12MPa，日产气量为 $1.1×10^4m^3$，累计产气量为 $2803.74×10^4m^3$（图 4-2-5）。

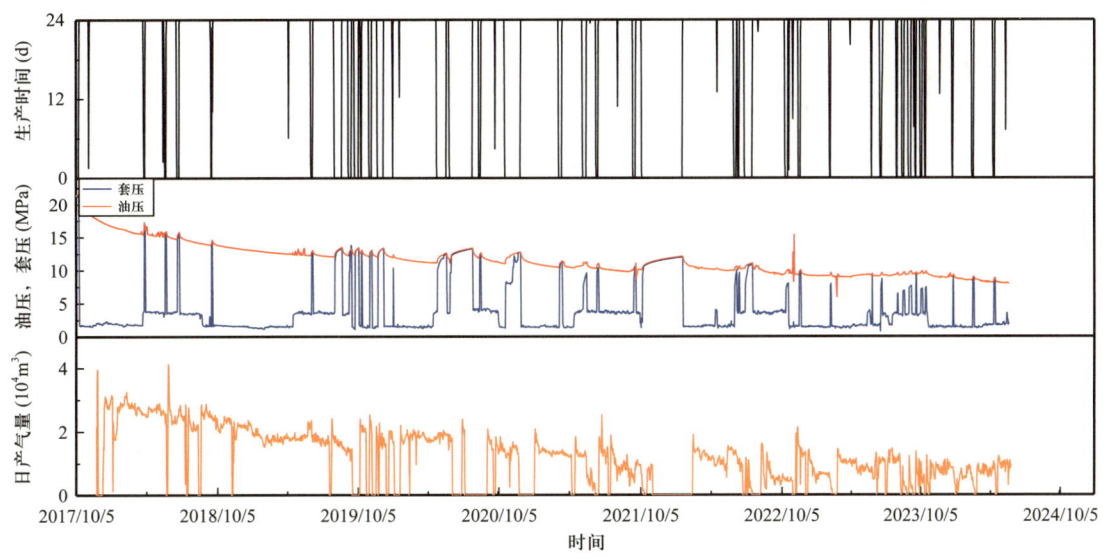

图 4-2-5 苏 7×-5×-× 生产曲线

2）直定井Ⅱ类井：以苏 7×-8×-3× 井为例

2011 年 11 月 21 日—12 月 3 日产能试井，求产时间为 14h，油压为 21.61MPa，套压为 23.42MPa；日产气量为 $2.02\times10^4m^3$，无阻流量为 $10.23\times10^4m^3/d$；按照该井试气时开井期间油套压分别为 18.0MPa 和 20.0MPa，试气产量为 $4.1\times10^4m^3/d$，配产为 $2.0\times10^4m^3/d$；2011 年 12 月 15 日投产，投产后高产稳期较长，初期一年内产量由 $2.0\times10^4m^3/d$ 下降至 $1.7\times10^4m^3/d$，套压由 23.6MPa 下降至 20.0MPa，压降速率为 0.01MPa/d。套压为 7.3MPa，日产气量为 $0.76\times10^4m^3$，累计产气量为 $4455.2\times10^4m^3$（图 4-2-6）。

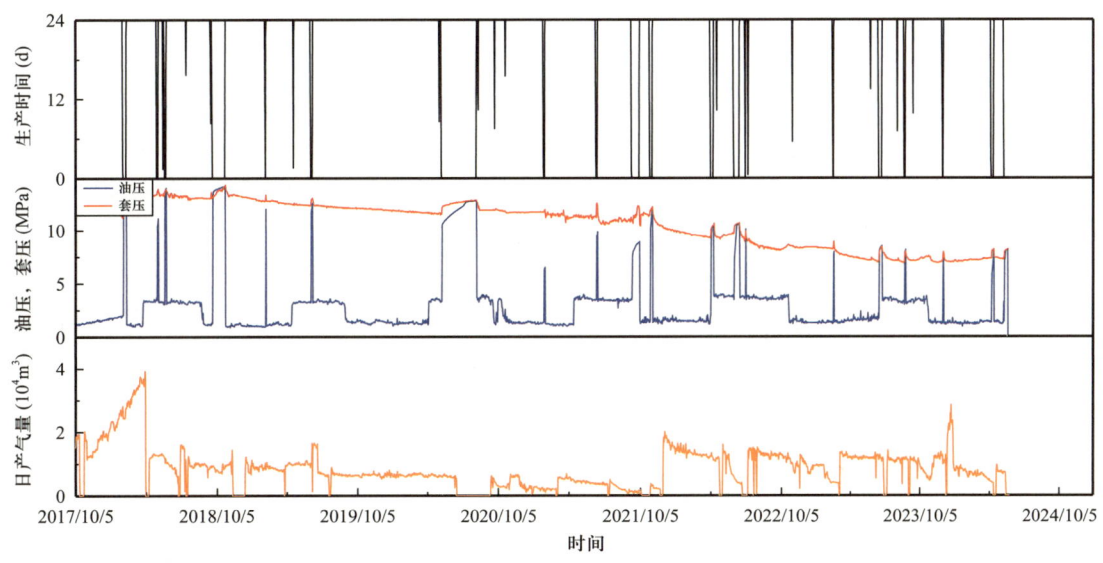

图 4-2-6 苏 7×-8×-3× 井生产曲线

3）直定井Ⅲ类井配产：以苏 7×-6×-1× 井为例

2022 年 12 月 5 日—12 月 22 日产能试井，求产时间为 168h，稳定时间为 24h，油压为 15.38MPa，套压为 19.41MPa；日产气量为 $1.03\times10^4m^3$，无阻流量为 $5.75\times10^4m^3/d$；按照该井试气时开井期间油套压分别是 17.7MPa 和 18.0MPa，试气产量为 $2.05\times10^4m^3/d$，配产为 $1.0\times10^4m^3/d$；2023 年 1 月 7 日投产，投产后初期基本达到配产，半年后日产水平基本稳定在 $0.6\times10^4m^3$ 左右，压降速率为 0.016MPa/d。套压为 12.25MPa，日产气量为 $0.56\times10^4m^3$，累计产气量为 $286.66\times10^4m^3$（图 4-2-7）。

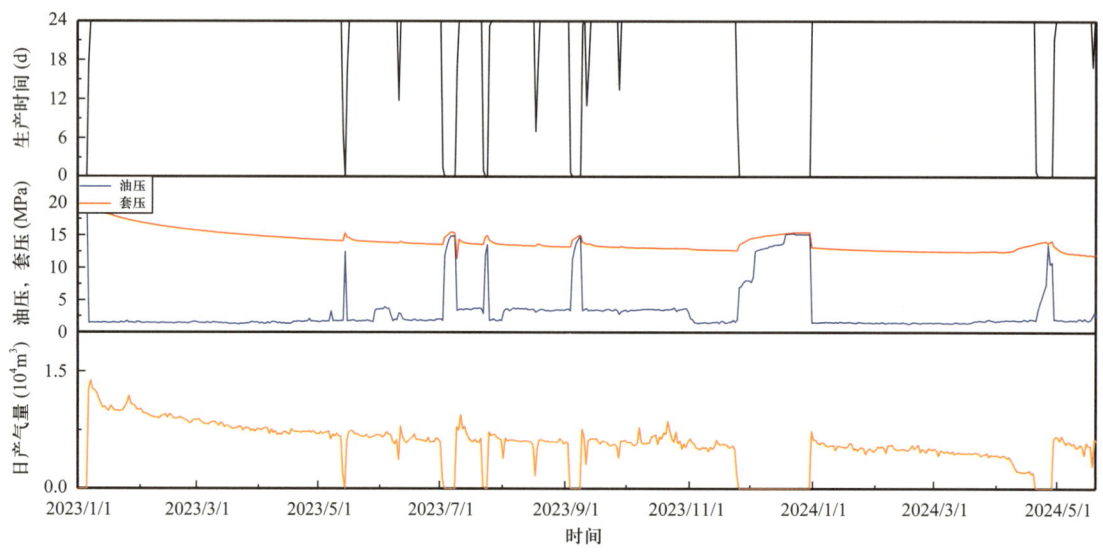

图 4-2-7　苏 7×-6×-1× 井生产曲线

3. 水平井配产

从分年投产水平井生产情况看（表 4-2-3，图 4-2-8、图 4-2-9），2011—2014 年投产井初期日气产在 $4\times10^4\sim7\times10^4m^3$，三年平均日产气量 $3\times10^4\sim5\times10^4m^3$。其余各年投产井生产差异较大，其中 2015 年实施的苏 7×-6×-× 水平井生产情况最好，2017 年实施的苏 7×-5×-3× 生产情况最差。

表 4-2-3　分年投产水平生产指标统计表

投产年份	井数（口）	投产初期套压（MPa）	第一年平均日产气量（10^4m^3）	第一年末套压（MPa）	前三年平均日产气量（10^4m^3）	三年末套压（MPa）	目前日产气量（10^4m^3）	目前套压（MPa）	井均累计产气量（10^4m^3）	预测EUR（10^4m^3）
2010	5	17.5	9.38	14.2	6.83	8.6	1.49	5.5	7082	9511
2011	4	16.7	4.53	8.0	3.01	5.4	0.40	5.0	4706	7102
2012	7	19.2	6.78	11.1	4.77	7.4	2.03	6.4	6434	8868
2013	6	14.8	5.52	9.6	3.77	7.9	1.27	6.3	4762	4930

续表

投产年份	井数（口）	投产初期套压（MPa）	第一年平均日产气量（10⁴m³）	第一年末套压（MPa）	前三年平均日产气量（10⁴m³）	三年末套压（MPa）	目前日产气量（10⁴m³）	目前套压（MPa）	井均累计产气量（10⁴m³）	预测EUR（10⁴m³）
2014	2	12.7	4.96	11.4	3.49	6.4	0.52	6.2	4445	4791
2015	1	19.2	11.52	14.5	9.68	8.9	7.28	10.9	7949	10124
2017	1	17.1	2.59	7.9	1.72	5.4	0.39	5.5	1676	2090
平均	—	16.7	6.47	11.0	4.75	7.1	1.91	6.5	5293	6774

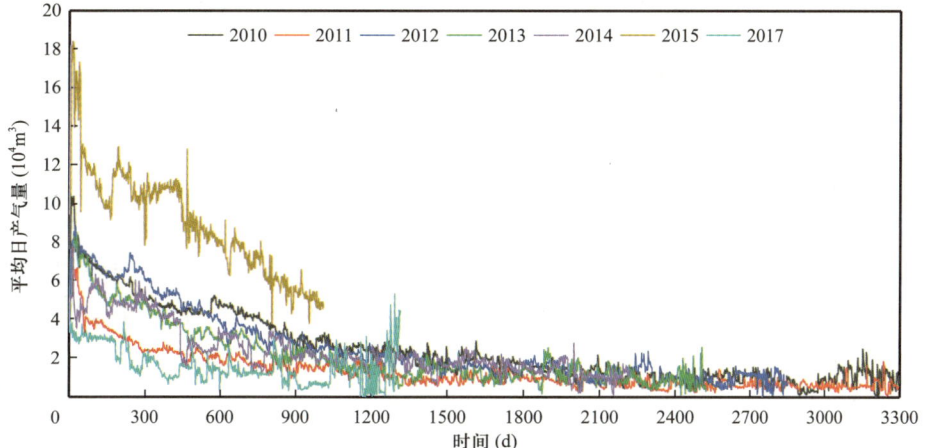

图 4-2-8　苏 75 区块分年投产水平井产气量曲线图

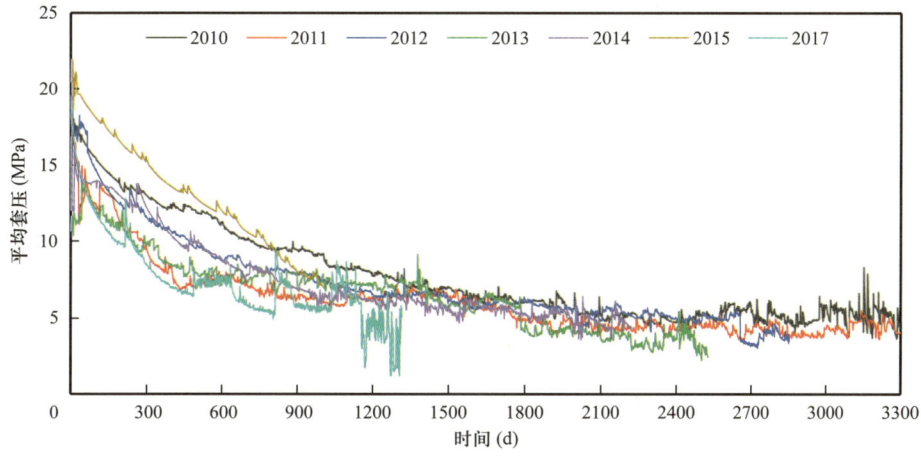

图 4-2-9　苏 75 区块分年投产水平井套压曲线图

2011—2017 年投产的 26 口水平井均为裸眼完井，采用封隔器投球滑套进行压裂改造。综合分析认为，水平井生产情况的差异主要和部署区域及钻遇储层情况密切相关（图 4-2-10）。

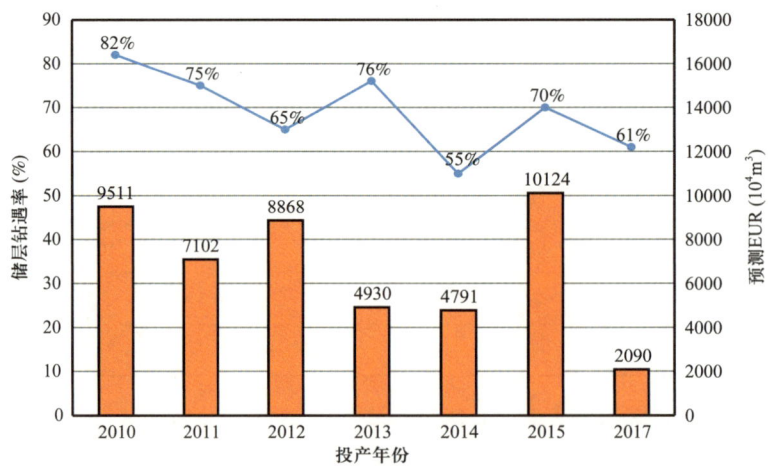

图 4-2-10 分年投产水平井 EUR 及储层钻遇率对比图

水平井配产以苏 7×-6×-3× 为例。该井 2015 年 11 月 12 日—2016 年 1 月 5 日产能试井,求产时间为 932.5h,稳定时间为 24h,油压为 20.11MPa,套压为 20.11MPa;日产气量为 $18.0×10^4m^3$,无阻流量为 $144.7×10^4m^3/d$;按照产能试井的 2/3 进行配产,配产为 $12.0×10^4m^3/d$;2016 年 4 月 20 日投产,投产后高产稳产期较长;投产初期一年内产量由 $12.6×10^4m^3/d$ 下降至 $11.9×10^4m^3/d$,套压由 19.23MPa 下降至 15.8MPa,压降速率为 0.009MPa/d。目前套压为 6.3MPa,日产气量为 $4.0×10^4m^3$,累计产气量为 $9954.2×10^4m^3$(图 4-2-11)。

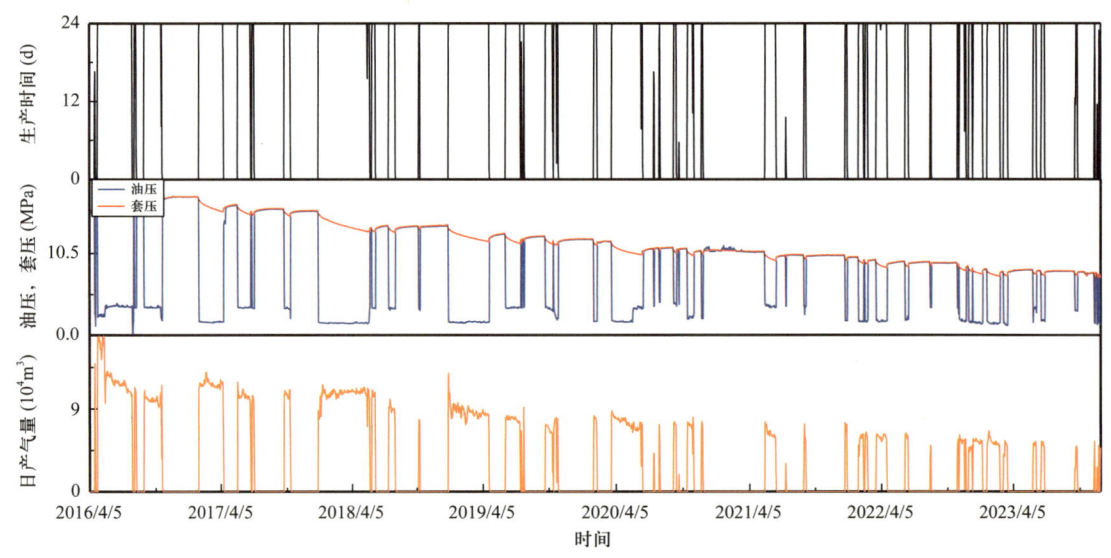

图 4-2-11 苏 7×-6×-3× 井生产曲线

三、压降速率法

以气井设定的稳产时间为目标,以气井投产至少半年后井口压降速率控制在一定数值以下为判断标准，进行气井产能的标定。稳产时间达到3年时，压降速率为0.025MPa/d，在此标准下，标定气井产能的标定。Ⅰ类井合理配产为$1.83×10^4m^3/d$，Ⅱ类井合理配产为$0.86×10^4m^3/d$，Ⅲ类井合理配产为$0.52×10^4m^3/d$。按照Ⅰ类井、Ⅱ类井、Ⅲ类井比例加权计算，井均合理配产为$0.88×10^4m^3/d$。

四、动态数据折算方法

在气井生产曲线上找出不同的日产量所对应的累计产气量，然后折算出平均日产气量，与生产时间形成数据表并作图拟合，在图上标出生产时间990天所对应的日产气量即为合理产量（图4-2-12、图4-2-13）。

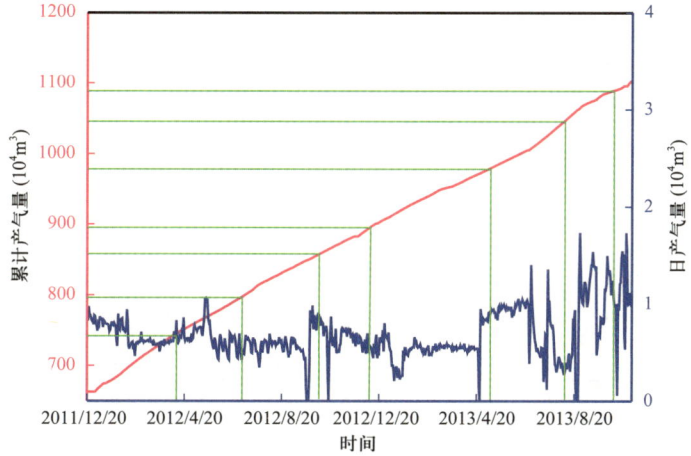

图4-2-12　苏7×-6×-× 井日产气与累计产气量曲线

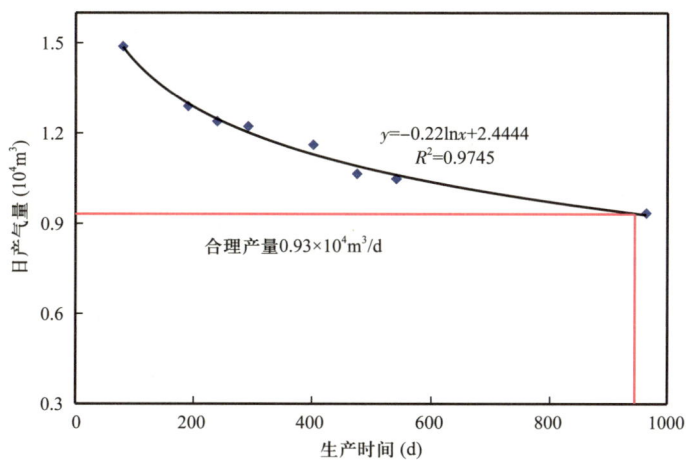

图4-2-13　苏7×-6×-× 井合理配产图

运用动态折算法，对上古直井综合评价，以稳产3年为目标，Ⅰ类井合理配产平均为$1.87×10^4m^3/d$，Ⅱ类井平均合理配产为$0.88×10^4m^3/d$，Ⅲ类井平均合理配产为$0.54×10^4m^3/d$。按照Ⅰ类井、Ⅱ类井、Ⅲ类井比例加权计算，井均合理配产为$0.90×10^4m^3/d$。

五、采气指示曲线法

该方法着重考虑减少气井渗流的非线性效应以确定气井合理产量,当气井产量较小时,流动符合达西定律,采气指数的倒数(p_e-p_{wf})/q 与产量近似呈线形关系;而当产量增大到某一值后,(p_e-p_{wf})/q 随产量的变化不再满足达西定律,气体流入井筒要产生附加压降,造成地层能量的损失。从气井生产能量消耗的合理性出发,要求采气指数越大越好。因此,可以把偏离早期直线段部分的产量作为气井的最大合理产量。理论依据如下。

由二项式方程有

$$\Delta p = p_e - p_{wf} = \frac{Aq_g + Bq_g^2}{p_e + \sqrt{p_e^2 - Aq_g - Bq_g^2}} \tag{4-2-1}$$

式中　Δp——压力差,MPa;

p_e——外边界压力,MPa;

p_{wf}——井底流动压力,MPa;

q_g——日产气量,$10^4 m^3$;

A、B——常数。

上式两边同除以 q_g,得到气井采气指数的倒数(p_e-p_{wf})/q_g 与产量关系曲线。建立气井产量与生产压差关系曲线,曲线与直线的分离点即为最大配产(图4-2-14)。

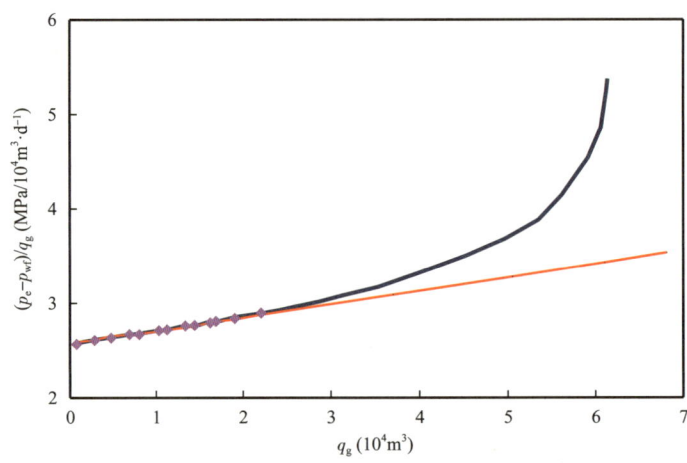

图 4-2-14　苏 7×-5×-2× 井井采气指示曲线

根据单点测试的 p_e、p_{wf} 和 q_g 数值,以及无阻流量复算求得的 q_{AOF} 值,通过推导可别确定二项式产能方程的 A、B 值,从而建立起二项式方程。不同类型井产能方程如下。

Ⅰ类井二项式产能方程:

$$p_e^2 - p_{wf}^2 = 86.46q_g + 1.76q_g^2 \tag{4-2-2}$$

Ⅱ类井二项式产能方程:

$$p_e^2 - p_{wf}^2 = 157.32q_g + 6.55q_g^2 \tag{4-2-3}$$

Ⅲ类井二项式产能方程：

$$p_e^2 - p_{wf}^2 = 651.61 q_g + 144.48 q_g^2 \qquad (4-2-4)$$

根据二项式方程分别建立不同类型气井的采气指示曲线。Ⅰ类井合理配产为 $1.9 \times 10^4 \text{m}^3/\text{d}$，Ⅱ类井合理配产为 $0.85 \times 10^4 \text{m}^3/\text{d}$，Ⅲ类井合理配产为 $0.54 \times 10^4 \text{m}^3/\text{d}$（图4-2-15、图4-2-16、图4-2-17）。按照Ⅰ类井、Ⅱ类井、Ⅲ类井比例加权计算，井均合理配产为 $0.90 \times 10^4 \text{m}^3/\text{d}$。

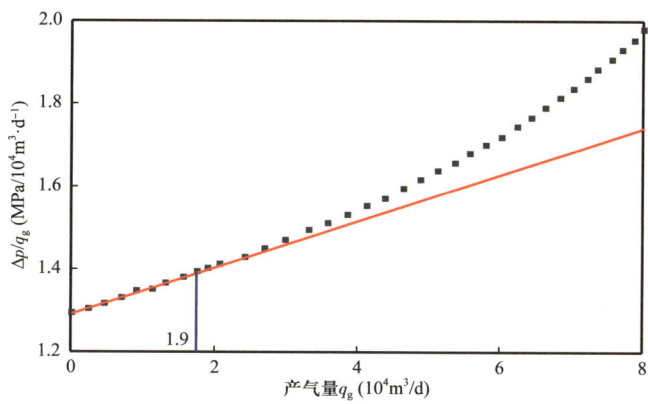

图4-2-15　苏里格75区Ⅰ类井采气指示曲线

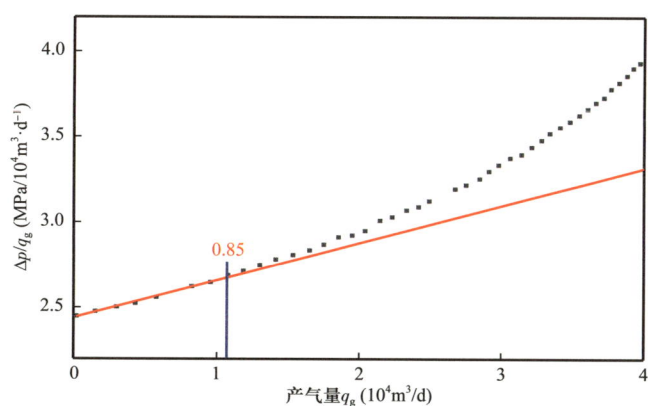

图4-2-16　苏里格75区Ⅱ类井采气指示曲线

六、产量不稳定法

通过RTA动态分析软件，以气井稳产3年为条件，进行配产预测。Ⅰ类井合理配产为 $1.94 \times 10^4 \text{m}^3/\text{d}$，Ⅱ类井合理配产为 $0.86 \times 10^4 \text{m}^3/\text{d}$，Ⅲ类井合理配产为 $0.55 \times 10^4 \text{m}^3/\text{d}$。加权井均合理配产为 $0.91 \times 10^4 \text{m}^3/\text{d}$（图4-2-18）。

根据试采井多种方法的综合配产结果，Ⅰ类井合理配产为 $1.90 \times 10^4 \text{m}^3/\text{d}$，Ⅱ类井合理配产为 $0.86 \times 10^4 \text{m}^3/\text{d}$，Ⅲ类井合理配产为 $0.54 \times 10^4 \text{m}^3/\text{d}$，多方法综合配产为 $0.9 \times 10^4 \text{m}^3/\text{d}$（表4-2-4）。

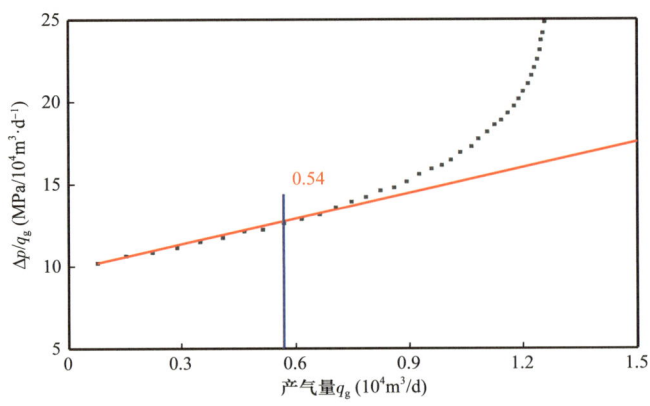

图 4-2-17　苏里格 75 区Ⅲ类井采气指示曲线

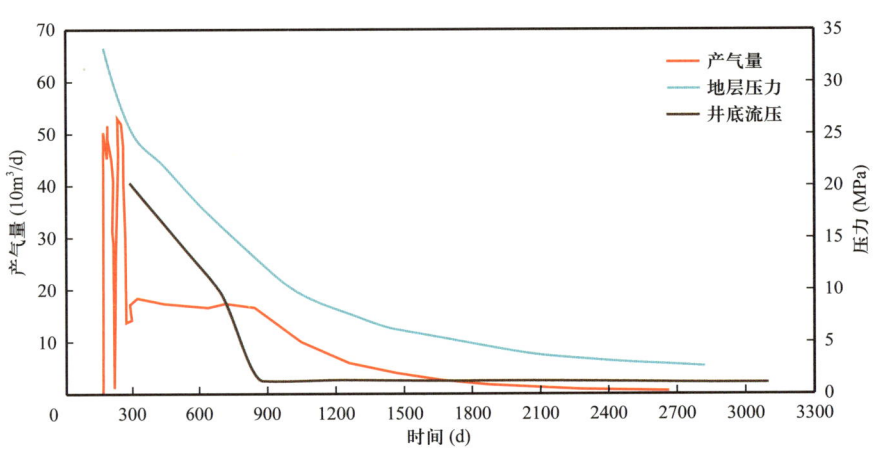

图 4-2-18　苏 7×-6×-× 井产量不稳定法分析结果

表 4-2-4　不同类型井各计算方法合理配产评价结果表　　　　单位：$10^4 m^3/d$

分类	压降速率法	动态数据折算法	采气指数法	产量不稳定法	平均
Ⅰ类井	1.83	1.87	1.9	1.94	1.89
Ⅱ类井	0.86	0.88	0.85	0.86	0.86
Ⅲ类井	0.52	0.54	0.54	0.55	0.54
加权平均	0.88	0.90	0.90	0.91	0.90

第三节　间开井生产管理

苏 75 区块采取定压、定时、复合排水采气三种管理模式，采用短开长关、长开短关、长关长开和短开短关四种制度。将间开井细化为 8 个小类，并定期重新评价，提升措施针对性（表 4-3-1）。

表 4-3-1　间开井治理策略

类别	名称	成因分析	建议措施类型
第一类	普通积液型	携液能力变差，油套管均有积液情况	套管注泡排剂，启动时油管投棒，平稳后停止投棒
第二类	套管快速积液型	开井初期产液量高，气量低于临界携液量时，套管快速积液，关井后套管液体返回油管，压力快速平衡	柱塞，远程开关井
第三类	油管积液型	生产时产液随气流进入油管，部分液体带出地面，随着产量降低，大量液体滑脱回落至油管，套压相对较高，可以举托油管液面，液柱产生压差，油压恢复难	关井时进行油管投棒作业，关井后观察油压恢复情况，平衡时开井，开井过程套管注泡排剂
第四类	水淹停喷型	长期产液，未得到有效治理，油管液柱已接近井口，导致油套压差值过大	关井后油管投棒，倒油套平衡或进行气举或井口负压排液等强排措施，激活生产后，采取其他排水采气措施进行复合间开生产
第五类	回压敏感型	生产压差变小，井筒流体流速降低，产量降低。产液气井此时井筒开始积液，间开操作不能大量携液	压缩机运转时期，提高开井时率。梳理回压敏感型气井分布情况，对集气干管进行整体降压排液，提高气井产量
第六类	自身间出型	井筒液柱压力和地层压力的动态平衡阶段，井筒液压力高于地层压力时，表现为停喷，当地层压力恢复到一定程度，超过液柱压力时，发生携液间喷	在间喷之后的平静期，进行投棒作业，套管注剂，辅助气井排液，延长生产时间
第七类	产能不足型	近井地带能量不足，产能供给有限	采取长关短开策略，区块整体调产时，可以进行关井，作为下次提产的备用井
第八类	油套不通型	套管堵塞或有顶层封隔器，使油套管不通	进行套管解堵，老井套压降至安全范围以后取出封隔器或进行上部油管打孔

一、普通积液型

这类井在生产过程中套压上升，关井后油套压不能平衡，油压恢复慢。普通积液型气井是连续生产气井转入间开生产阶段后的初始形态，此时进行人工干预，采取短关长开的方式进行间歇生产，结合机动性泡排进行辅助，可以延长生产周期，提高单井产量（图 4-3-1）。

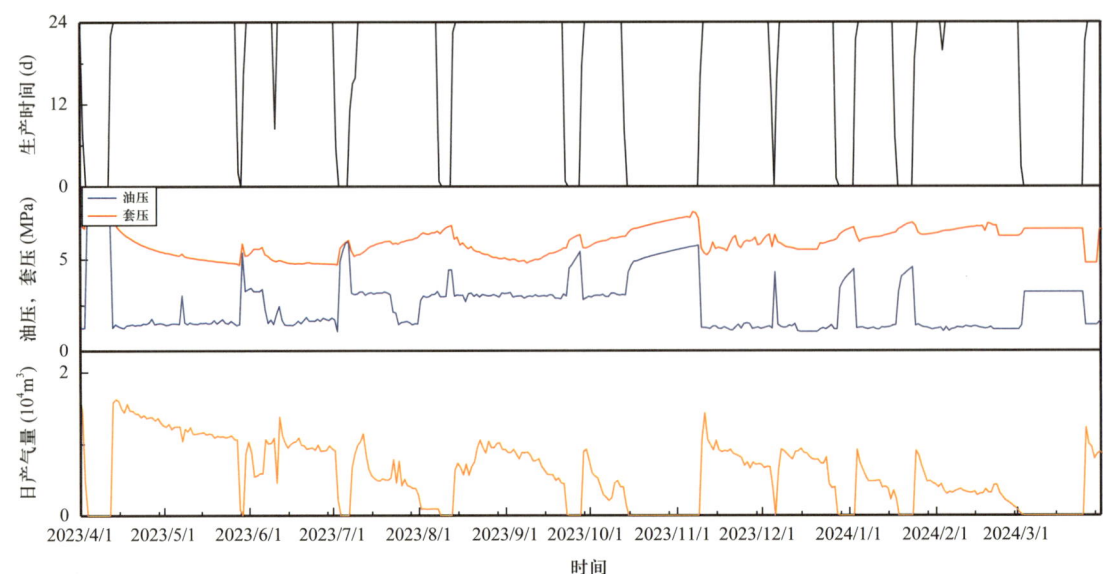

图 4-3-1　苏 7×-6×-3× 井日生产数据

苏 7×-6×-3× 井开井期间，生产套压明显上升，井筒积液，日产气量大于 $0.8×10^4m^3$，携液能力较强，通过短关常开的周期生产方式能够持续生产，该井现场采取关井 3 天复压，油压恢复至 5MPa 即可开井生产。

二、套管快速积液型

这类井在开井初期液量和气量较高，套压先快速下降，短时间生产后套压快速上涨，产量下降快，关井后油套压快速恢复平衡（图 4-3-2）。

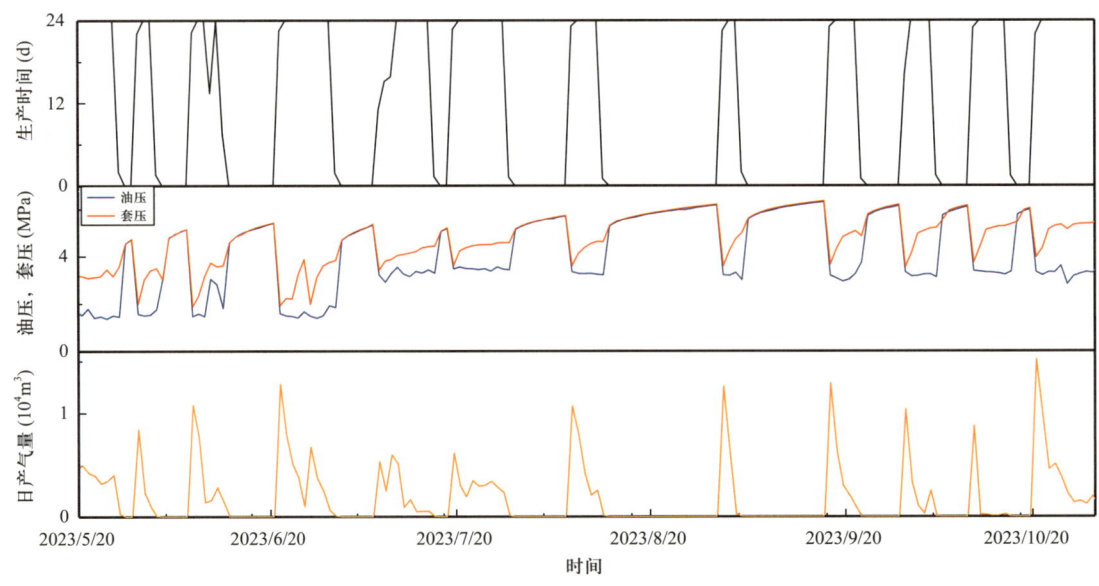

图 4-3-2　苏 7×-7×-2× 井日生产数据

例如苏 7×-7×-2× 井，生产期间表现为油套压同时快速下降后，套压上升明显，积液程度严重，产气量快速下降。该井间开采用定压恢复制度，开井周期 5～10d，气量降为零关井复压，套压恢复大于 6MPa 后开井。针对这类井下步采用智能远程开关井技术和柱塞工艺，提高有效生产时间，保证增气量。

三、油管积液型

这类气井开井后套压平稳，关井后油套压不能平衡，油压恢复慢，关井后测液面显示油管液面明显上升，套管无明显变化（图 4-3-3）。

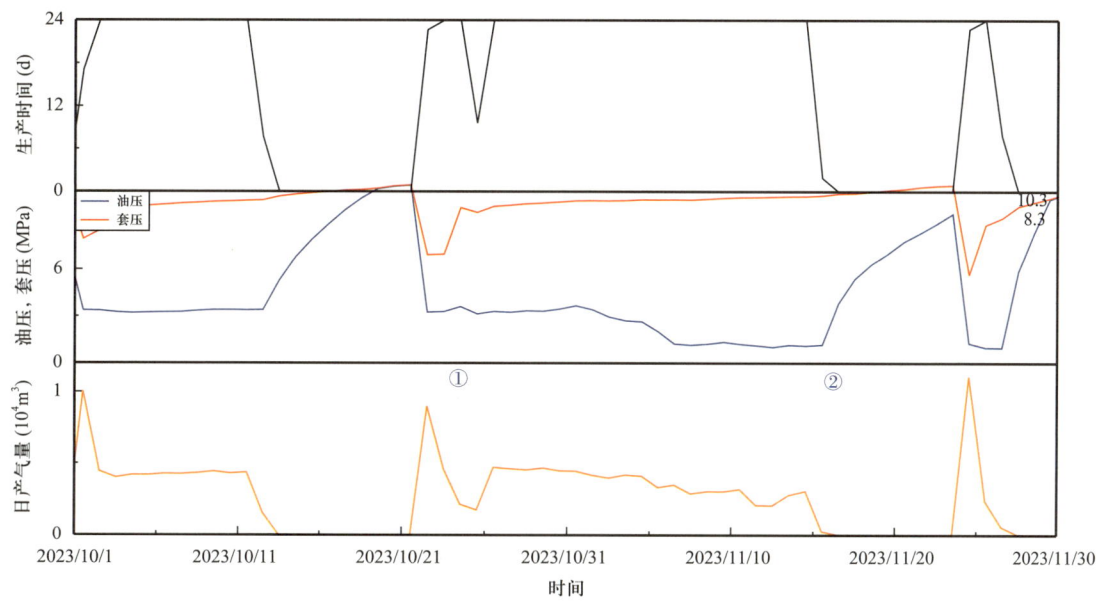

图 4-3-3　苏 7×-8×-3× 井日生产数据

例如苏 7×-8×-3× 井，2023 年 10 月 22 日测试液面，油管液面为 1750m，套管液面为 2400m；11 月 16 日测试液面，油管液面为 1440m，套管液面为 2420m。反映出油管液面快速上升，第二次关井期间，油压恢复明显减缓。此类井需要采取措施排出油管积液，关井复压时油管投棒，等压力接近平衡时开井，开井时进行套管注起泡剂，可以起到油管排液的效果，从而延长气井连续生产时间，提高气井产量。

四、水淹停喷型

这类气井长时间关井油套压不能平衡，油管液面较高，套压较高，开井后不能正常生产，关井后油压无变化（图 4-3-4）。这类水淹停喷井，常规泡排、柱塞和间开工艺无法保证恢复生产。

例如苏 7×-4×-3× 井属于水淹停喷井，生产困难，在进行间开复合泡排、气举强排等措施后，取得了阶段性的效果，油压升高，产气量得到大幅提升，为后续水淹停喷井治理提供了经验参考。

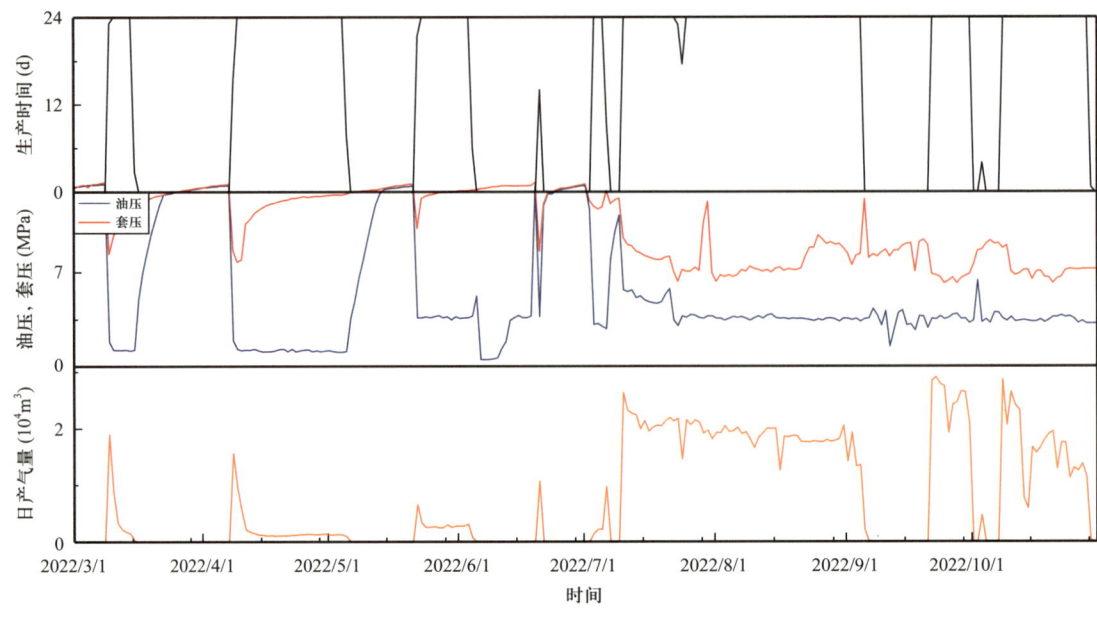

图 4-3-4　苏 7×-4×-3× 井日生产数据

五、回压敏感型

这类气井在生产过程中受井口回压变化影响明显，特别是压缩机停机后，停喷关井油套压平衡后再开井，产量不能恢复。苏 75 区块夏季压缩机停机，井口回压可达到 3.5MPa，冬季压缩机运行时井口压力在 1.0MPa 左右，因此夏季生产时区块部分气井产量较低，易形成积液，造成产量降低（图 4-3-5）。

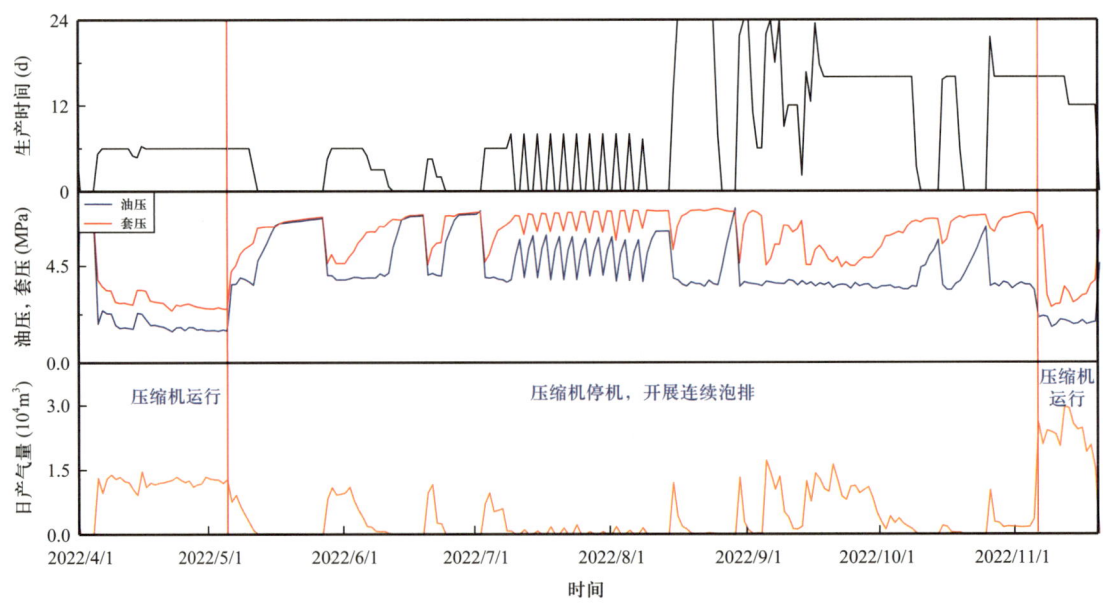

图 4-3-5　苏 7×-6×-2× 井日生产数据

例如苏7×-6×-2×井，压缩机运行期间，油压降至 1.5MPa，日产气 $1.2\times10^4m^3$ 以上；压缩机停运期间，不能连续生产，实施泡排措施，实现短期连续生产。这类井通过提高压缩机运转阶段的开井时率，停机后开展连续泡排实现稳定生产。

六、自身间出型

这类气井生产过程有规律的间歇产水，通常表现为水气同产，间歇产水阶段所属集气干管整体压力上升。随着生产持续，间歇产水周期变长，频次变小，直至停喷。

例如苏7×-8×-2×井，开井后间喷生产，间喷周期逐渐延长。这部分气井生产过程中间歇性明显，安全措施有保证时，会有较好的生产效果。但是随着生产持续间歇效果变差，周期拉长，在间歇生产平静期，可采取泡沫排水采气方式促进排液（图4-3-6）。

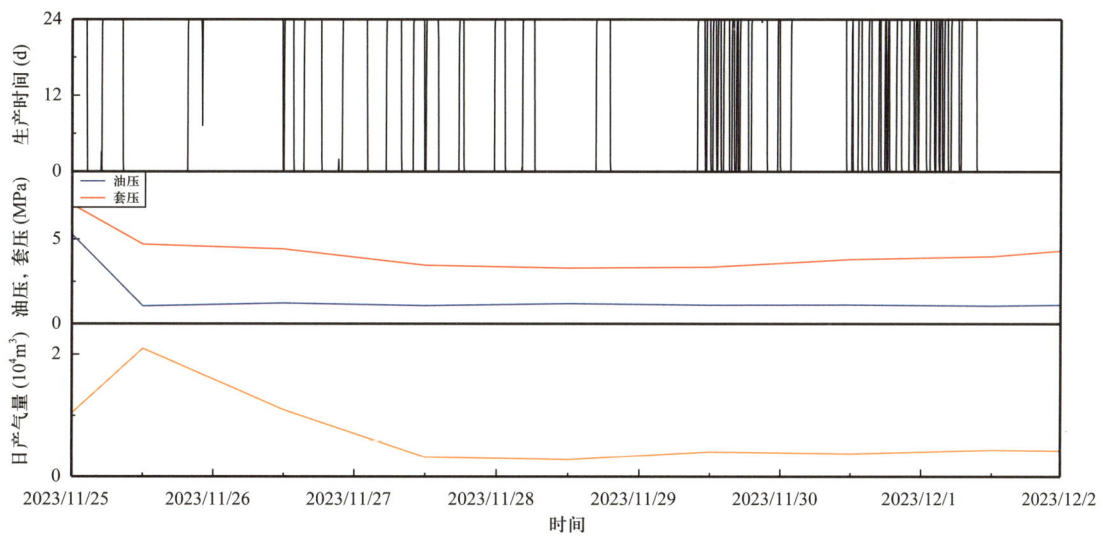

图 4-3-6　苏7×-8×-2×井日生产数据

七、产能不足型

这类气井开井后瞬时产量高，但不能持续生产。随着压力降低，油套压均接近系统压力，产量接近于0。如苏7×-6×-×井，采用长关短开制度，开井5天，关井25天，能够维持生产（图4-3-7）。

八、油套不通型

这类气井生产过程中套压无明显变化，在进行套管放空后，压力恢复慢，注剂或举升作业时出现憋压情况（图4-3-8）。

例如苏7×-6×-×井投产初期套压低，判断反循环滑套未打开，油套不通；2022年9月打捞节流器失败，下砸至3180米。为在节流器之上形成新的气流通道，分别在3006m、3008m、3015m、3017m油管打孔，打孔前油压为0，套压为4.65MPa，打孔后通过复合措施，日增气 $3\times10^4\sim6\times10^4m^3$。

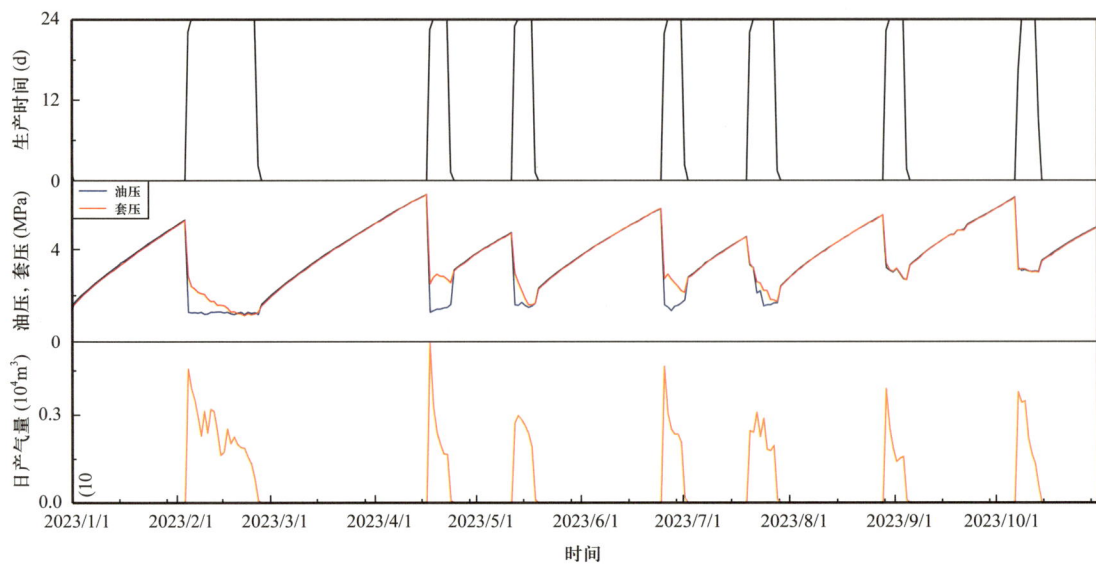

图 4-3-7　苏 7×-6×-× 井日生产数据

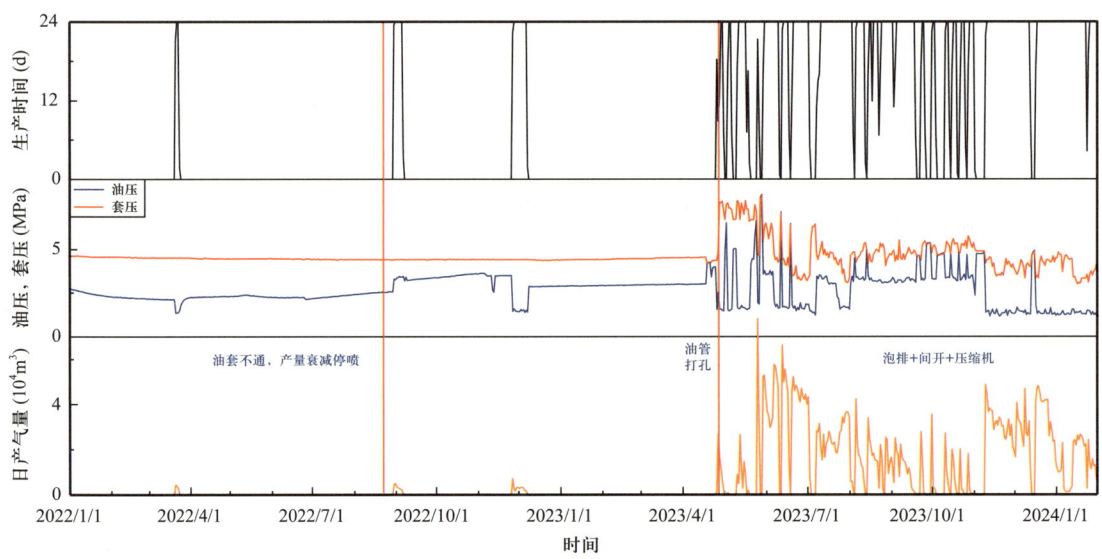

图 4-3-8　苏 7×-6×-× 井日生产数据

第五章　致密砂岩气藏产量递减分析技术

第一节　致密气产量递减分析方法

致密气产量递减的主要原因之一是储层应力敏感性的影响。随着气体采出和地层压力的下降，储层所受的有效应力逐渐增大，导致储层的孔隙空间受到压缩。这种压缩使得孔隙、裂缝和喉道缩小或闭合，进而使孔隙度和渗透率不断降低。这种应力敏感性的存在，使得致密气产量在开采过程中逐渐递减。苏75区块目前产量递减的分析方法主要有统计学经验法和现代产量递减分析方法。

一、统计学经验法

1. Arps 递减模型

Arps 产量递减曲线分析法是美国人 J. J. Arps 于 1945 年提出的，它是基于 R.Arnold 和 R. Anderson 于 1908 年建立的产量递减的概念而产生的。Arps 在现场数据统计分析的基础上，提出了油气井产量递减的 3 种递减模型，该方法利用产量与时间的关系，将油气井的递减类型分为指数递减、双曲递减和调和递减三种。指数递减是指产量随时间以指数形式下降，递减速度较快；双曲递减则是产量随时间以双曲函数形式下降，递减速度介于指数递减和调和递减之间；调和递减则是产量随时间以调和函数形式下降，递减速度较慢。这些递减类型反映了致密气产量在不同开采阶段的变化特征。

1）指数递减模型

该模型的数学表达式为

$$q = q_i e^{-a_i t} \tag{5-1-1}$$

式中　a_i——初始递减率，无量纲；
　　　q_i——初始产气量，m^3/d；
　　　q——产气量，m^3/d；
　　　t——时间，d。

对式（5-1-1）左右两边取对数得

$$\lg q = \lg q_i - \frac{a_i t}{2.303} \tag{5-1-2}$$

从式（5-1-2）可看出，产量的对数和时间呈线性关系，斜率为 $\dfrac{a_i}{2.303}$，截距为 $\lg q_i$。根据指数递减模型，可进一步得到产气量和累积产气量间的关系：

$$q = q_i - a_i N_p \tag{5-1-3}$$

式中 N_p——累积产气量，m^3。

需要说明的是此时递减指数 $n=0$，递减率 a 为常数。

2）双曲递减模型

该模型的数学表达式为

$$q = q_i (1 + na_i t)^{-\frac{1}{n}} \tag{5-1-4}$$

式中 n——递减指数。

进一步整理可得到：

$$\left(\frac{q_i}{q}\right)^n = 1 + na_i t \tag{5-1-5}$$

产量和累积产气量间的关系为

$$N_p = \frac{q_i}{a_i(1-n)}\left[1 - \left(\frac{q_i}{q}\right)^{n-1}\right] \tag{5-1-6}$$

此时递减率 $a = a_i\left(\dfrac{q}{q_i}\right)^n$，递减指数：$0<n<1$。

3）调和递减模型

该模型的数学表达式为

$$q = q_i(1 + a_i t) \tag{5-1-7}$$

产量和累积产气量间的关系为

$$N_p = \frac{q_i}{a_i}\ln\frac{q_i}{q} \tag{5-1-8}$$

该式进一步整理可得到产量和累积产气量间的线性关系：

$$\lg q = \lg q_i - \frac{a_i}{2.303 q_i} N_p \tag{5-1-9}$$

此时递减率 $a = a_i \dfrac{q}{q_i}$，递减指数：$n=1$。

以上即是完整的 Arps 递减模型，该模型在现场被普遍广泛使用，同时也是统计学递减模型中最具有代表性的。

2. Logistic 产量递减模型

Logistic 产量递减分析模型是美国学者 Hubbert 在 1962 年提出的逻辑推理曲线预测方法，该方法又称为哈伯特模型。该模型的渗流力学形式数学公式为

$$q = q_i \frac{1+a}{a + e^{(1+a)D_i t}} \qquad (5-1-10)$$

式中 D_i——递减率；

a——渗流系数，该参数为气液两相中相渗系数。

气相有效渗透率与含水饱和度关系可用式（5-1-11）表示：

$$K_{w(S_{wd})} = a(1 - S_{wd})^b \qquad (5-1-11)$$

式中 $K_{w(S_{wd})}$——气相有效渗透率；

S_{wd}——含水饱和度；

a 和 b——系数。

累积产气量与产量的关系可表示为

$$N_p = \frac{q_i}{aD_i} \ln\left(1 - \frac{aq_t}{q_i}\right) \qquad (5-1-12)$$

另外当 Logistic 模型中 a 趋于 0，即地层中只有气相单相流动时，Logistic 递减模型就与 Arps 模型中指数递减模型一致。

3. 广义递减模型

目前国内外研究者提出了许多产量递减模型，这些模型都在油气田的实际生产中得到了广泛应用。但这些实际的递减模型都有自身的适用条件，这导致模型应用受到限制。为了综合应用这些模型的优点，国内外学者提出了广义递减模型分析方法。模型基本的数学表达式为

$$q = \frac{q_i}{\left(at^2 + mD_i t + 1\right)^{\frac{1}{m}}} \qquad (5-1-13)$$

式中 m——分析系数。

若令 $a=0$，$m=n$，则广义递减模型可以转化为 Arps 递减模型中的双曲递减模型格式。

此外，基于统计学理论的递减模型还有如：Matthews–Leflcovits 递减模型、Joshi 递减模型、Weible 递减模型、Gomperts 递减模型等。而目前基于统计学的递减模型应用最为广泛的是 Arps 模型。别的模型经过一定变化也可以转化为 Arps 模型的基本格式。

二、现代产量递减分析方法

现代产量递减分析方法采用"标准曲线"进行拟合分析，其中"标准曲线"是在求解渗流力学模型的基础上绘制的解析图形。递减标准曲线分析法是利用生产数据拟合，由渗流模型计算绘制的标准曲线，从而得到有关气井的地层参数信息（包括渗透率、动态储量、油气井表皮系数等），并利用这些参数建立起递减模型。用于预测分析油气井的生产趋势。现代产量递减分析方法与统计学经验法不同之处在于：现代产量递减分析方法是建

立在渗流方程基础上，考虑了产量和压力间的关系；而统计学经验法是只建立在生产数据统计基础上的，未考虑产量和压力间的关系。可以说现代产量递减分析方法是油气井产量递减分析方法的进步，而统计学经验法称为传统产量递减分析技术。

目前，苏75区块应用较广的现代产量递减分析方法主要包括：Fetkovich、Blasingame、Agarwal-Gardner等特征曲线方法。

1. Fetkovich递减标准曲线

Fetkovich于1973年结合物质平衡方程和Arps递减模型，提出了采用特征曲线分析产量递减。

Fetkovich第一次将典型曲线（原来仅用于试井分析）的概念扩展到生产数据分析。Fetkovich法使用同样的Arps递减部分来分析边界控制流，使用定压力典型曲线（最初由VanEverdingen和Hurst研发）分析瞬变产量（图5-1-1）。

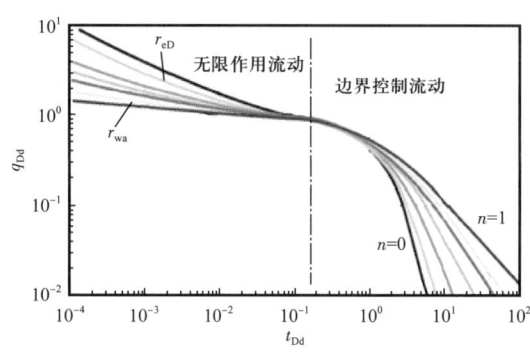

图5-1-1　Fetkovich递减标准曲线

Fetkovich的数学模型是假设在一定的封闭泄流面积内，以定压生产的直井不稳定径向渗流数学模型为

$$\frac{\partial^2 p_D}{\partial r_D^2} + \frac{1}{r_D}\frac{\partial p_D}{\partial r_D} = \frac{\partial p_D}{\partial t_D} \tag{5-1-14}$$

式中　p_D——压力，无量纲；

r_D——半径，无量纲；

t_D——时间，无量纲。

其求解条件为

$$\frac{\partial p_D(r_{eD},0)}{\partial r_D} = 0$$

$$p_D(r_D,0) = 0$$

$$p_D(1,t_D) = 1$$

$$\left[r_D\frac{\partial p_D}{\partial r_D}\right]_{r_D \to 1} = -q_D(t_D)$$

其中的无因次量形式为

$$p_D = \frac{p_i - p}{P_i - P_w} \tag{5-1-15}$$

$$t_D = \frac{3.6kt}{f\mu C_t r_w^2} \tag{5-1-16}$$

$$r_D = \frac{r_e}{r_w} \qquad (5-1-17)$$

$$q_D = \frac{1.842 \times 10^{-3} q \mu B}{kh(p_i - p_w)} \qquad (5-1-18)$$

假设井底压力恒定，则可得到拉普拉斯空间解为

$$\tilde{q}_D = \frac{1}{\sqrt{s}} \frac{K_1(\sqrt{s}) - I_1(\sqrt{s})\dfrac{K_1(r_{eD}\sqrt{s})}{I_1(r_{eD}\sqrt{s})}}{K_0(\sqrt{s}) + I_0(\sqrt{s})\dfrac{K_1(r_{eD}\sqrt{s})}{I_1(r_{eD}\sqrt{s})}} \qquad (5-1-19)$$

对该式进行拉式空间反演，可得到径向流模型在实时域的解：

$$q_D(t_D) = \frac{1}{\ln\left(r_{eD} - \dfrac{3}{4}\right)} \exp\left[-\frac{2t_D}{r_{eD}^2\left(\ln r_{eD} - \dfrac{3}{4}\right)}\right] \qquad (5-1-20)$$

综合考虑瞬间或无限作用流动状态及边界控制流动状态，求解渗流方程，建立产量—时间标准曲线。

Fetkovich 递减标准曲线法采用外界泄流区半径与井筒半径比值反映瞬间流动特征，即不稳定流动阶段，结合 Arps 递减常数 b 来反映拟稳定流动状态的特点，其中 $b=0$ 表示指数递减，$b=1$ 表示调和递减，$0<b<1$ 表示双曲线型递减。

Fetkovich 递减曲线法克服了 Arps 递减分析法仅能够用于拟稳定生产数据的弱点，但不能分析存在多次关井及变井底压力的生产数据。

2. Blasingame 递减标准曲线法

Blasingame 递减曲线法的基本思路是以采油指数或采气指数形式综合表示压力、产量数据，并且通过引入拟等效时间屏蔽产量、压力波动影响，将其等效为定流量生产数据（图 5-1-2），然后再利用类似试井的典型曲线拟合方法进行拟合。定义物质平衡生产时间、流量函数、流量积分函数、流量积分导数函数（对数导数），形成诊断曲线（图 5-1-3）。

Blasingame 递减标准曲线法中各参数定义如下：

（1）拟压力。

$$p_p = \frac{\mu_{gi} z_i}{p_i} \int_{p_i}^{p} \frac{p}{\mu_g z} \mathrm{d}p \qquad (5-1-21)$$

式中　p_p——拟压力，MPa；
　　　μ_{gi}——初始气体黏度，mPa·s；
　　　μ_g——气体黏度，mPa·s；
　　　p_i——原始压力，MPa；
　　　p——压力，MPa；

z_i——初始气体偏差系数,无量纲;
z——气体偏差系数。

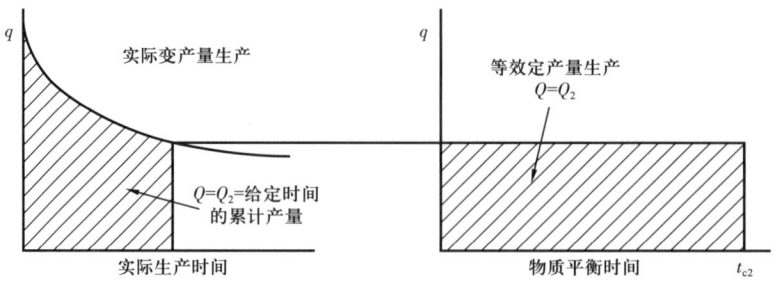

图 5-1-2　变产量/压力转化为定流量生产

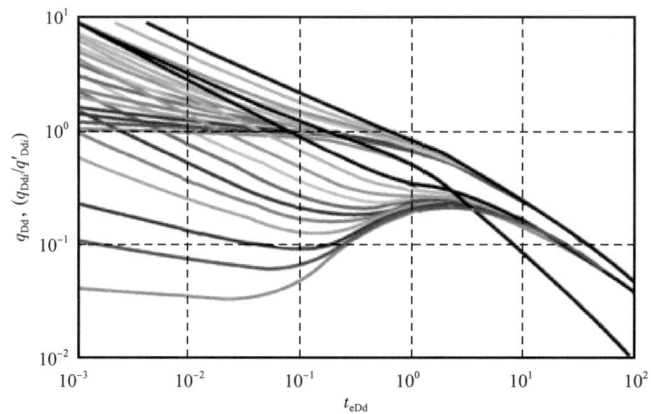

图 5-1-3　Blasingame 递减标准曲线

(2)物质平衡拟时间。

$$t_e = \frac{\mu_{gi} c_{ti}}{q(t)} \int_{t_0}^{t} \frac{q(t)}{\mu_g(\overline{p}) c_t(\overline{p})} dt \qquad (5-1-22)$$

式中　$q(t)$——物质平衡时间的产量,m^3/d;
　　　c_t——岩石压缩系数,MPa^{-1}。

(3)标准化时间。

$$PI(t) = \frac{q(t)}{p_i - p_{wf}(t)} \qquad (5-1-23)$$

式中　$PI(t)$——无量纲时间。

(4)标准化产量积分。

$$PI(INt) = \frac{1}{t_e} \int_{t_0}^{t} \frac{q(\tau)}{p_i - p_{wf}(\tau)} d\tau \qquad (5-1-24)$$

式中　$PI(INt)$——无量纲产量积分;

p_{wf}——井底流压，MPa；
t_e——物质平衡拟时间，h。

（5）标准化产量积分导数。

$$PI(INtQ) = \frac{\partial(PI(INt))}{\partial lh(t_e)} \qquad (5-1-25)$$

式中 $PI(INtQ)$——无量纲积分系数；

h——地层厚度。

以下为Blasingame递减标准曲线法中标准化产量和物质平衡时间的关系曲线（图5-1-4）。

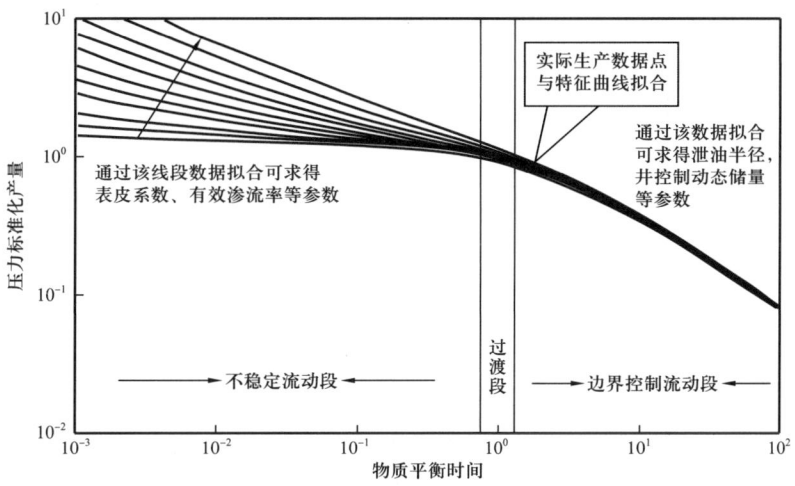

图5-1-4 Blasingame递减标准曲线分析法特征曲线

该曲线分为3段，第1段为不稳定流动段，该段数据代表流体还处于无限大地层流动阶段，通过该段曲线可以获得近井地带的相关信息，如有效渗透率和表皮系数等；第2段即过渡段，一般很少有生产数据点相对应，因为该流动期较短，该段为不稳定流动段向边界控制流动段过渡的部分；第3段为边界控制流动段，也就是拟稳态流动段，通过该段分析可以求得泄油半径以及井控制动态储量等参数。

在实际生产动态分析时，可通过产量递减分析的特征曲线方法求取储层相关参数，准确预测井的动储量及可采储量，为井采取相应提高采收率方法提供依据；同时可以对井是否需要进行措施及措施前后效果进行评价。

3. Agarwal–Gardner递减标准曲线

Agarwal–Gardner递减标准曲线的基本原理为在Fetkovich和Blasingame递减标准曲线理论基础上，求解定压或定产条件下压力不稳定解，建立无因次产量与时间图版曲线，利用类似试井的典型曲线拟合方法进行拟合。其递减标准曲线如图5-1-14所示。

以苏75区块典型井为例，分别利用Arps、Fetkovich、Blasingame、Agarwal–Gardner

递减模型分析了气井的递减规律（表5-1-1，图5-1-5～图5-1-9）预测结果中给出了各种方法预测的动态储量、表皮系数、泄流半径、裂缝半长和渗透率，从预测结果对比来看，对于开展过加砂压裂的气井，裂缝渗流特征明显，Blasingame 和 Agarwal-Gardner 模型能够提供更为丰富的分析结果。

表 5-1-1 典型井产量递减预测结果

分析方法	动态储量（$10^8 m^3$）	表皮系数	泄流半径（m）	裂缝半长（m）	渗透率（mD）
Arps	0.37				
Fetkovich	0.39	1.75	191.03		0.17
Blasingame	0.37		188.00	3.76	0.07
Agarwal-Gardner	0.37		187.58	9.38	0.06

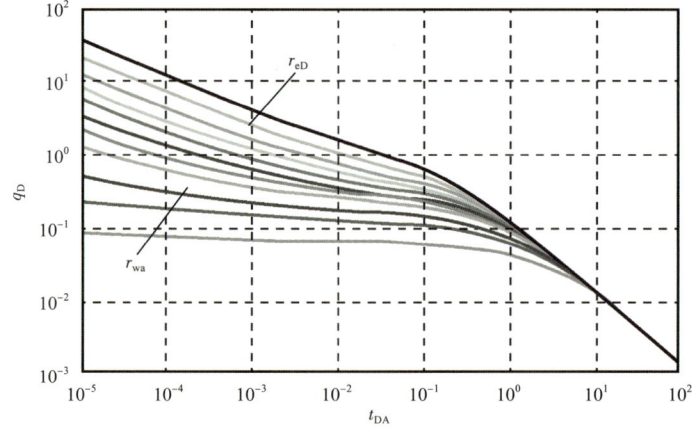

图 5-1-5 Agarwal-Gardner 递减标准曲线

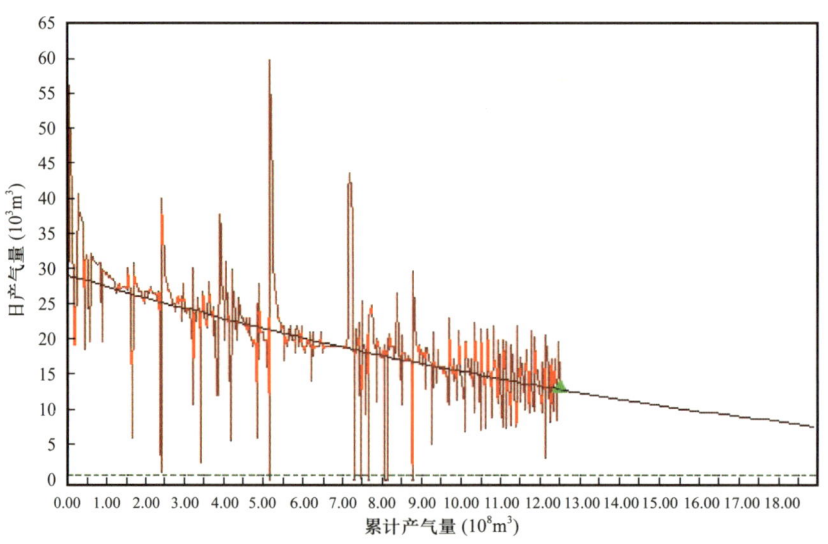

图 5-1-6 典型井 Arps 递减曲线拟合图

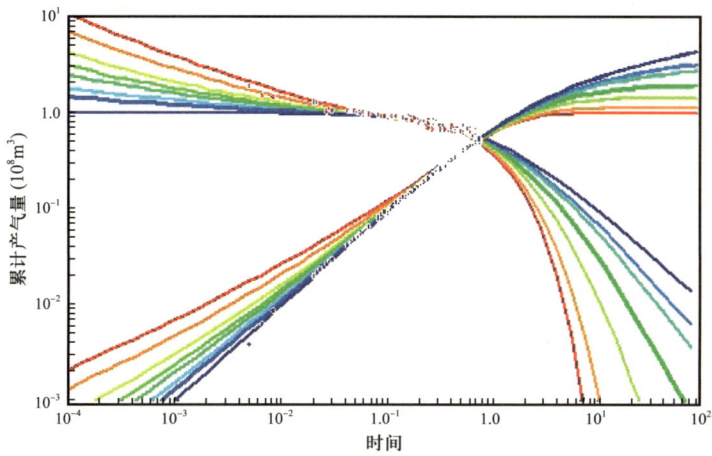

图 5-1-7 典型井 Fetkovich 曲线拟合图

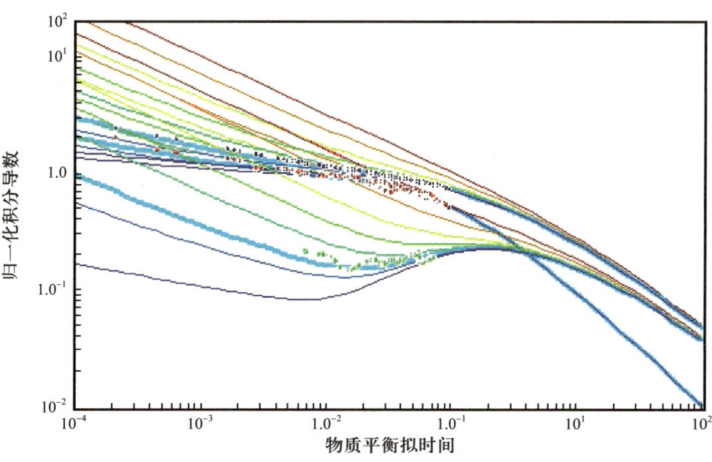

图 5-1-8 典型井 Blasingame 曲线拟合图

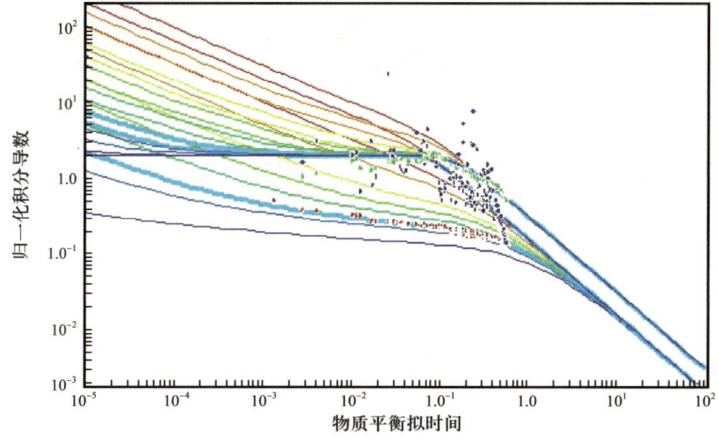

图 5-1-9 典型井 Agarwal-Gardner 曲线拟合图

以上分别简要阐述了 Fetkovich、Blasingame、Agarwal-Gardner 等递减标准曲线分析法原理和在致密气藏开发中的应用。除此之外，另外还有一些递减标准曲线分析法，如：Carter、NPI、FMB 等递减标准曲线分析法。

第二节 气井产量递减分析

苏 75 区块储层非均质性强，气井井型多样，包含了直井、定向井和水平井，气井投产时间跨度大，不同类型气井初期配产不一样，导致气井产量递减规律差异较大。本节将分类分析不同类型气井的递减规律。

一、直/定向井递减规律

通过按年度开展气井递减特征分析，明确了历年投产气井递减率（图 5-2-1）。分析表明气井表现出衰竭递减特征，不同年度投产气井递减率不同。根据历年投产气井平均单井产量和投产时间的关系，按照投产时间拉平求得气井平均递减率 12.8%（图 5-2-2）。投产前 3 年年递减率分别为 28.0%、22.1%、18.5%，前三年平均递减率为 22.8%，表现出先快后慢、逐年降低的趋势，表明低渗透气井会有较长的低产生产阶段（图 5-2-3）。

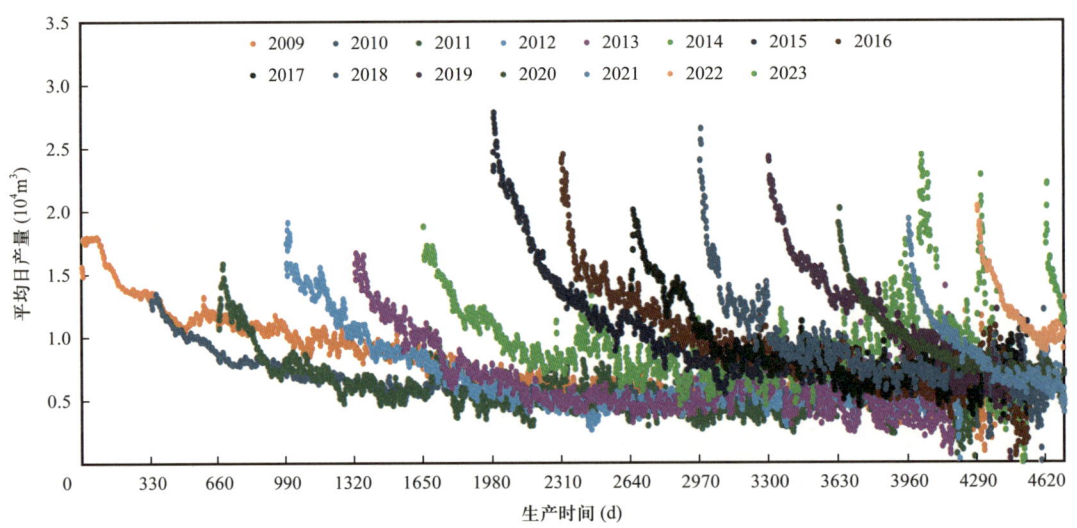

图 5-2-1 苏 75 区块分年投产井直井递减率分析

二、水平井递减规律

根据历年投产气井平均单井产量和投产时间的关系，按照投产时间拉平求得水平井平均递减率 21.6%（图 5-2-4）。投产前 3 年年递减率分别为 35.4%、29.6%、26.3%，前三年平均递减率为 30.4%，表现出先快后慢、逐年降低的趋势，表明低渗透气井会有较长的低产生产阶段（图 5-2-5）。

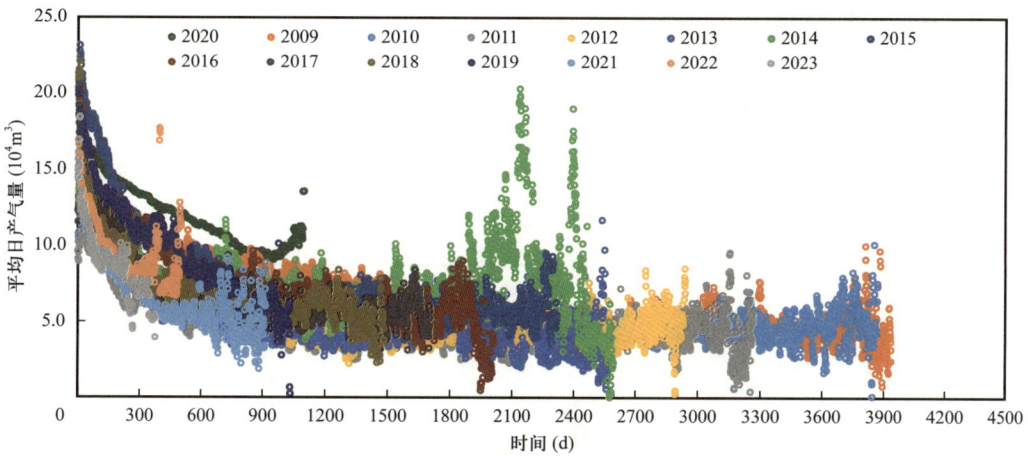

图 5-2-2　苏 75 区块分年投产直井日产曲线图

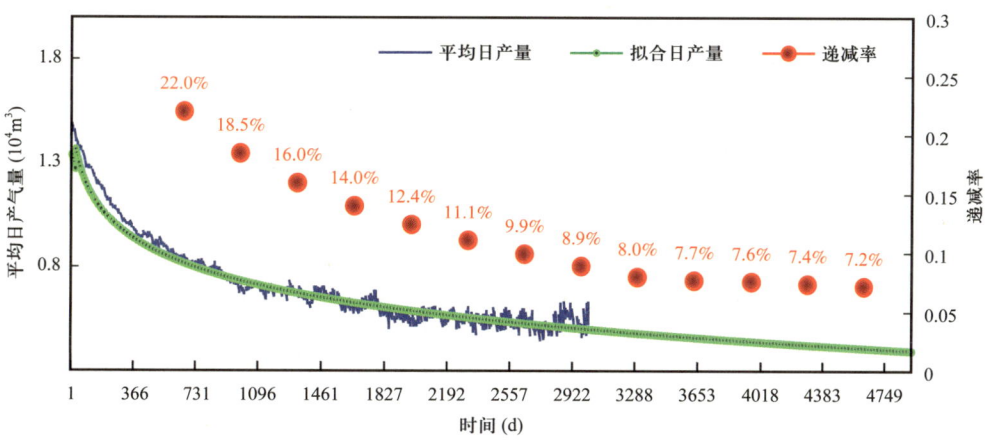

图 5-2-3　苏 75 区块直井递减率分析

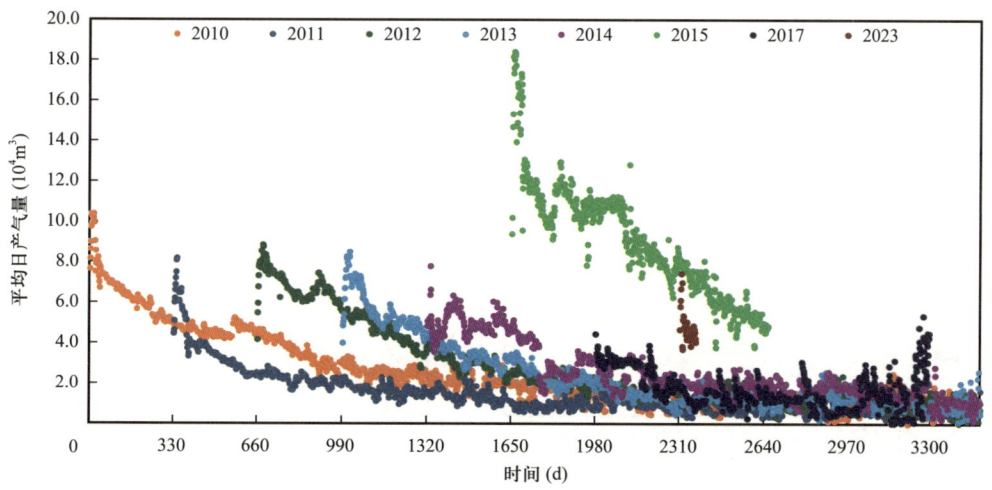

图 5-2-4　苏 75 分年投产水平井递减率分析

三、动态分类井递减规律

1. Ⅰ类井

对于动态分类的Ⅰ类井，结合单井的实际生产情况，使用 Arps 产量递减法的指数递减、双曲递减及调和递减三种递减率的预测方法对其单井的递减率进行预测。

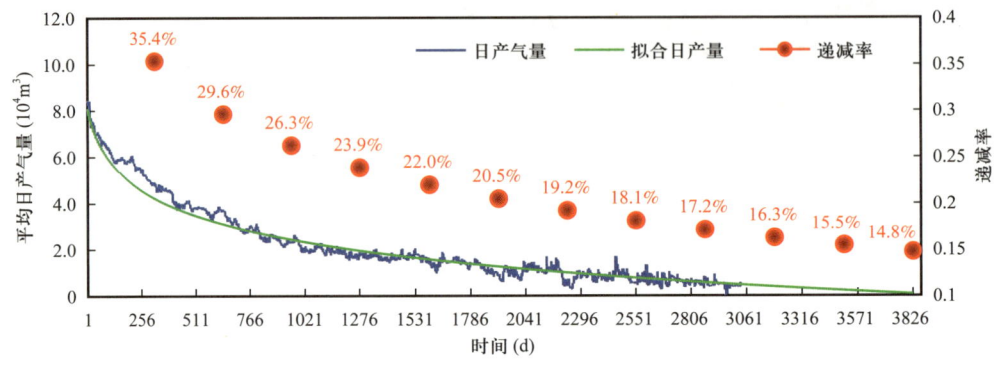

图 5-2-5　苏 75 区块水平井递减率分析

根据预测结果分析，认为Ⅰ类井调和递减法计算的单井可采储量大于流动物质平衡法计算的动态储量，递减率高，不符合实际生产情况。指数递减和双曲递减计算的结果基本一致，且符合实际生产情况（图 5-2-6，表 5-2-1）。

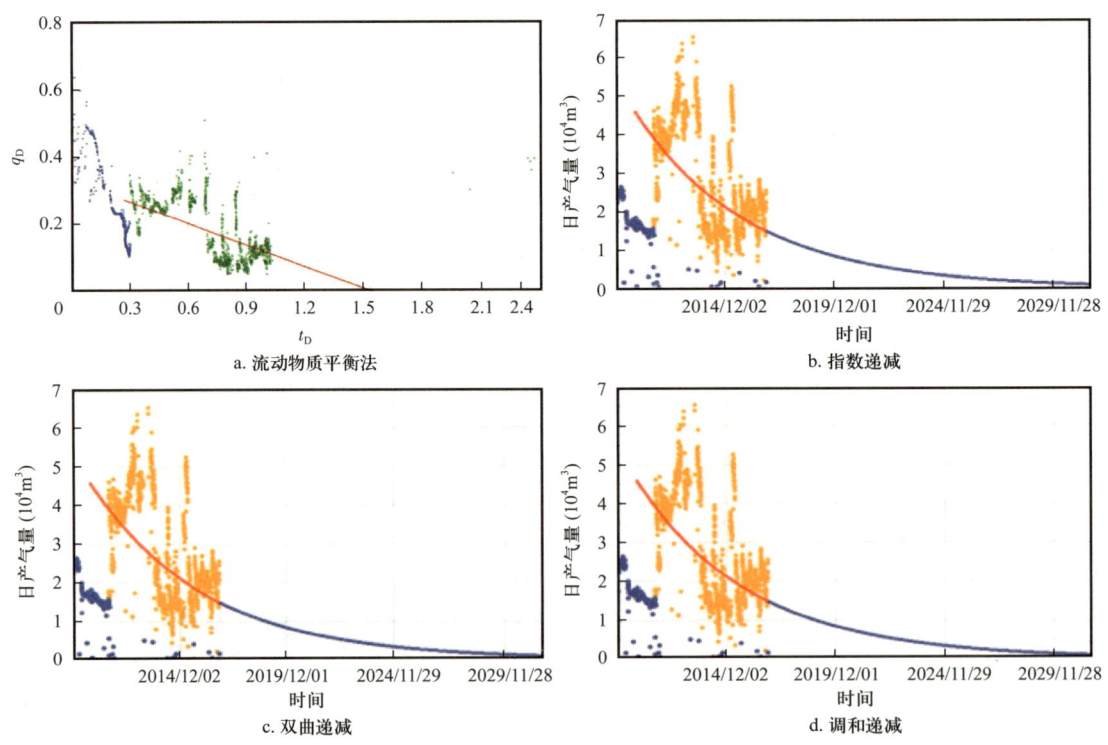

图 5-2-6　苏 7×-6×-3× 井动态储量预测图

表 5-2-1　苏 7×-6×-3× 井 Arps 法递减计算结果统计表

分类井	计算方法	动态地质储量（10^8m^3）	可采储量（10^8m^3）	累计产气量（10^8m^3）	递减指数 b	月递减率（%）	年递减率（%）
I 类井	FMB	1.55					
	指数递减		0.79	0.52	0	1.52	16.70
	双曲递减		0.80	0.52	0.01	1.53	16.76
	调和递减		1.81	0.52	1.00	3.01	26.54

2. II 类井

对于动态分类的 II 类井，结合单井的实际生产情况，使用 Arps 方法的指数递减、双曲递减及调和递减三种递减率的预测方法对其单井的递减率进行了预测。根据预测结果分析，认为 II 类井调和递减法计算的单井可采储量大于流动物质平衡法计算的动态储量，递减率高，不符合实际生产情况。指数递减和双曲递减计算的结果基本一致，且符合实际生产情况（图 5-2-7，表 5-2-2）。

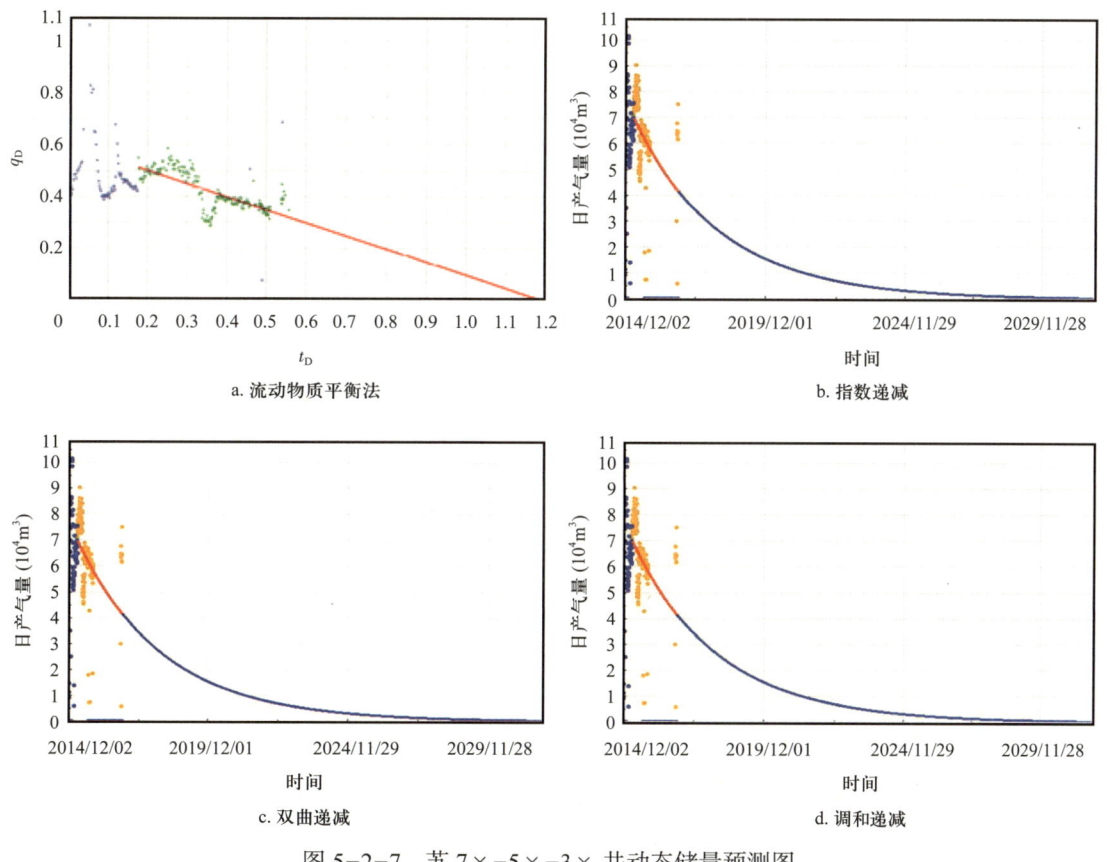

a. 流动物质平衡法　　b. 指数递减

c. 双曲递减　　d. 调和递减

图 5-2-7　苏 7×-5×-3× 井动态储量预测图

表 5-2-2　Ⅱ类井 Arps 法递减计算结果统计表

分类井	计算方法	动态地质储量（10^8m^3）	可采储量（10^8m^3）	累计产气量（10^8m^3）	递减指数 b	月递减率（%）	年递减率（%）
苏 7×-5×-3×	1.18						1.18
		0.65	0.19	0	2.61	26.86	
		0.65	0.19	0.01	2.62	26.96	
		1.23	0.19	1.00	6.70	44.55	

3. Ⅲ类井

对于动态分类的Ⅲ类井，结合单井的实际生产情况，使用 Arps 方法的指数递减、双曲递减及调和递减三种递减率的预测方法对单井的递减率进行预测。

根据预测结果分析，认为Ⅲ类井调和递减法计算的单井可采储量大于流动物质平衡法计算的动态储量，递减率大，不符合实际生产情况。指数递减和双曲递减计算的结果基本一致，且符合实际生产情况（图 5-2-8，表 5-2-3）。

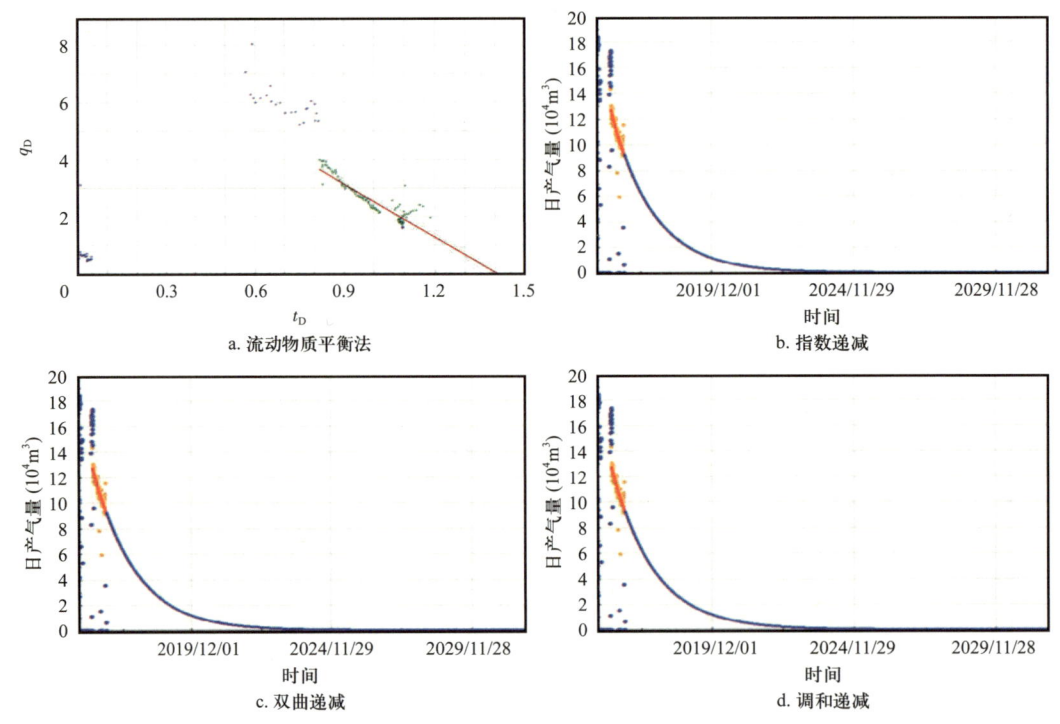

图 5-2-8　苏 7×-6×-3× 井动态储量预测图

但个别井双曲递减曲线与实际生产偏差大，指数递减曲线与实际生产相近（图 5-2-8）。因此选用指数递减法计算该区的月递减率和年递减率（表 5-2-3）。

表 5-2-3　Ⅲ类井 Arps 法递减计算结果统计表

分类井	计算方法	动态地质储量 （10^8m^3）	可采储量 （10^8m^3）	累计产气量 （10^8m^3）	递减指数 b	月递减率 （%）	年递减率 （%）
苏 7×–6×–3×	FMB	1.345					
	指数递减		0.72	0.22	0.00	5.34	47.29
	双曲递减		0.73	0.22	0.01	5.34	47.22
	调和递减		2.92	0.22	1.00	6.11	42.32

利用 Arps 指数递减法计算的单井可采储量为 $0.04 \times 10^8 \sim 1.29 \times 10^8 m^3$、合计 $17.16 \times 10^8 m^3$；单井产量月递减率为 0.43%～39.81%，单井平均月递减率为 4.88%，单井平均年递减率为 31.48%（表 5-2-3）。

而对于不同类型直/定井递减率分析表明，3 类井递减率均呈现随着开发实践延长逐渐降低的趋势。Ⅰ类井初期递减率为 23.0%，三年平均递减率 17.4%，五年平均递减率为 14.7%；Ⅱ类井储层条件较Ⅰ类井差，初期递减率为 27.3%，三年平均递减率 22.84%，五年平均递减率为 20.5%；Ⅲ类井储层条件最差，初期递减率为 39.6%，三年平均递减率 27.1%，五年平均递减率为 22.0%（图 5-2-9～图 5-2-11）。

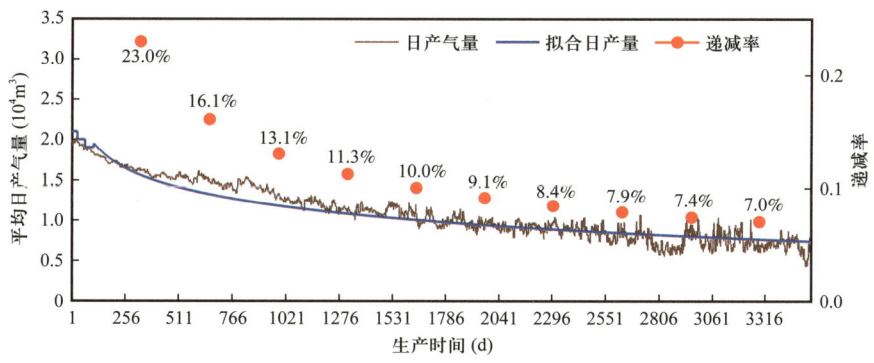

图 5-2-9　苏 75 区块Ⅰ类井生产曲线及递减率曲线

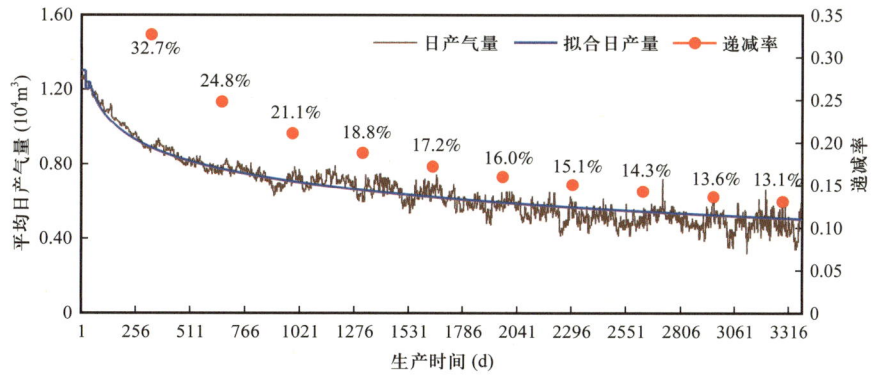

图 5-2-10　苏 75 区块Ⅱ类井生产曲线及递减率曲线

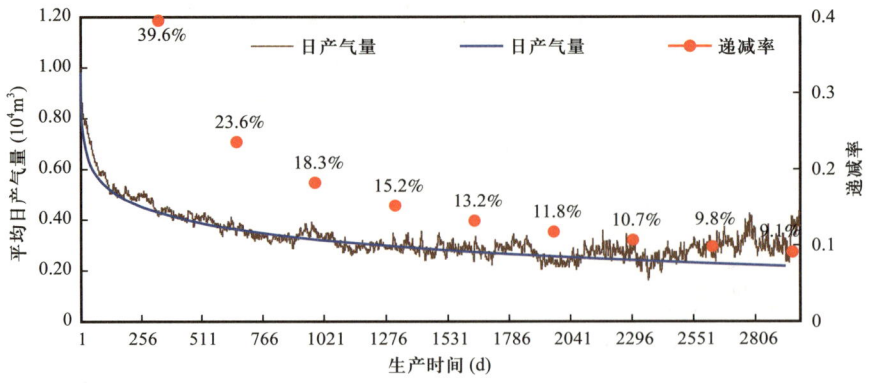

图 5-2-11 苏 75 区块 Ⅲ 类井生产曲线及递减率曲线

第六章 致密砂岩气藏储量动用评价技术

第一节 气藏地层压力评价

气藏地层压力评价是油气勘探和开发过程中的关键环节，对于了解气藏储层特性、评估产能及制定开发方案具有重要意义。在评价过程中，通常需要考虑多个因素，包括地层渗透率、孔隙度、岩石力学性质及地层流体性质等。

评价方法主要分为两类：一类是间接评价法，主要通过地质、地球物理资料进行分析，预测地层压力；另一类是直接测试法，通过实际钻井或试井过程中的实时监测数据来获取地层压力信息。在实际应用中，常用的技术手段包括地层测试器测试、电缆地层测试器测试及常规试油试气等。这些测试方法能够直接获取地层压力数据，为气藏地层压力评价提供可靠依据。

一、致密气藏地层压力变化特征

1. 不同生产方式下的地层压力变化

考虑压力敏感对气藏生产动态的影响，利用气藏数值模拟方法研究不同生产方式（定压、定产）下的地层压力变化规律。模拟气藏储层参数及控制条件如下：

（1）模型参数。有效厚度5m，孔隙度8.0%，渗透率分别取0.6mD、0.2mD、0.1mD；压裂缝半长75m，压裂缝导流能力50mD·m。

（2）控制条件。网格步长10m×10m；Ⅰ、Ⅱ、Ⅲ类井配产$2.0 \times 10^4 m^3/d$、$1.0 \times 10^4 m^3/d$、$0.6 \times 10^4 m^3/d$；废弃产量$1000m^3$；控制井底流压5MPa；预测时间15年；

（3）模拟结果对比。由于应力敏感的影响，在气井达到废弃时，应力敏感性储层地层压力要比无应力敏感性储层高，并且开采方式也有显著影响。

对于Ⅰ类井，采用定压方式生产，废弃地层压力高1.39MPa，累计采气量比无应力敏感储层少$688.66 \times 10^4 m^3$，占14.0%；采用定产方式生产，废弃地层压力高1.12MPa，累计采气量比无应力敏感储层少$325.98 \times 10^4 m^3$，占6.6%。模拟结果见图6-1-1。

对于Ⅱ类井，采用定压方式生产，废弃地层压力高2.14MPa，累计采气量比无应力敏感储层少$552.04 \times 10^4 m^3$，占15.5%；采用定产方式生产，废弃地层压力高1.98MPa，累计采气量比无应力敏感储层少$303.86 \times 10^4 m^3$，占8.6%。模拟结果见图6-1-2。

对于Ⅲ类井，采用定压方式生产，废弃地层压力高2.37MPa，累计采气量比无应力敏感储层少$346.66 \times 10^4 m^3$，占19.9%；采用定产方式生产，废弃地层压力高2.34MPa，累计采气量比无应力敏感储层少$217.31 \times 10^4 m^3$，占12.5%。模拟结果见图6-1-3。

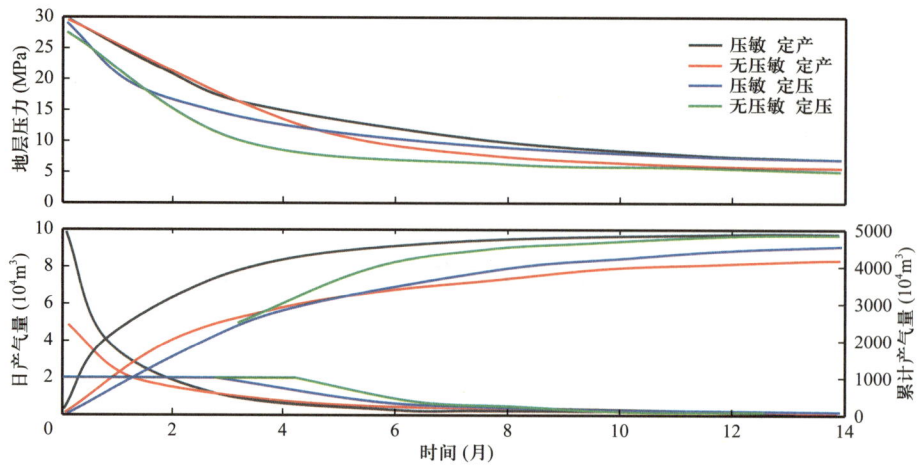

图 6-1-1　Ⅰ类井预测综合开采曲线

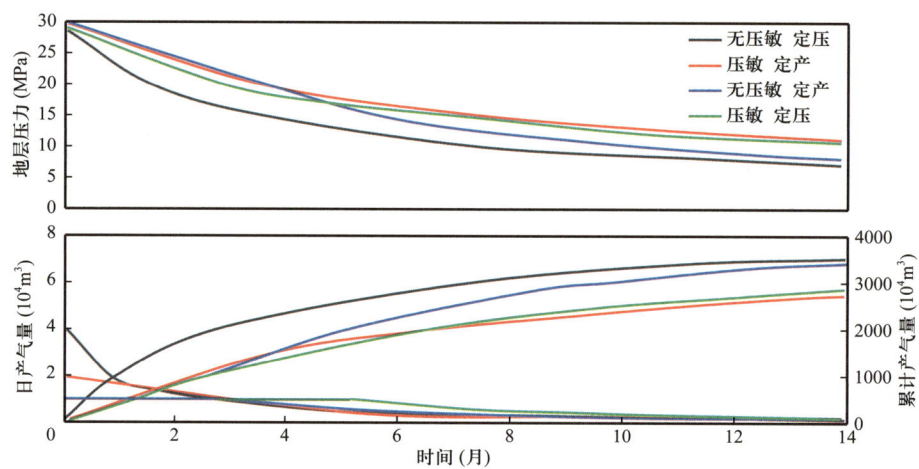

图 6-1-2　Ⅱ类井预测综合开采曲线

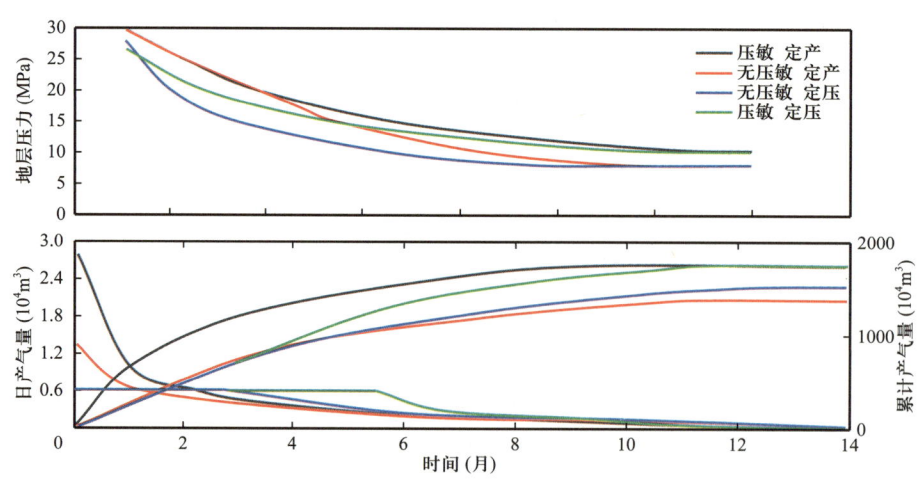

图 6-1-3　Ⅲ类井预测综合开采曲线

2. 不同采气速度下的地层压力变化

随着采气速度的增加，地层压降增大，当Ⅰ类井采气速度降至6.5%左右，Ⅱ类井采气速度降至5.9%左右，Ⅲ类井采气速度降至4.8%左右，采气速度与地层压降呈直线关系，说明当单井控制面积全部波及时，单位压降采出量趋于稳定，见图6-1-4～图6-1-6。

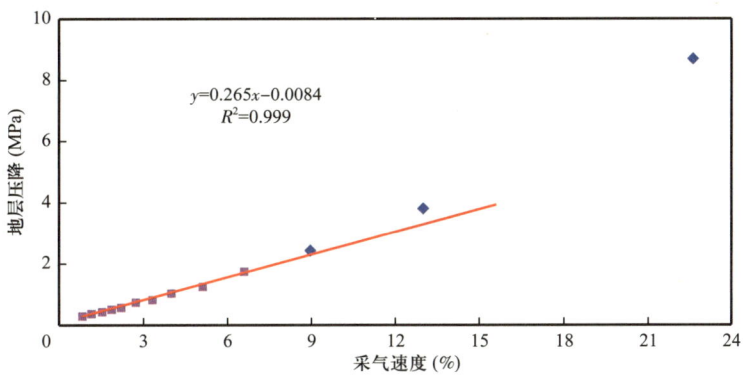

图6-1-4　Ⅰ类井采气速度和地层压降关系图

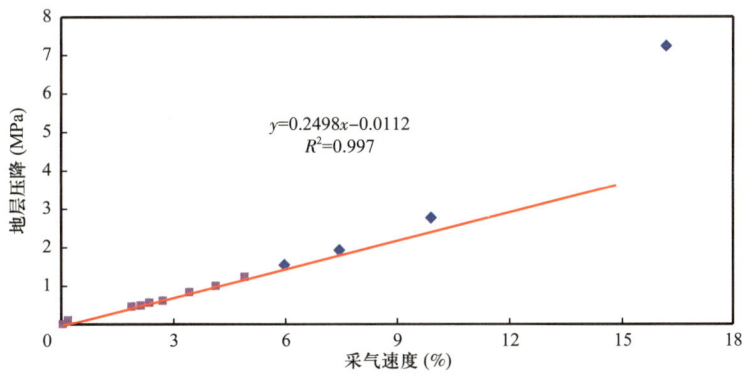

图6-1-5　Ⅱ类井采气速度和地层压降关系图

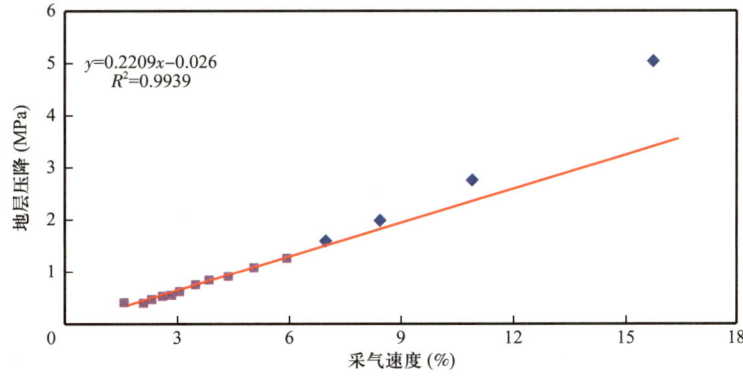

图6-1-6　Ⅲ类井采气速度和地层压降关系图

3. 不同类型井不同开发阶段地层压力变化

Ⅰ类井配产为 $2\times10^4\text{m}^3/\text{d}$，在开采初期年压降达到了 4.47MPa，在开采后期年压降降为 0.26MPa。Ⅱ类井配产为 $1\times10^4\text{m}^3/\text{d}$，在开采初期年压降为 2.93MPa，在开采后期年压降降为 0.41MPa；Ⅲ类井配产为 $0.6\times10^4\text{m}^3/\text{d}$，在开采初期年压降为 3.44MPa，在开采后期年压降降为 0.44MPa，见图 6-1-7～图 6-1-9。

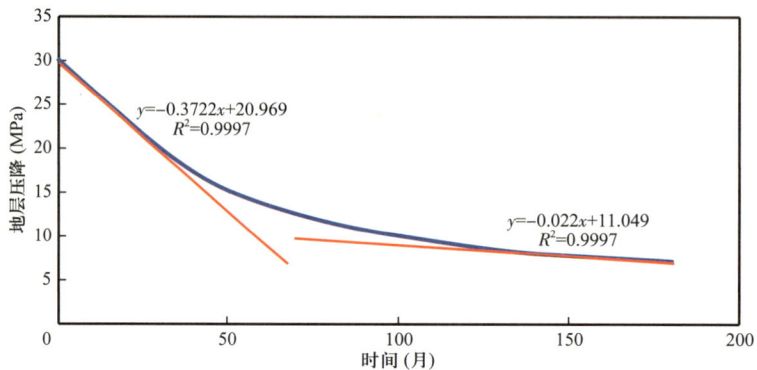

图 6-1-7 Ⅰ类井地层压力随时间变化曲线

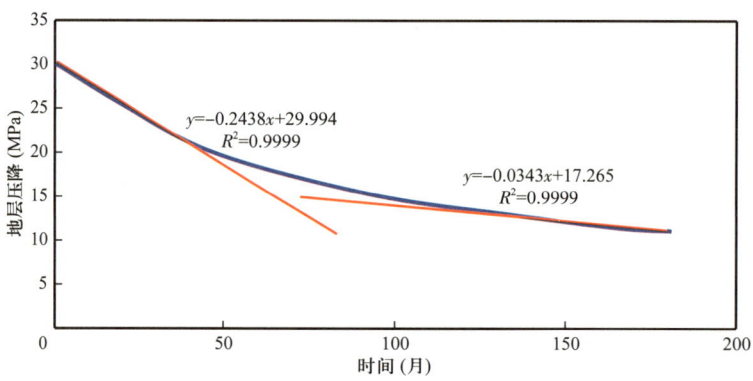

图 6-1-8 Ⅱ类井地层压力随时间变化曲线

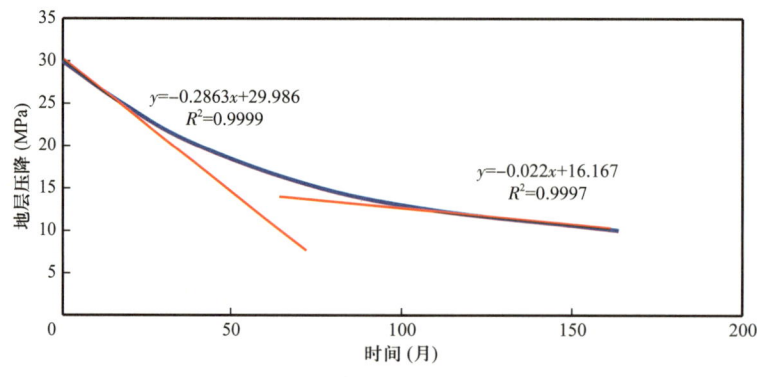

图 6-1-9 Ⅲ类井地层压力随时间变化曲线

4. 不同类型井不同开发阶段单位压降采出量变化

单位压降采出量随时间迅速增大，然后逐渐趋于稳定。大致在投产前两年，单位压降采出量和时间遵循线性关系（图 6-1-10、图 6-1-11、图 6-1-12）。

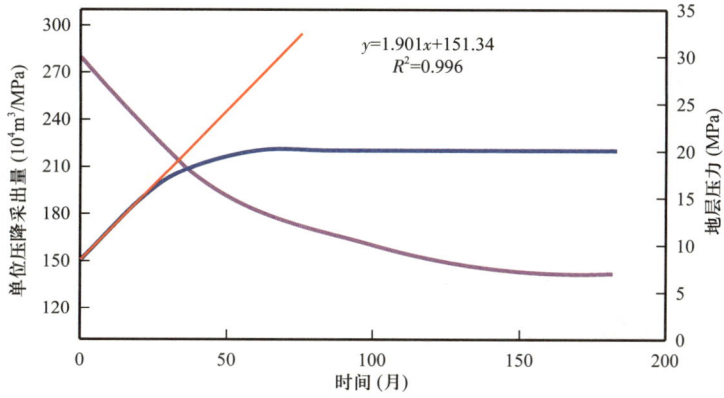

图 6-1-10　Ⅰ类井单位压降采出量随时间变化曲线

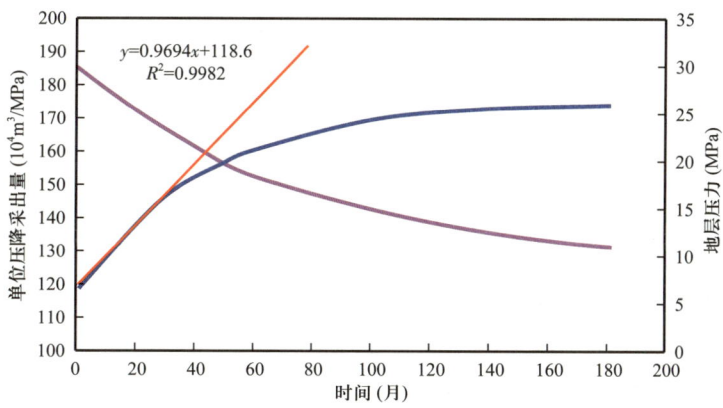

图 6-1-11　Ⅱ类井单位压降采出量随时间变化曲线

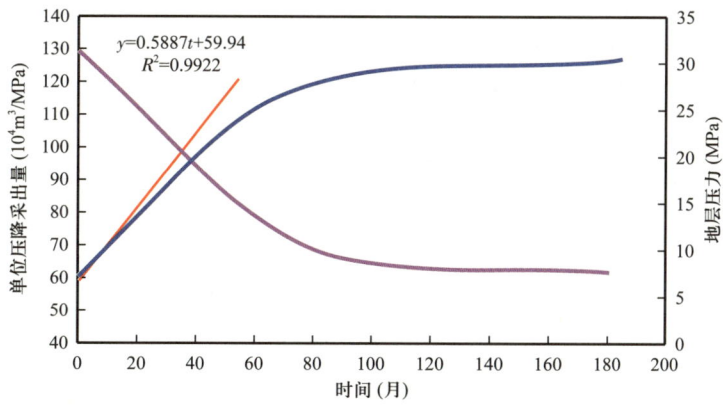

图 6-1-12　Ⅲ类井单位压降采出量随时间变化曲线

Ⅰ类井：dG/dp=1.9015t+151.34；
Ⅱ类井：dG/dp=0.9694t+118.6；
Ⅲ类井：dG/dp=0.5887t+59.94。

二、目前地层压力计算方法

1. 长关井地层压力计算方法

长关井后，地层与井底之间无压差和流体流动，井底产层中部的静压被认为是地层压力。气井静压是气井停止生产后稳定的井底压力（q_{sc}=0）。它由井口静压和静止气柱所产生的压力两部分组成。

1）平均温度和平均偏差系数法

全井的温度、气体偏差系数视为常数，即 $T=\bar{T}$，$Z=\bar{Z}$。利用式（6-1-1）可计算气井静压。

$$\int_{p_1}^{p_2} \frac{d^5 pZT dp}{d^5 p^2 + 1.324 \times 10^{-18} f(q_{sc}TZ)^2} = 0.03415 \int_{H_1}^{H_2} \gamma_g dH \qquad (6-1-1)$$

对于干气井：

$$p_{ws} = p_{ts} \exp\left(\frac{0.03415\gamma_g}{\bar{Z}\bar{T}}\right)H \qquad (6-1-2)$$

式中 p_{ws}——静止气柱计算的井底压力，MPa；
p_{ts}——静止气柱的井口压力，MPa；
γ_g——气体相对密度，无量纲；
H——井到气层中部深度，m；
$\bar{T}$——井筒内平均绝对温度，K；

$$\bar{T} = \frac{(T_{ws} + T_{ts})}{2} \qquad (6-1-3)$$

其中，T_{ws}，T_{ts}——静止气柱井底、井口绝对温度，K；
$\bar{P}$——井筒内平均压力，MPa；

$$\bar{p} = \frac{1}{2}(p_{ws} + p_{ts}) \qquad (6-1-4)$$

$\bar{Z}$——井筒气体平均偏差系数，其确定方法有两种。

$$\bar{Z} = f(\bar{p}, \bar{T})$$
$$\bar{Z} = \frac{(Z_{ts} + Z_{ws})}{2} \qquad (6-1-5)$$

其中，Z_{ws}，Z_{ts}——静止气柱井口、井底条件下的气体偏差系数。

可以采用迭代法求解（6-1-2）式，即对 p_{ws} 赋初值，取 $p_{ws}^{(0)} = p_{ts} + \dfrac{p_{ts}H}{12192}$ 计算 $\bar{p}$、$\bar{T}$ 及 $\bar{Z}$ 值[3]，得 $p_{ws}^{(1)}$，比较 $p_{ws}^{(0)}$ 和 $p_{ws}^{(1)}$ 之值，若符合精度要求，即为所求；否则，以 $p_{ws}^{(1)}$ 为初值，继续迭代，直到满足精度要求为止。

对于产水气井，必须提前探测液面深度。因为产水气井正常生产时，伴生水会分布于井筒内各个部位。但气井关井后，由于重力分异作用，伴生水会聚集于井底而形成性质完全不同的上气柱、下液柱两段流体。因此，含水气井的井底静压计算应为井口静压、气柱压力和液柱压力之迭加。井内气液界面处的压力计算与纯气井相同，参见式（6-1-2），其中井深 H 用气液界面深度代替，平均温度为井口温度与气液界面处温度的平均值。

2）Cullender 和 Smith 方法

对（6-1-1）式中，同时令 $I = \dfrac{d^5 pZT}{d^5 p^2 + 1.324 \times 10^{-18} f(q_{sc}TZ)^2}$ 得：

$$\int_{P_1}^{P_2} I\mathrm{d}p = 0.03415 \int_{H_1}^{H_2} \gamma_g \mathrm{d}H \tag{6-1-6}$$

Cullender 等处理（6-1-6）式时，将井深 H 二等分，即井口至中点（$H/2$），中点至井底，于是得

$$\int_{p_{ts}}^{p_{ws}} I\mathrm{d}p \approx \dfrac{(p_{ms}-p_{ts})(I_{ms}+I_{ts})}{2} + \dfrac{(p_{ws}-p_{ms})(I_{ws}+I_{ms})}{2} \tag{6-1-7}$$

式中　p_{ms}——中点未知压力，MPa；

I_{ms}——在 p_{ms} 和 T_{ms}（中点的温度）条件下的 I，K/MPa，即：

$$I_{ms} = \dfrac{T_{ms}Z_{ms}}{p_{ms}} \tag{6-1-8}$$

I_{ts}——在井口条件（p_{ts}，T_{ts}）下的 I，K/MPa，即：

$$I_{ts} = \dfrac{T_{ts}Z_{ts}}{p_{ts}} \tag{6-1-9}$$

I_{ws}——在井底条件（p_{ws}，T_{ws}）下的 I，K/MPa，即：

$$I_{ws} = \dfrac{T_{ws}Z_{ws}}{p_{ws}} \tag{6-1-10}$$

于是由式（6-1-6）和式（6-1-7）有

$$2 \times 0.03415 \gamma_g H \approx (p_{ms}-p_{ts})(I_{ms}+I_{ts}) + (p_{ws}-p_{ms})(I_{ws}+I_{ms}) \tag{6-1-11}$$

对于上段油管：

$$(p_{ms}-p_{ts})(I_{ms}+I_{ts}) = 0.03415 \gamma_g H \tag{6-1-12}$$

即：

$$p_{ms} = p_{ts} + \frac{0.03415\gamma_g H}{I_{ms} + I_{ts}} \quad (6-1-13)$$

式中 p_{ms}、I_{ms} 未知，建议采用迭代法。取 $I_{ms}^{(0)} = I_{ts}$，进行迭代。

对于下段油管：

$$(p_{ws} - p_{ms})(I_{ws} + I_{ms}) = 0.03415\gamma_g H \quad (6-1-14)$$

式中 p_{ws}、I_{ws} 的确定，首先将上段油管所得 p_{ms} 和 I_{ms} 作为（6-1-14）式 p_{ws} 和 I_{ws} 的初值，然后进行迭代，直到满足精度为止。

Collender 和 Smith 方法步骤简单、其结果准确，特别适合于地温梯度变化大，井底压力大于 68.95MPa 的高压气井。

对于苏里格气田苏 6 井区部分有实测地层压力的气井，采用上述两种方法进行计算，计算结果如表 6-1-1 所示。由表可以看出，计算结果与测试平均误差 0.37MPa，吻合性较好，但是部分气井偏差较大，如苏 3×-1× 井误差达到 0.79MPa，分析认为可能是存在井底积液，因没有液面探测资料，采用纯气井进行计算所致。

表 6-1-1 部分井地层压力结果表

井号	关井时间	恢复时间（d）	测试井口套压（MPa）	中深（m）	中压（MPa）	平均温度和偏差系数法	误差（MPa）	CS 法（MPa）	误差（MPa）
桃 ×	2007-12-27			3273.40	8.41	7.81	0.60	7.82	0.59
苏 3×-×5	2007-12-08			3332.00	9.07	9.05	0.02	9.06	0.01
苏 3×-×4	2007-12-11	80	16.08	3353.00	21.10	20.31	0.79	20.37	0.73
苏 3×-×3	2007-12-17	74	8.51	3327.00	11.13	10.66	0.47	10.69	0.44
苏 3×-×4-×	2007-12-14	78	8.52	3332.00	63.00	6.29	0.40	10.70	0.38
苏 3×-×6-×	2007-12-23	70	10.29	3326.50	82.00	7.24	0.84	12.97	0.81
苏 3×-×6-×	2008-01-05	58	6.12	3313.20	7.90	7.62	0.28	7.63	0.27
苏 4×-1×	2007-12-29	65	10.02	3284.00	12.89	12.55	0.34	12.58	0.31
苏 3×-1×-×	2007-12-23	72	7.39	3355.50	9.35	9.25	0.10	9.27	0.08
苏 3×-1×-×	2007-12-14	82	12.80	3353.15	16.66	16.17	0.49	16.22	0.44
苏 ×	2007-12-23	74	3.97	3323.90	4.99	4.91	0.08	4.92	0.07
苏 3×-1×-×	2008-01-19	47	7.51	3307.40	9.47	9.38	0.09	9.39	0.08
苏 3×-×7	2008-01-28	39	11.15	3298.00	14.31	14	0.31	14.04	0.27
苏 3×-×7	2007-12-16	82	8.66	3320.00	11.16	10.85	0.31	10.87	0.29
平均							0.37		0.34

通过 65 口气井计算结果回归，确定了苏里格气田关井井口压力与地层压力关系式，$p_R=1.292p_t+0.1067$，如图 6-1-13 所示。利用该关系式，在有关井井口压力的情况下，可以估算地层压力。

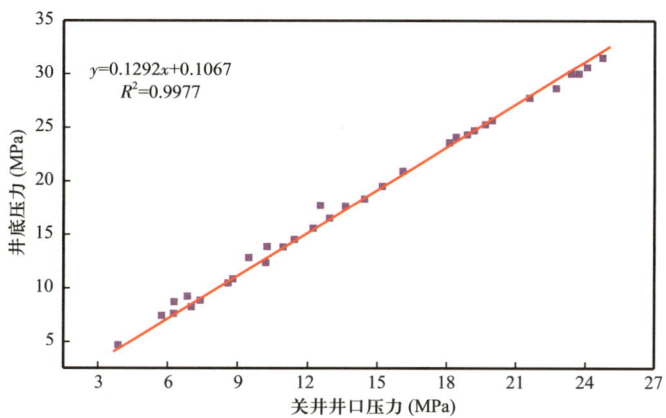

图 6-1-13　苏里格气田关井井口压力与地层压力关系曲线

2. 具有短关井测试资料的单井地层压力确定方法

对于苏里格这样的低渗透气藏，由于导压能力弱，要想测准一口井的静压并非易事。如苏 3×-1×-× 井于 2011 年 7 月 18 日—2011 年 9 月 29 日关井进行压恢试井。在关井前油套压分别为 1.26MPa、2.72MPa，关井 74 天后，井口油套压恢复到 5.85MPa，井底压力由 2.62MPa 恢复到 7.81MPa，且仍以 0.016MPa/d 的速率在恢复（图 6-1-14）。由此可见，由于储层致密，短期关井测得的静压不能代表泄流面积内平均地层压力，必须经过校正。

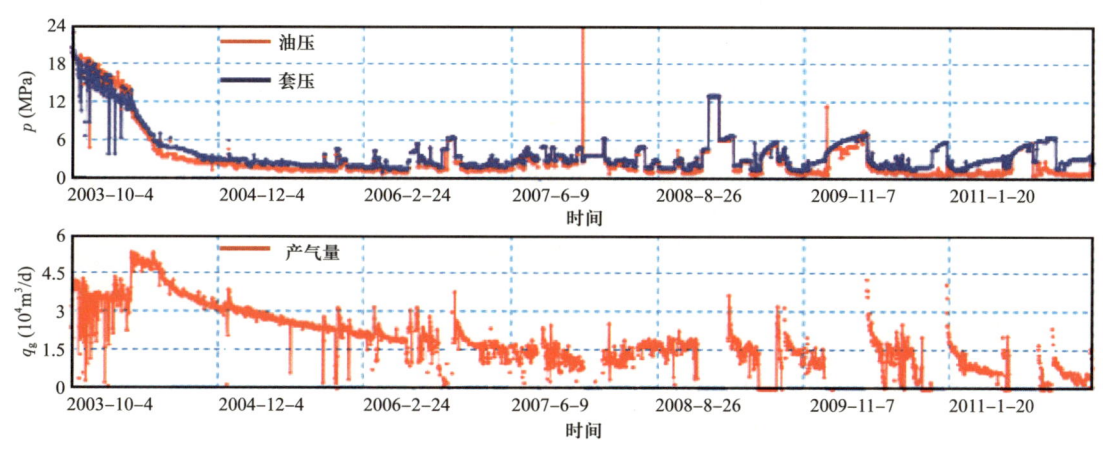

图 6-1-14　苏 3×-1×-× 井采气曲线

1）依赖半对数直线段的方法

应用不稳定压力恢复资料确定地层压力，通常是在 Horner 图上应用径向流直线段外推得到，即 Horner 外推压力作为地层压力。马休斯（Mathews）、布隆斯（Brons）和哈塞布鲁克（Hazebroek）已经证明，Horner 外推压力与地层压力数值的差异取决于关井前累积生产时间的长短，对于新井这一差异完全可以忽略。但对于一口生产时间很长的井，这一差异就不能忽略了，只有通过校正才能应用。通常可采用的校正方法有 MBH 法、MDH 法、Dietz 法和 Muskat 法。这些方法都依赖于压力恢复曲线径向流半对数直线段的出现，才能确定油气井泄流面积内的平均地层压力。

传统的、最具代表性的计算地层平均压力方法是 MBH 方法。1954 年由马休斯、布隆斯和哈塞布鲁克三人对不同形状储层及井位，在井以常产量生产条件下通过镜像反演得到地层压力分布公式，结合物质平衡方程和 Horner 公式导出一系列 MBH 函数 $p_{DMBH}(t_{PDA})$ 与无量纲时间 $t_{DA}=\dfrac{3.6\times10^{-3}Kt_p}{\phi\mu C_t A}$ 的关系曲线，进而形成平均地层压力计算方法。

（1）MBH 方法理论推导。

假设一口井以产量 q 生产 t 后关井 Δt，如图 6-1-15 所示。

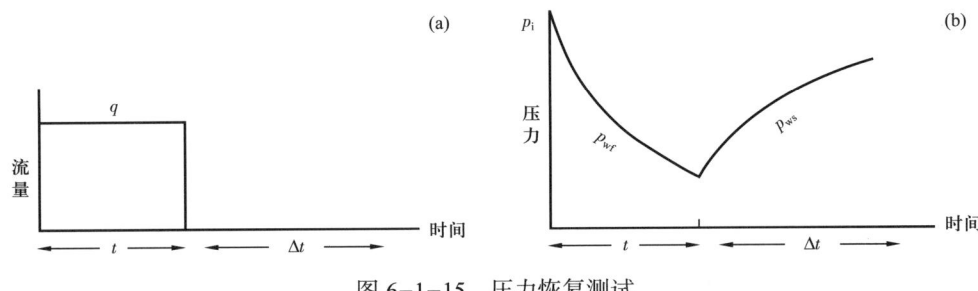

图 6-1-15 压力恢复测试

由叠加原理，可以得到：

$$\frac{2\pi Kh}{q\mu}(p_i-p_{ws})=p_D(t_D+\Delta t_D)-p_D\Delta t_D \quad (6-1-15)$$

式中 p_D——描述储层渗流规律的无因次函数；

t_D——无因次时间函数。

对于小的关井时间 Δt，储层渗流表现为无限大，此时：

$$p_D(\Delta t_D)=\frac{1}{2}\ln\frac{4}{\gamma}(\Delta t_D) \quad (6-1-16)$$

式中 $\gamma=e^{0.5772}=1.781$。

将（6-1-15）式右边加上和减去 $\dfrac{1}{2}\ln(t_D+\Delta t_D)$，可以得到：

$$\begin{aligned}\frac{2\pi Kh}{q\mu}(p_i-p_{ws})&=p_D(t_D+\Delta t_D)-\frac{1}{2}\ln(t_D+\Delta t_D)+\frac{1}{2}\ln(t_D+\Delta t_D)-p_D\Delta t_D\\&=p_D(t_D+\Delta t_D)-\frac{1}{2}\ln(t_D+\Delta t_D)+\frac{1}{2}\ln(t_D+\Delta t_D)-\frac{1}{2}\ln\frac{4}{\gamma}(\Delta t_D)\\&=p_D(t_D+\Delta t_D)-\frac{1}{2}\ln\frac{4}{\gamma}(t_D+\Delta t_D)+\frac{1}{2}\ln\frac{t+\Delta t}{\Delta t}\end{aligned} \quad (6-1-17)$$

又因为对于小的关井时间 Δt

$$p_D(t_D + \Delta t_D) \approx p_D t_D$$
$$\ln(t_D + \Delta t_D) \approx \ln t_D \qquad (6-1-18)$$

因而

$$\frac{2\pi Kh}{q\mu}(p_i - p_{ws}) = \frac{1}{2}\ln\frac{t+\Delta t}{\Delta t} + p_D t_D - \frac{1}{2}\ln\frac{4t_D}{\gamma} \qquad (6-1-19)$$

从式（6-1-19）不难看出，由于无因次流动时间 t_D 是常数，这样对于小的关井时间 Δt，p_{ws} 与 $\ln\frac{t+\Delta t}{\Delta t}$ 应当表现出直线关系。

可是求得这个直线段后完全可以把它外推到大的关井时间 Δt。其中在式（6-1-19）中的实际压力 p_{ws} 用外推直线上相应于任意一 Δt 值的 $p_{ws(line)}$ 代替，即

$$\frac{2\pi Kh}{q\mu}(p_i - p_{ws(line)}) = \frac{1}{2}\ln\frac{t+\Delta t}{\Delta t} + p_D t_D - \frac{1}{2}\ln\frac{4t_D}{\gamma} \qquad (6-1-20)$$

如果可以把井关闭无限长的时间，那么图 6-1-16 中在初始的恢复直线段之后一般接着的是弯曲的实线，可以用式（6-1-20）从理论上进行预测，恢复到最后的压力是有界排流体积内的平均压力 $\bar{p}$。

在测试过程中测得的关井井底压力描在图 6-1-16 中 A 和 B 之间，为了求得全部恢复资料而关井很长时间是不现实的。我们可以把根据实测压力做出的直线段外推至 $\ln\frac{t+\Delta t}{\Delta t}=0$ 处求得 p^* 的值。即

$$\frac{2\pi Kh}{q\mu}(p_i - p^*) = p_D t_D - \frac{1}{2}\ln\frac{4t_D}{\gamma} \qquad (6-1-21)$$

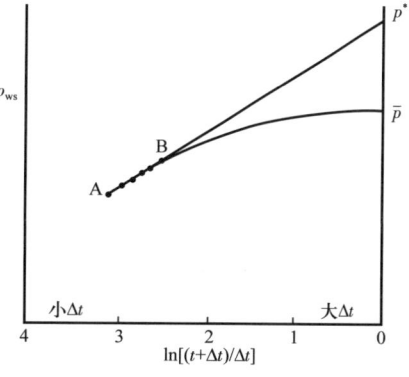

图 6-1-16 被无流边界包围的油气藏中一口井压力恢复 Horner 图

另一方面，由物质平衡方程可得

$$C_t Ah\phi(p_i - \bar{p}) = qt \qquad (6-1-22)$$

上式可表示为

$$\frac{2\pi Kh}{q\mu}(p_i - \bar{p}) = \frac{2\pi Khqt}{q\mu C_t Ah\phi} = 2\pi t_{DA} \qquad (6-1-23)$$

式（6-1-23）减去式（6-1-21），然后统乘以 2 可得

$$\frac{4\pi Kh}{q\mu}(p^* - \bar{p}) = 4\pi t_{DA} - 2p_D(t_D) + \ln\frac{4t_D}{\gamma} \qquad (6-1-24)$$

由于 p^* 是根据赫诺直线段外推求得，因此只要正确计算出式（6-1-24）的右边即可计算出平均地层压力，显然问题的关键就是如何计算 $p_D(t_D)$。

马休斯、布隆斯和哈塞布鲁克三人利用镜像法计算了对不同形状的有界封闭油藏和井位相对于边界不对称情况的 $p_D(t_D)$ 函数

$$p_D(t_D) = \frac{1}{2}\ln\frac{4t_D}{\gamma} + \sum_{N=1}^{\infty} -\frac{1}{2}E_i\left(\frac{-\phi\mu C_t d_N^2}{4\lambda Kt}\right) \quad (6-1-25)$$

式中　λ——单位换算系数；

　　　d_N——第 N 个像井到真实井的距离。

将式（6-1-25）代入式（6-1-24）可以得到

$$\frac{4\pi Kh}{q\mu}(p^* - \bar{p}) = 4\pi t_{DA} + \sum_{N=1}^{\infty} E_i\left(\frac{-\phi\mu C_t d_N^2}{4\lambda Kt}\right) = 4\pi t_{DA} + \sum_{N=1}^{\infty}\frac{-d_N^2}{At_{DA}} \quad (6-1-26)$$

马休斯、布隆斯和哈塞布鲁克定义：

$$F = 4\pi t_{DA} + \sum_{N=1}^{\infty}\frac{-d_N^2}{At_{DA}} \quad (6-1-27)$$

由于达西单位制无因次压力差定义为 $\frac{2\pi Kh}{q\mu}(p^* - \bar{p})$，对于气井来说，改为 SI 实用单位为 $\frac{KhT_{sc}}{36.84q_gTp_{sc}}[\psi(p^*) - \psi(\bar{p})]$。又因为压力恢复直线段斜率 m 可以表示为

$$m = \frac{42.42q_gTp_{sc}}{KhT_{sc}} \quad (6-1-28)$$

式中　Kh——地层系数，mD·m；

　　　T_{sc}——气体在标准状态下的温度，℃；

　　　q_g——日产气量，10^4m^3；

　　　T——温度，℃；

　　　p_{sc}——气体在标准状态下的压力，MPa。

所以

$$F = 2\frac{KhT_{sc}}{36.84q_gTp_{sc}}[\psi(p^*) - \psi(\bar{p})] = \frac{2.303}{m}[\psi(p^*) - \psi(\bar{p})] \quad (6-1-29)$$

式中　p^*——外推地层压力，MPa；

　　　$\bar{p}$——平均压力，MPa。

下面来分析 MBH 压力函数曲线图的特征。

令

$$F = \frac{4\pi Kh}{q\mu}(p^* - \bar{p}) = p_{D(MBH)}(t_{DA})$$

当生产时间 t 非常短，不稳态情况为主，由式（6-1-24）得

$$p_{D(MBH)}(t_{DA}) = 4\pi t_{DA} \tag{6-1-30}$$

此时 $p_{D(MBH)}(t_{DA})$ 和 t_{DA} 的半对数关系并不呈直线关系。

当生产时间 t 非常长时，已经转变为拟稳态，由式（6-1-24）可得

$$p_{D(MBH)}(t_{DA}) = 4\pi t_{DA} + \ln\frac{4t_D}{\gamma} - 2\left(2\pi t_{DA} + \frac{1}{2}\ln\frac{4A}{\gamma C_A r_w^2}\right) = \ln\frac{C_A t_D r_w^2}{A} = \ln(C_A t_{DA}) \tag{6-1-31}$$

此时，$p_{D(MBH)}(t_{DA})$ 和 t_{DA} 的半对数呈直线关系且直线斜率为1。

（2）MBH方法计算步骤。

用MBH方法计算单井平均压力需要三个条件，其中最重要的条件就是压力恢复曲线有明显的径向流动特征，因为计算时需用到半对数直线段斜率，下面对这三个条件进行分析。

① 合理泄流面积的确定。

根据试井解释成果，结合地质认识得到各井供气区的控制面积 A 及其几何形状后，查图6-1-17可以得到各井的形状因子 C_A 及达到拟稳态的无因次时间 $(t_{DA})_{pss}$，t_{DA} 定义为

$$t_{DA} = \frac{3.6\times 10^{-3} K t_p}{\phi \mu C_t A} \tag{6-1-32}$$

② 生产时间的确定。

关井前的生产时间用式（6-1-33）计算：

$$t_p = \frac{24 V_p}{q} \tag{6-1-33}$$

式中 V_p——自上次关井压力平衡之后的累积生产体积，$10^4 m^3$；

q——关井前的稳定产量，$10^4 m^3/d$；

t_p——关井前折算生产时间，h。

若由上式算出的 $t_p > t_{pss}$，则令 $t_p = t_{pss}$，而不取由上式算出的折算生产时间值。

③ 半对数直线段的确定。

绘制压力恢复的Horner曲线 $p_{ws} \sim \lg\frac{\Delta t}{t_p+\Delta t}$，对于有足够长径向流时间的情形，绘制半对数直线段，读出斜率 m 和截距 p^*（即 $\lg\frac{\Delta t}{t_p+\Delta t}=1$ 处之值）；对于未出现拟径向流或者拟径向流时间短，半对数直线段不够长的情形，首先进行图版拟合解释，拟合时绘制 Δp_{ws}—Δt_e 的双对数图，与复合图版相拟合，读出纵坐标拟合值 $(p_D)_M$，$(\Delta p)_M$ 和横坐标拟合值 $\left(\frac{t_D}{C_D}\right)_M$、$(\Delta t_e)_M$ 及曲线拟合值 $(C_D e^{2S})_M$，于是通过图版拟合求得各项参数渗透

有界地层	C_A(无量纲)	t_{DA}(无量纲)	有界地层	C_A(无量纲)	t_{DA}(无量纲)
 ⊙	31.6	0.1	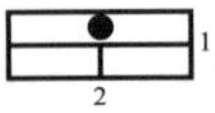 矩形(1:2,上)	10.8	0.3
 方形	30.9	0.1	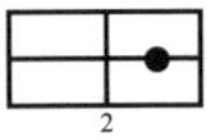 矩形(1:2,中)	4.85	1.0
 六边形	31.6	0.1	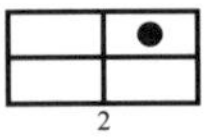 矩形(1:2,偏)	2.07	0.8
 三角形	27.6	0.2	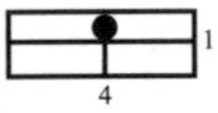 矩形(1:4,上)	2.72	0.8
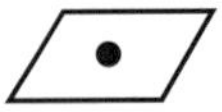 平行四边形	31.1	0.2	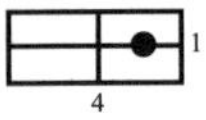 矩形(1:4,偏)	0.232	2.5
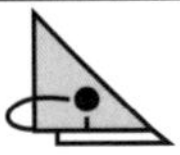 直角三角形	21.9	0.4	 矩形(1:4,角)	0.0115	3.0
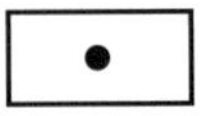 矩形居中	22.6	0.2	 矩形分格	3.39	0.6
 矩形偏	5.38	0.7	 矩形(1:2分格)	3.13	0.3
 矩形偏	2.36	0.7	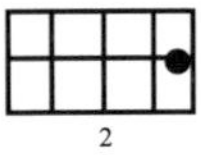 矩形网格	0.697	1.0
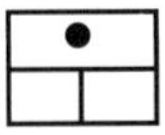 方形四分偏	12.9	0.6	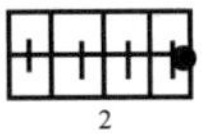 矩形(1:2细分)	0.111	1.2
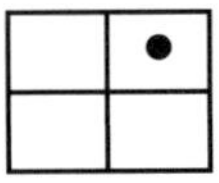 方形四分角	4.57	0.5	 水驱油藏	19.1	0.1

图 6-1-17 各种几何条件的形状因子

率 K、表皮系数 S 和井储系数 C。利用这些结果,可以预测拟径向流期的半对数直线段,方法如下。

半对数直线段斜率为

$$m = 1.151\left(\frac{\Delta p}{p_D}\right)_M \quad (6-1-34)$$

因为:

$$p_{wS}(\Delta t) = p_{wf}(t_p) + 2.12 \times 10^{-3} \frac{qB\mu}{Kh}\left[\lg(\Delta t_e) + \lg\frac{K}{\varphi\mu C_t r_w^2} + 0.9077 + 0.8686S\right] \quad (6-1-35)$$

可得 p_{ws}—Δt_e 半对数直线上 $\Delta t_e=1$ 处之值 p_{1h} 为：

$$p_{1h} = p_{wf}(t_p) + m\left[\lg\frac{K}{\varphi\mu C_t r_w^2} + 0.9077 + 0.8686S\right] \quad (6-1-36)$$

Horner 半对数直线段的方程为

$$p_{ws} = p^* + m\lg\frac{\Delta t}{t_p + \Delta t} \quad (6-1-37)$$

p_{1h} 应是该直线上 $\Delta t=1$ 小时处之值，即有

$$p_{1h} = p^* + m\lg\frac{1}{t_p+1} \approx p^* - m\lg(t_p+1) \quad (6-1-38)$$

由此可以算得

$$p^* = p_{1h} + m\lg(t_p+1) \quad (6-1-39)$$

于是 Horner 曲线的半对数直线段被预测出来。它将用于平均地层压力 $\bar{p}$ 的计算。

④ 求地层压力 $\bar{p}$ 的步骤。

用 MBH 法求地层压力 $\bar{p}$ 的步骤如下：

（a）绘制 Δp_{ws}—Δt_e 的双对数图，与格里加登复合图版进行初拟合，识别各个流动期，确定试井解释模型。

（b）绘制 p_{ws}—$\lg\frac{\Delta t}{t_p + \Delta t}$ 的 Horner 图，由图上读出斜率 m 及 $\frac{\Delta t}{t_p + \Delta t}=1$ 处之值 p^*。若无可靠的半对数直线段，则利用双对数拟合值计算斜率 m 和 p_{1h}，绘 p_{ws}—$\lg\frac{\Delta t}{t_p + \Delta t}$ 曲线，读出或者由（6-1-32）式算出 p^*。

（c）通过划分单井控制区域，确定单井控制面积 A 及其所属几何形状及井位类型，查得形状因子 C_A 及无因次拟稳态到达时间 $(t_{DA})_{pss}$，算出拟稳态到达时间 t_{pss}。由 t_{pss} 及累积产量确定关井前生产时间 t_p。

（d）用（6-1-25）式计算无因次生产时间 t_{PDA}，选定 MBH 曲线类型，并在图中上查得纵坐标 $p_{DMBH}(t_{PDA})$，然后按下式计算平均地层压力 $\bar{p}$：

$$\bar{p} = p^* - \frac{m}{2.303}p_{DMBH}(t_{PDA}) \quad (6-1-40)$$

如果生产时间很长，已经达到拟稳定状态，$p_{DMBH}(t_{PDA})$ 还可以用下式计算：

$$p_{DMBH}(t_{PDA}) = \ln(C_A t_{DA}) \quad (6-1-41)$$

也可以将 Horner 图上的半对数直线段外推至平均地层压力 $\bar{p}$ 处，该点的横坐标为

$$\left(\frac{t_p+\Delta t}{\Delta t}\right)_{\bar{p}}=C_A t_{pDA}=\frac{3.6Kt_pC_A}{\phi\mu C_t A} \quad (6-1-42)$$

式中 C_A——该井面积及井位几何形状的形状因子。

（3）实例分析。

苏3×-1×-× 井于 2011 年 7 月 18 日—2011 年 9 月 29 日关井进行压恢试井，通过均质+封闭边界模型用自动拟合方法求得储层参数为：

井筒储集系数 $C=10\text{m}^3/\text{MPa}$；

渗透率 $K=0.29\text{mD}$；

第一边界距离 $L_1=140\text{m}$；

第二边界距离 $L_2=140\text{m}$；

第一边界距离 $L_3=700\text{m}$；

第二边界距离 $L_4=700\text{m}$；

原始地层压力 $p_i=30.50\text{MPa}$。

双对数如图 6-1-18 所示。

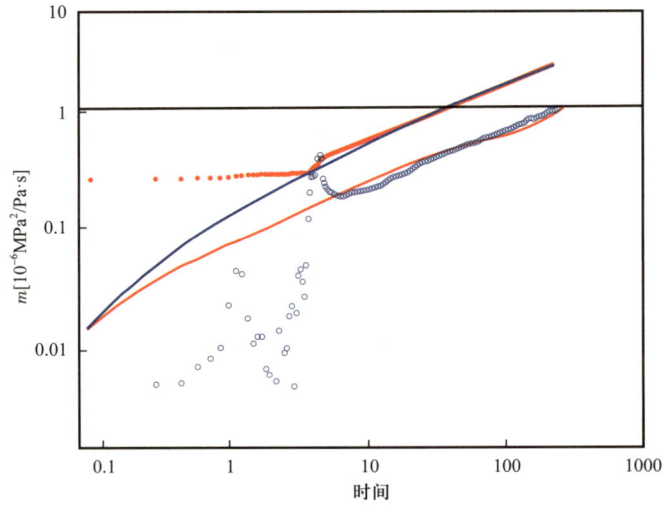

图 6-1-18　苏 3×-1×-× 井双对数和导数拟合图

显然苏 3×-1×-× 井没有出现明显的半对数直线段，利用双对数拟合结果，预测出苏 3×-1×-× 井的半对数直线段（图 6-1-19）。

其斜率 $m=-3.1294.78\times10^{-6}\text{MPa}^2/\text{Pa·s}$，$\psi(p^*)=8.896\times10^{-6}\text{MPa}^2/\text{Pa·s}$。

式中 p^*——外推得到的地层压力，MPa。

该井在 2011 年 7 月 18 日测试前累计产气 $5005\times10^4\text{m}^3$，关井前平均产量为 $2\times10^4\text{m}^3/\text{d}$，故有效生产时间 t_p 为 60162h。

苏 3×-1×-× 井解释河道宽度 280m，储层长度 1400m，所以单井控制面积 $A=392000\text{m}^2$，符合 5∶1 矩形的 MBH 压力函数曲线第 V 种情况。

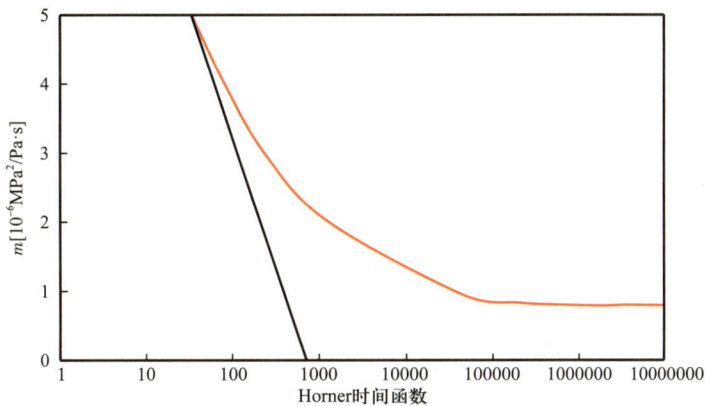

图 6-1-19　苏 3×-1×-× 井半对数分析图

无因次生产时间为

$$t_{DA} = \frac{3.6 \times 10^{-3} K t_p}{\varphi \mu C_t A} = \frac{0.0036 \times 0.29 \times 60162}{0.1044 \times 0.02164 \times 0.0172 \times 392000} = 4.123 \quad (6-1-43)$$

注意在求取物性参数时，必须选取目前地层压力，因为不知道目前地层压力，可以用实测恢复压力替代。

查图 6-1-20 得 $p_{DMBH}(t_{PDA}) = 2.25$

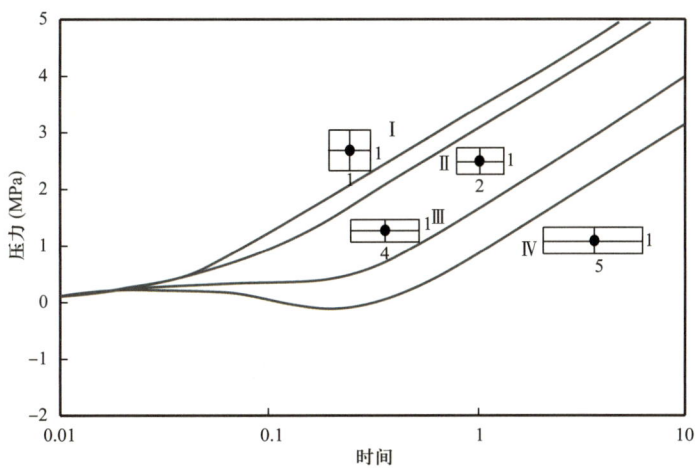

图 6-1-20　MBH 压力函数图版

$$\psi(\bar{p}) = \psi(p^*) - \frac{m}{2.303} p_{DMBH}(t_{PDA}) = 5.84(10^{-6} \text{MPa}^2/\text{Pa} \cdot \text{s}) \quad (6-1-44)$$

式中　$\bar{p}$——平均压力，MPa；

p^*——外推的地层压力，MPa；

t_{PDA}——时间，无量纲；

p_{DMBH}——MDH 图上的压力，无量纲。

将其转换压力为 8.79MPa，较实测压力高 0.98MPa，说明短期关井地层压力难以恢复平稳。

2）不依赖半对数直线段的校正方法

对于低渗透、特低渗透油气藏，压力恢复曲线径向流半对数直线段的出现，往往需要很长的关井恢复时间，有些特低渗透油藏的油气井，无论关井多长时间，径向流半对数直线段不能明显出现，其原因是这类油气藏储层存在复杂的近距离边界，油气井关井之后，井筒储集时间很长，在井筒储集效应还未完全消失的情况下，油气井的边界反映已开始出现，从而给应用 MBH 等方法带来困难。同时，应用前述的校正方法时需要的地层参数较多，难以准确录取。

为了合理利用油气井实际测得的压力恢复早期资料，求得较准确的地层压力，通过长期的实践与探索，基于 Mead 提出、Hasan 和 Kabir 已推证的 Horner 方程的等轴双曲线形式，提出了确定低渗透油气藏生产井泄油面积内平均地层压力的方法。经大量油气井资料证明，方法是可行的。

压力恢复分析的 Horner 法可表示为

$$p_{ws}^2 = p_i^2 - m\lg\frac{t_p + \Delta t}{\Delta t} \tag{6-1-45}$$

式中 p_{ws}——关井恢复压力，MPa；

p_i——原始地层压力，MPa；

t_p——累积生产时间，h；

Δt——关井恢复时间，h；

m——半对数直线段的斜率。

m 由式（6-1-46）定义：

$$m = \frac{42.42q_g \mu Z T p_{sc}}{KhT_{sc}} \tag{6-1-46}$$

Hasan 和 Kabir 基于式（6-1-45），对对数项进行泰勒展开：

$$\ln\frac{t_p + \Delta t}{\Delta t} = \ln\alpha - 2 + \frac{4(t_p + \Delta t)}{t_p + \Delta t(\alpha + 1)} \tag{6-1-47}$$

式中 α——正常数。

假设 $t_p \gg \Delta t$，则 $t_p + \Delta t \to t_p$，式（6-1-47）可以写成

$$\ln\frac{t_p + \Delta t}{\Delta t} = \ln\alpha - 2 + \frac{4t_p}{t_p + \Delta t(\alpha + 1)}$$

将其代入式（6-1-45），得到了式（6-1-48）所示的压力恢复曲线形式

$$p_{ws}^2 = p_i^2 - \frac{m}{2.303}(\ln\alpha - 2) - \frac{4mt_p}{2.303[t_p + (\alpha + 1)\Delta t]} \tag{6-1-48}$$

若令
$$\begin{cases} a = p_{\rm i}^2 - \dfrac{m}{2.303}(\ln\alpha - 2) \\ b = \dfrac{t_{\rm p}}{\alpha + 1} \\ c = \dfrac{-1.737 m t_{\rm p}}{\alpha + 1} \end{cases}$$

则式（6-1-48）可以简化为

$$p_{\rm ws}^2 = a + \frac{c}{\Delta t + b} \tag{6-1-49}$$

式（6-1-49）是以 a 为渐近线的等轴双曲线。显然，当 $\Delta t \to \infty$ 时，$p_{\rm ws}^2 = a$。这样求解低渗透气藏生产井地层压力实质上变为求解 a。由于（6-1-49）含有三个常系数，难以回归求解，故做如下变换：

当 $\Delta t = 0$ 时，$p_{\rm ws} = p_{\rm wf}$，代入式（6-1-49）得

$$p_{\rm wf}^2 = a + \frac{c}{b} \tag{6-1-50}$$

由式（6-1-50）代入式（6-1-49）得

$$p_{\rm ws}^2 - p_{\rm wf}^2 = \frac{-c\Delta t}{b(\Delta t + b)} \tag{6-1-51}$$

$$\frac{\Delta t}{p_{\rm ws}^2 - p_{\rm wf}^2} = -\frac{b}{c}\Delta t - \frac{b^2}{c}$$

令 $D = -\dfrac{b}{c}$，$B = -\dfrac{b^2}{c}$

$$\frac{\Delta t}{p_{\rm ws}^2 - p_{\rm wf}^2} = D\Delta t + B \tag{6-1-52}$$

由式（6-1-52）可以看出，在普通直角坐标纸上，以关井恢复时间为横坐标，以 $\dfrac{\Delta t}{p_{\rm ws}^2 - p_{\rm wf}^2}$ 为纵坐标，做出 $\dfrac{\Delta t}{p_{\rm ws}^2 - p_{\rm wf}^2}$ 与 Δt 的关系图，将得到一条直线，通过线性回归可以得到 D、B。

将式（6-1-52）两边同时除以 Δt，当 $\Delta t \to \infty$ 时，可以得到

$$p_{\rm ws}^2 = p_{\rm wf}^2 + \frac{1}{D} \tag{6-1-53}$$

利用此式，我们就可以求出气井泄流面积内的平均地层压力。

为了验证该方法的有效性，下面通过试井模拟的方法来说明这个问题。假设一口气井

为河流相沉积，处于一个狭长的河道之中，河道宽为300m，长约1500m并且井位于河道中心，建立的地质模型（表6-1-2）。

表 6-1-2 模拟井储层及流体性质

参数名	参数值	参数名	参数值
原始地层压力 p_i（MPa）	26.5	基质渗透率（mD）	0.1
地层温度 T（℃）	85	井底半径 r_w（m）	0.08
有效厚度 h（m）	10	天然气相对密度 r_g	0.6
孔隙度 ϕ（%）	6	裂缝半长 X_f（m）	80
含水饱和度 S_w（%）	35	裂缝导流能力 F_{CD}	2

由于渗透率很低，气井必须经过压裂才能获得工业气流。该井以 $1.5 \times 10^4 \text{m}^3/\text{d}$ 连续生产了10000h，关井压力恢复20000h，模拟的压力史如图6-1-21所示。详细压力恢复数据如表6-1-3所示。

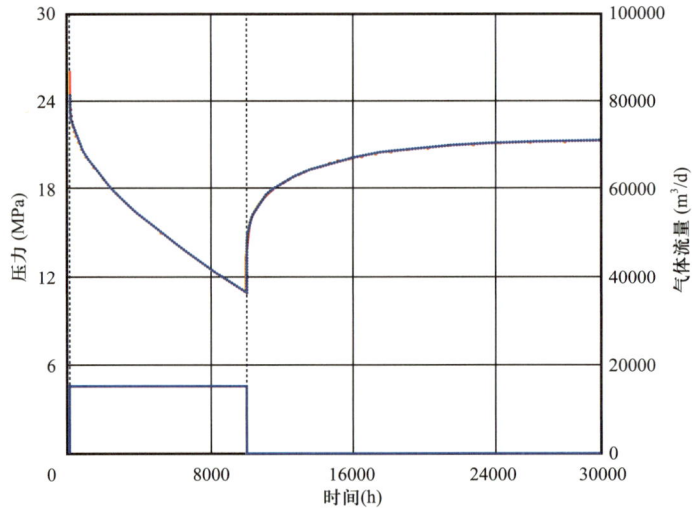

图 6-1-21 模拟井压力史曲线

表 6-1-3 模拟井压力恢复数据

恢复时间（h）	压力（MPa）	恢复时间（h）	压力（MPa）	恢复时间（h）	压力（MPa）	恢复时间（h）	压力（MPa）
0.005	10.92	0.010	10.95	0.017	10.99	0.030	11.06
0.006	10.93	0.011	10.96	0.019	11.01	0.033	11.08
0.007	10.93	0.012	10.96	0.021	11.02	0.037	11.10
0.008	10.94	0.013	10.97	0.024	11.03	0.041	11.12
0.009	10.94	0.015	10.98	0.026	11.05	0.046	11.14

续表

恢复时间（h）	压力（MPa）	恢复时间（h）	压力（MPa）	恢复时间（h）	压力（MPa）	恢复时间（h）	压力（MPa）
0.052	11.17	1.368	12.32	36.059	14.13	950.659	17.41
0.058	11.19	1.531	12.37	40.366	14.21	1064.204	17.55
0.065	11.22	1.714	12.42	45.188	14.30	1191.310	17.69
0.073	11.25	1.919	12.47	50.585	14.40	1333.599	17.84
0.081	11.28	2.148	12.52	56.626	14.49	1492.882	18.00
0.091	11.31	2.404	12.57	63.390	14.59	1671.189	18.16
0.102	11.34	2.692	12.62	70.961	14.68	1870.793	18.32
0.114	11.38	3.013	12.67	79.437	14.79	2094.238	18.49
0.128	11.41	3.373	12.73	88.924	14.89	2344.370	18.66
0.143	11.45	3.776	12.78	99.545	14.99	2624.378	18.84
0.160	11.49	4.227	12.83	111.435	15.10	2937.829	19.01
0.179	11.53	4.732	12.89	124.744	15.21	3288.719	19.19
0.201	11.57	5.297	12.95	139.644	15.32	3681.518	19.37
0.225	11.61	5.929	13.00	156.322	15.44	4121.233	19.55
0.252	11.65	6.638	13.06	174.993	15.55	4613.467	19.73
0.282	11.69	7.430	13.12	195.894	15.67	5164.492	19.91
0.316	11.74	8.318	13.18	219.292	15.79	5781.330	20.08
0.353	11.78	9.311	13.24	245.483	15.91	6471.843	20.24
0.395	11.83	10.424	13.30	274.804	16.03	7244.830	20.40
0.443	11.87	11.669	13.37	307.626	16.15	8110.141	20.55
0.495	11.91	13.062	13.43	344.368	16.27	9078.803	20.69
0.555	11.96	14.622	13.50	385.499	16.39	10163.161	20.82
0.621	12.00	16.369	13.57	431.542	16.51	11377.032	20.93
0.695	12.05	18.324	13.65	483.085	16.64	12735.887	21.02
0.778	12.09	20.512	13.72	540.784	16.76	14257.041	21.10
0.871	12.14	22.962	13.80	605.374	16.88	15959.879	21.17
0.975	12.18	25.705	13.88	677.679	17.01	17866.101	21.22
1.091	12.23	28.775	13.96	758.620	17.14	20000.000	21.26
1.222	12.27	32.212	14.04	849.228	17.27		

假设气井仅恢复758h，选取307.6~758.6h的压力恢复数据，以关井恢复时间为横坐标，以 $\dfrac{\Delta t}{p_{ws}^2 - p_{wf}^2}$ 为纵坐标，做出 $\dfrac{\Delta t}{p_{ws}^2 - p_{wf}^2}$ 与 Δt 的关系曲线是一条直线（图6-1-22）。

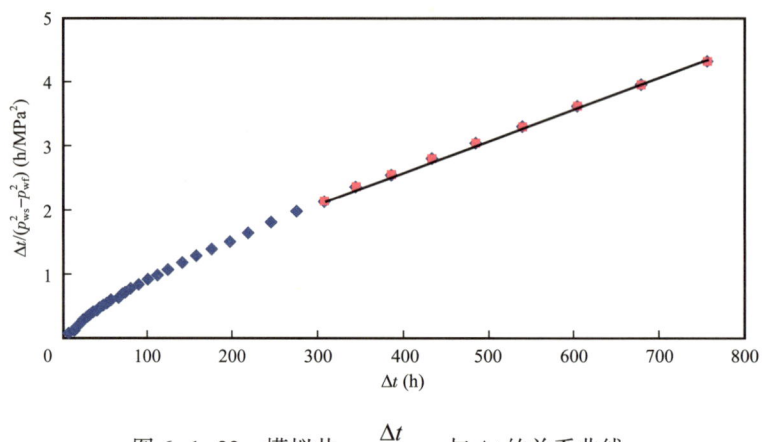

图6-1-22　模拟井 $\dfrac{\Delta t}{p_{ws}^2 - p_{wf}^2}$ 与 Δt 的关系曲线

其方程为 $\dfrac{\Delta t}{p_{ws}^2 - p_{wf}^2}$ =0.0048Δt+0.7153，相关系数为0.9994。将 D 值和307.6h对应的压力 p_{wf}=16.15MPa代入式（6-1-52），由此可以求出气井泄流面积内的平均地层压力为 $p_R = \sqrt{16.15^2 + 1/0.0048} = 21.66$MPa。对应关井20000h的恢复压力为21.26MPa，显然结果是相当准确的。

以苏3×-1×-× 井为例，做出 $\dfrac{\Delta t}{p_{ws}^2 - p_{wf}^2}$ 与 Δt 的关系曲线是一条直线，相关系数达到0.9998（图6-1-23）。拟合的方程如下：

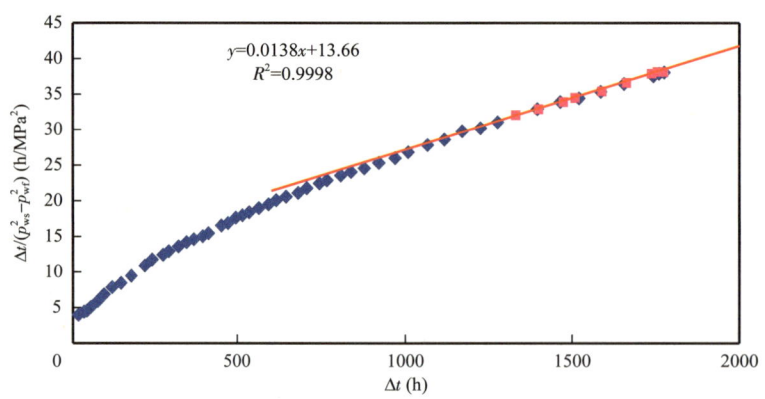

图6-1-23　苏3×-1×-× 井 $\dfrac{\Delta t}{p_{ws}^2 - p_{wf}^2}$ 与 Δt 的关系曲线

$$\frac{\Delta t}{p_{ws}^2 - p_{wf}^2} = 0.0138\Delta t + 13.66 \quad (6-1-54)$$

由此可以求出气井泄流面积内的平均地层压力为

$$p_R = \sqrt{2.62^2 + 1/0.0138} = 8.91\text{MPa}$$

对比 MBH 计算结果 8.79MPa，可见两种方法吻合性相当高。

采用等轴双曲线法和 MBH 法分别计算了苏里格气田气井泄流范围内的平均地层压力，两者的计算结果较为接近（表 6-1-4），但是 MBH 法计算所需参数较多，不易准确录取，且计算较为烦琐，因此采用等轴双曲线法无疑将是苏里格气田确定地层压力的有效手段。

表 6-1-4 平均地层压力计算结果表

井名	实测压力（MPa）	计算地层压力（MPa）			计算压力与实测压力差（MPa）
		MBH 法	等轴双曲线法	平均	
苏 3×-1×-×	7.81	8.79	8.91	8.85	1.04
苏 6-9-×	11.47	11.85	11.71	11.78	0.31
苏 6-6-×	14.27	14.85	15.27	15.06	0.79
苏 ×	4.42	4.68	4.60	4.64	0.22
苏 ×	3.68	3.86	3.92	3.89	0.21
苏 6-1×-2×	9.18	10.22	10.05	10.14	0.96
苏 3×-1×	7.56	8.04	8.26	8.15	0.59
苏 3×-×-2×	12.43	14.05	14.28	14.17	1.74
苏 3×-1×-×	7.91	8.99	9.02	9.01	1.09
平均	8.75	9.48	9.56	9.52	0.77

3. 不关井目前地层压力确定方法

对苏里格气田而言，采用井下节流这种特殊的开采方式测压须取出井下节流器，测试成本相对较高。同时由于储层致密，压力恢复极其缓慢，要求的测试时间长。苏里格气田具有短期关井资料的气井很少。针对这种情况，研究"气井不关井地层压力确定方法"具有十分重要的意义。

根据苏里格气田的实际情况，采用拓展流动物质平衡法和渗流模型法两种不关井地层压力确定方法确定地层目前的地层压力。

1）流动物质平衡法

对于有界储层中的一口气井生产，其渗流可以划分为三个阶段（图 6-1-24），分别是无限大作用期、过渡时期、稳态或拟稳态流动期。

无限大作用期：开井生产后压力波向外传播未达到边界前的一段时间，这时边界未被探测到，地层可看作无限大地层。

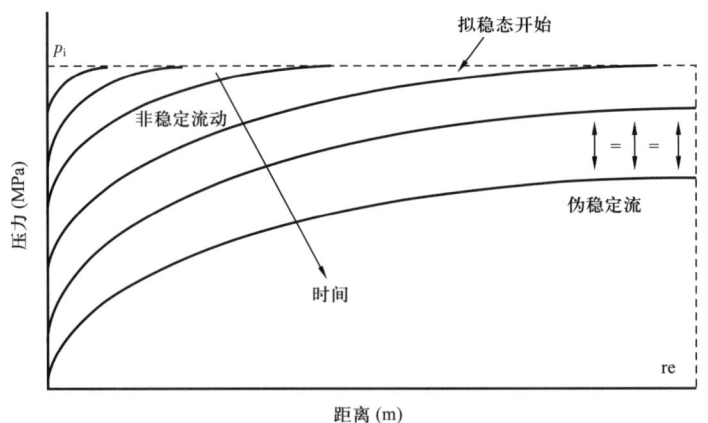

图 6-1-24 封闭储层中气井渗流阶段划分示意图

过渡时期：开井生产后压力波向外传播已达到边界，但是外边界附近地区的压力变化尚未稳定前的一段时间。

稳态或拟稳态流动期：地层各处的压力变化稳定后的一段时间。

在拟稳定流状态下，气井在流动过程中在井底测得的压力降与在气藏中任一点测得的压力降是相同的，包括代表平均压力的那一点（图 6-1-25）。因此，利用井底流压和地层压力做出的物质平衡直线斜率是相同的（图 6-1-26）。

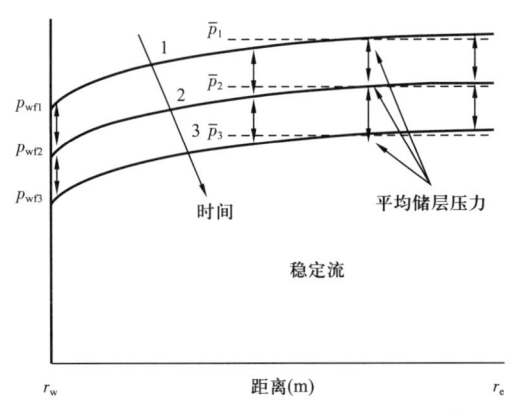

图 6-1-25 拟稳定阶段地层压降示意图

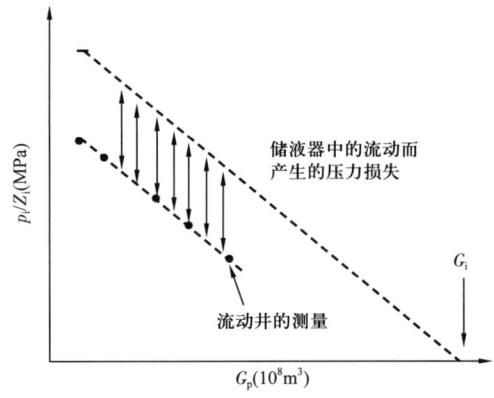

图 6-1-26 拟稳定阶段流动物质平衡曲线

流动物质平衡不需要关井资料，但是需要气井产量保持恒定。实际上，气井实际生产过程中，保持恒产量几乎是不可能的，针对变流量、压力数据，Mattar（2005）利用物质平衡拟时间，采用迭代方法扩展了流动物质平衡方法，提出了一种新的变流量生产时地层压力确定方法。

理论推导如下：

达到拟稳定流状态下有

$$b_{pss} = \frac{0.01295T}{Kh}\left(\frac{1}{2}\ln\frac{4A}{1.781C_A r_w^2}\right) \quad (6\text{-}1\text{-}55)$$

式中 Kh——地层系数，mD·m；

T——温度，℃；

r_w——井底半径，m；

C_A——压缩系数，MPa^{-1}；

A、b_{pss}——常数。

定义：

$$b_{pss} = \frac{0.01295T}{Kh}\left(\frac{1}{2}\ln\frac{4A}{1.781C_A r_w^2}\right) \qquad (6-1-56)$$

则：

$$m(\bar{p}) = m(p_{wf}) + qb_{pss} \qquad (6-1-57)$$

可见，要想根据井底流压求取任意时刻的地层压力，关键在于求取 b_{pss}。

为了求取 b_{pss}，我们做如下变换，由物质平衡方程可以得到

$$\frac{m(p_i) - m(\bar{p})}{q} = \frac{2p_i}{z_i G}\frac{1}{q}\int_0^t \frac{q}{\mu c_g}dt \qquad (6-1-58)$$

定义拟时间：

$$t_{ca} = \frac{\mu_i c_{gi}}{q}\int_0^t \frac{q}{\mu c_g}dt \qquad (6-1-59)$$

式（6-1-58）减去式（6-1-59），可以得到

$$m(p_i) - m(p_{wf}) = \frac{2p_i q}{\mu_i z_i c_{gi} G}t_{ca} + \frac{0.01295qT}{Kh}\left(\frac{1}{2}\ln\frac{4A}{1.781C_A r_w^2}\right) \qquad (6-1-60)$$

由此可见 $[m(p_i) - m(p_{wf})]/q$ 与拟时间 t_{ca} 呈线性关系，b_{pss} 为截距，只要求出 $[m(p_i) - m(p_{wf})]/q$ 与拟时间 t_{ca} 的关系曲线，就可以求出 b_{pss}。

（1）计算步骤

在求出 b_{pss} 过程中需要用到平均地层压力 p_R 和单井控制储量，需要计算一个迭代过程，具体计算步骤如下：

① 将原始压力换算为拟压力；

② 将所有流压换算为拟压力；

③ 假定一个地质储量 G；

④ 计算拟时间；

⑤ 利用式（6-1-60），绘制 $[m(p_i) - m(p_{wf})]/q$ 与拟时间的关系曲线，确定 b_{pss}（图 6-1-27）；

⑥ 利用式（6-1-57），计算目前平均地层压力 p_R；

⑦ 绘制 p_R/z 与累计产量的关系曲线，确定地质储量 G；

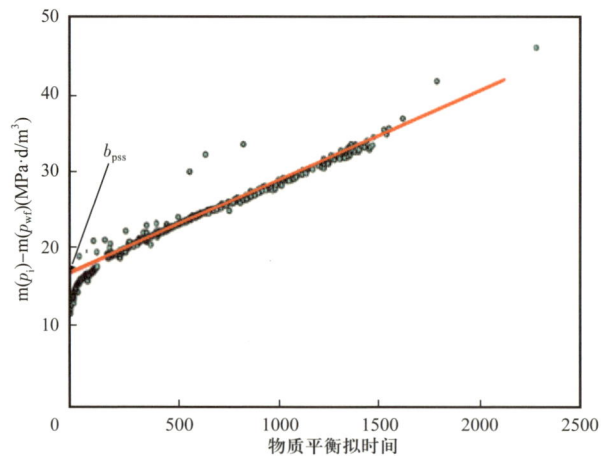

图 6-1-27 $[m(p_i)-m(p_{wf})]/q$ 与拟时间的关系曲线

⑧ 用新的 G 值，重复③~⑦步，直至 G 收敛为止。这口气井的最终计算结果（图 6-1-28）。

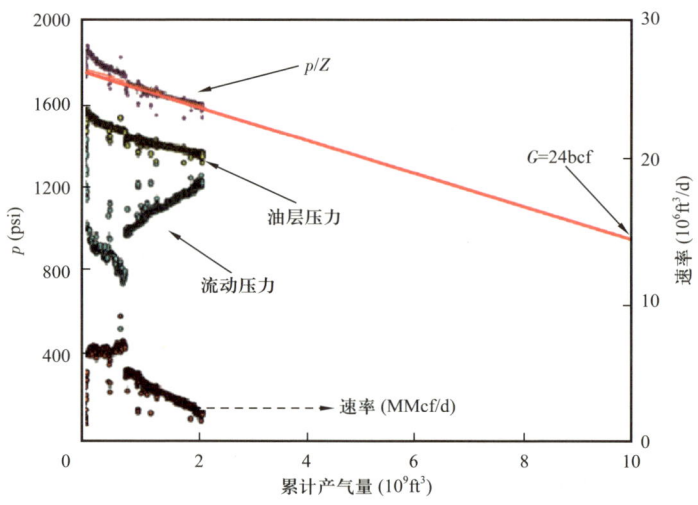

图 6-1-28 某气井平均地层压力计算结果图

（2）实例检验

为了检验该方法的可靠性，我们选取有短关井压力恢复测试的苏 3×-1×-× 井，绘制的流压和累计产量关系曲线如下图所示。由图可以看出：在渗流达到拟稳定状态时，苏 3×-1×-× 井的视地层压力 p_R/Z 和累计产量之间有较为明显的线性关系（图 6-1-29），关系式如下：

$$\frac{p_R}{Z}=-435.95G_p+31323 \tag{6-1-61}$$

式中　G_p——累计产量，$10^6 m^3$；

　　　p_R——目前地层压力，kPa。

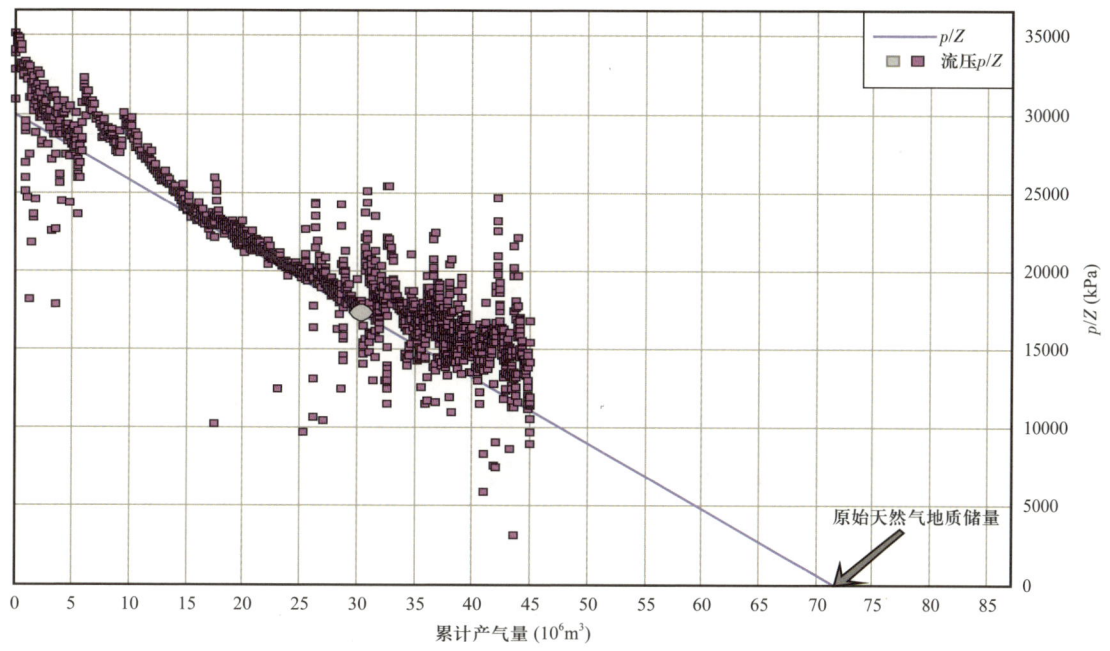

图 6-1-29　苏 3×-1×-× 井流压和累计产量的关系曲线

苏 3×-1×-× 井 2011 年关井前累计产气 $5005×10^4m^3$，压缩因子 $Z=0.95$，计算目前平均地层压力 $p_R=9.03MPa$，同期实测地层压力 8.96MPa，相对误差小于 10%，可靠性较好。

2）产量不稳定分析法

产量不稳定分析法就是利用单井的生产动态历史数据（即产量和流压），进行物质平衡分析，进而计算单井控制可采储量以及地层压力的方法。该方法还可以计算渗透率和表皮系数，建立具有外边界控制的地质模型（图 6-1-30）。

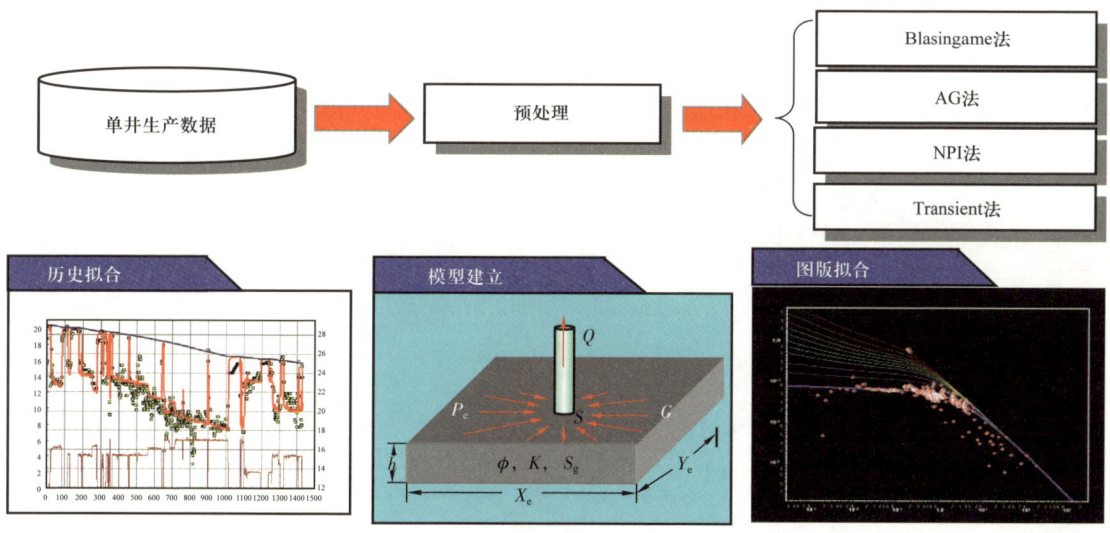

图 6-1-30　现代产量不稳定分析法流程图

在建立单井地质模型的基础上行，通过生产数据分析为模型提供初始参数场，然后通过历史拟合建立可靠的地质模型，获取地层压力和储量等参数。

以苏3×-1×-×井为例，通过物质平衡方法计算的目前地层压力是9.16MPa（图6-1-31）。

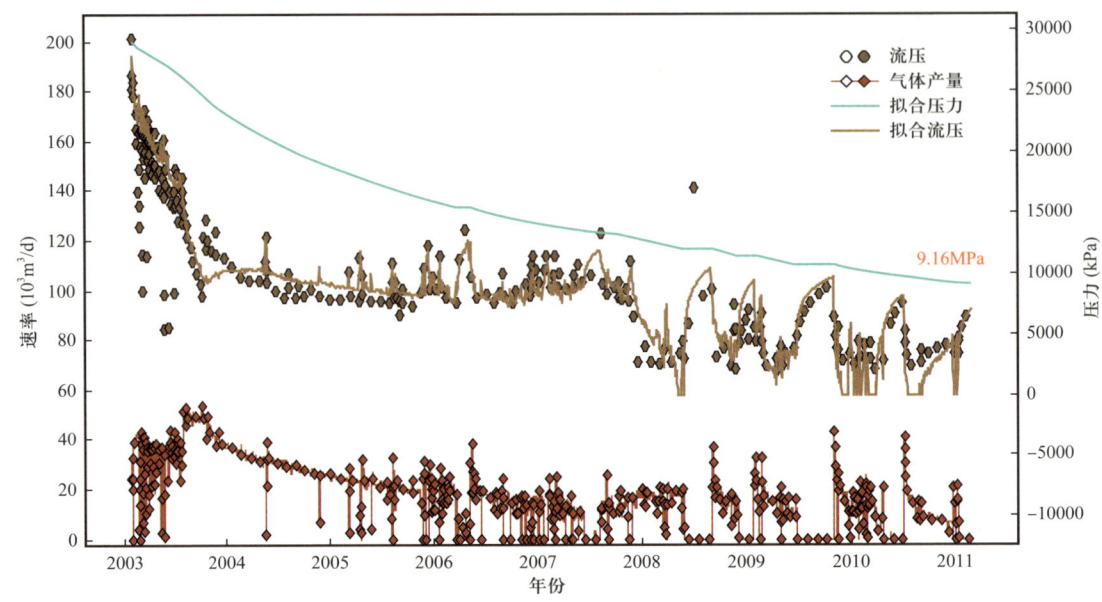

图6-1-31　苏3×-1×-×井生产历史拟合曲线

为了进一步确认不关井地层压力计算方法的可靠性，对2011年部分实测压力恢复气井进行了计算（表6-1-5），扩展流动物质平衡、渗流模型法两种不关井地层压力计算方法，其计算结果与关井测压结果较为接近，是确定苏里格气田地层压力有效的手段。

表6-1-5　苏里格气田部分气井地层压力不同方法计算结果表

井名	实测压力（MPa）	计算地层压力（MPa）				
		MBB法	等轴双曲线法	流动物质平衡法	渗流模型法	平均
苏3×-1×-×	7.81	8.79	8.91	9.03	9.16	8.97
苏×	4.42	4.68	4.60	4.66	5.07	4.75
苏6-9-×	11.47	11.85	11.71	11.96	12.05	11.89
苏6-6-×	14.27	14.85	15.Z7	14.98	14.88	15.00
苏×	3.68	3.86	3.92	3.95	4.06	3.95
苏6-1×-2×	9.18	10.22	10.05	10.00	9.86	10.03
苏3×-1×	7.56	8.04	8.26	8.15	8.06	8.13
苏3×-×-2×	12.43	14.05	14.28	14.30	14.12	14.19
苏3×-1×-×	7.91	8.99	9.02	9.08	9.04	9.03
平均	8.75	9.48	9.56	9.57	9.59	9.55

三、区块平均地层压力计算方法

1. 算数平均法

由单井点值直接进行算数平均,作为区块的平均地层压力,该方法没有考虑气井类别、单井控制面积以及投产时间之间的差异。该方法简单,一般应用于连通性较好的区块。计算公式如下:

$$\bar{p} = \frac{\sum_{i=1}^{n} p_i}{n} \quad (6-1-62)$$

式中　$\bar{p}$——平均地层压力,MPa;
　　　p——原始地层压力,MPa;
　　　n——单井数量,口。

2. 产量加权平均法

该方法考虑到不同类型气井产量之间的差异,计算方法简单,但是没有考虑气井投产时间以及单井控制面积之间的差异。计算公式如下:

$$\bar{p} = \frac{\sum_{i=1}^{n} p_i q_i}{\sum_{i=1}^{n} q_i} \quad (6-1-63)$$

式中　q_i——气井初始生产产量,$10^4 m^3/d$。

3. 累积产量加权平均法

该方法考虑到气井投产时间、气井产量对地层压力计算的影响,但是对于复杂气藏开发早期,累积产量和单井控制面积并不完全对应。计算公式如下:

$$\bar{p} = \frac{\sum_{i=1}^{n} G_{pi} p_i}{\sum_{i=1}^{n} G_{pi}} \quad (6-1-64)$$

式中　G_{pi}——累积产气量,$10^8 m^3$。

4. 面积加权平均法

面积加权平均法考虑了单井泄流面积的影响,与控制储量是相匹配的,该方法的计算结果更为准确。计算公式如下:

$$\bar{p} = \frac{\sum_{i=1}^{n} p_i A_i}{\sum_{i=1}^{n} A_i} \tag{6-1-65}$$

式中 A_i——单井泄流面积,m^2。

四、地层压力变化特征

1. 苏里格75气区块原始地层压力分布

致密砂岩气藏的渗透率较低,气体在储层中的扩散和运移较为困难,地层压力无法有效释放,导致压力系数较低。苏75区块投产至今开展新井投产前压力测试287井次,平均终止测量深度3450m,平均地层中深压力28.25MPa,平均压力系数0.834,属于低压气藏。通过分年度分区域气井投产前压力测试统计(表6-1-6),苏75区块不同区域不同年度投产气井的地层压力并无明显变化,保持相对稳定(图6-1-32)。

分区域分析投产前压力测试数据,各区域不同年度投产气井的气层中部压力和压力系数基本相当,无明显低压区域。

表6-1-6 苏75区块分年度分区域气井投产前压力测试统计

年份	分区	井数(口)	气层中部温度(℃)	气层中部压力(MPa)	压力系数
2013	西区、东2区	12	113.37	29.00	0.86
2014	西区	9	112.67	25.57	0.78
2015	西区、东1、东2区	31	111.67	28.06	0.83
2016	西区、东1、东2区、南1区	23	111.58	27.11	0.80
2017	西区、东2区	15	109.78	28.00	0.82
2018	西区、东1、东2区	13	110.10	28.05	0.82
2019	西区、东1、东2区、南1、南2区	28	111.14	28.10	0.83
2020	西区、北区、东1、东2区、南1、南2区	61	113.18	28.64	0.84
2021	西区、北区、东1区、南1、南2区	25	109.70	28.19	0.83
2022	西区、北区、东1、东2区、南1、南2区	38	111.09	28.44	0.84
2023	北区、东1、东2区、南1、南2区	32	113.03	29.14	0.86
合计/平均		287	111.57	28.03	0.83

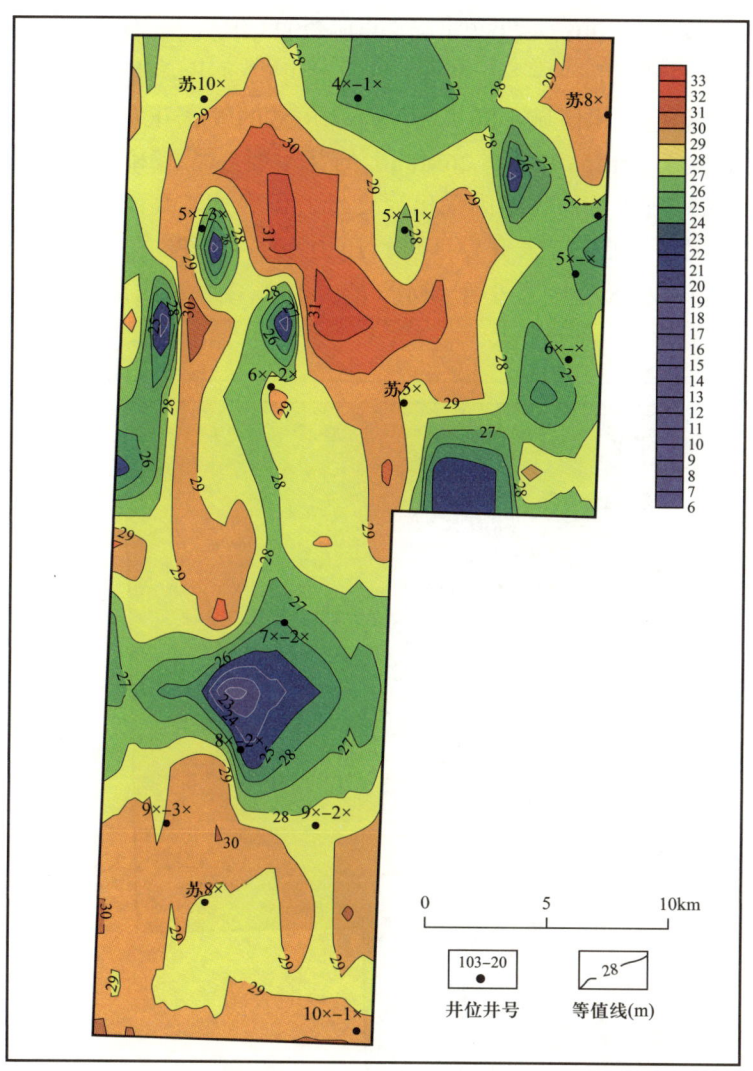

图 6-1-32 苏 75 区块气井投产前压力等值线图

2. 苏里格 75 气区投产后地层压力分布

投产后气井开展地层静压测试 282 井次,通过分区域同一口井不同年份测量结果与投产前压力测试数据对比分析,随着气井不断产出,地层压力逐年下降,平均年降幅 12.92%。西区年均降幅 13.14%,东 1 区年均降幅 11.01%,东 2 区年均降幅 12.16%,南 1 区年均降幅 16.41%,南 2 区年均降幅 13.39%,北区只测试过 1 口,年均降幅 0.23%,主要受井筒积液影响(液柱高达 2397m/2386m),测得的压力主要是液柱压力。

地层静压力投产后地层流压测试 117 井次,未打捞节流器井测试 69 口,仅能测得节流器之上液面高度;打捞出节流器井测试 48 口,能够测得接近生产层位的地层压力,得到生产压差,为动态指标的计算提供数据支撑,指导后期气井生产制度的调整。

通过 2013—2016 年、2017—2020 年、2021—2023 年三张苏 75 区块气井静压测试等值线图（图 6-1-33、图 6-1-34、图 6-1-35）可以看出，随着区块的不断开发，地层能力不断衰减，蓝色低压区域不断扩大，符合正常的气藏开发地层压力变化规律。目前苏 75 区块压力大于 20MPa（最高 26MPa）的井主要在北区和南 2 区等开发程度较低的区域分布，北区积液严重的区域因采出程度低，仍保持较高的压力；压力 10~20MPa 的井主要分布在中区中间条带未开发区域；压力 10~15MPa 的井主要分布在中区开发程度较高的东 2 区和西区；压力小于 5MPa 的井在东 2 区、西区零星分布，属局域低压区。

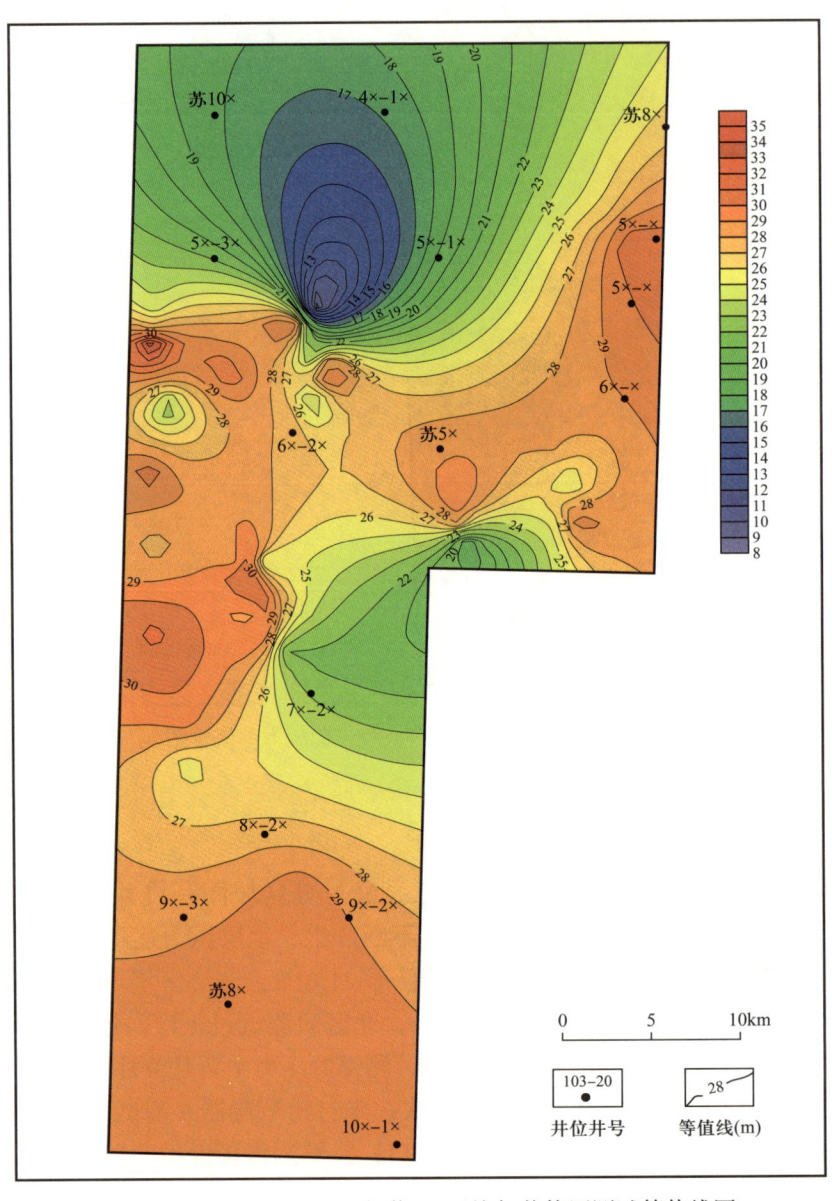

图 6-1-33　2013—2016 年苏 75 区块气井静压测试等值线图

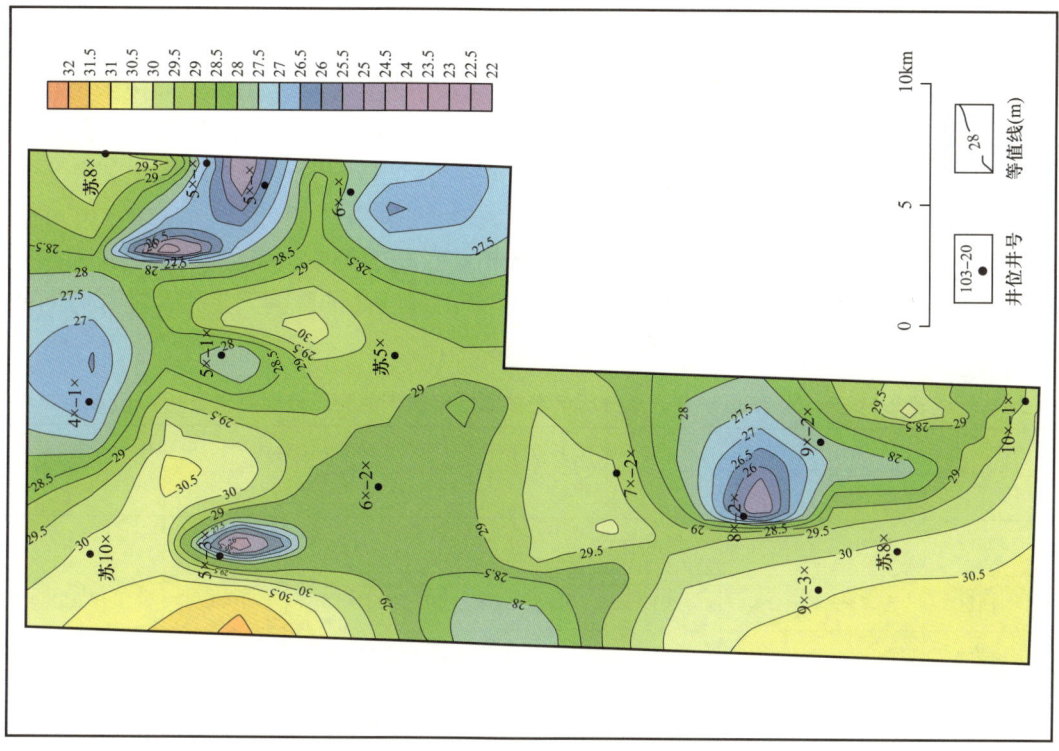

图 6-1-35 2021—2023 年苏 75 区块气井静压测试等值线图

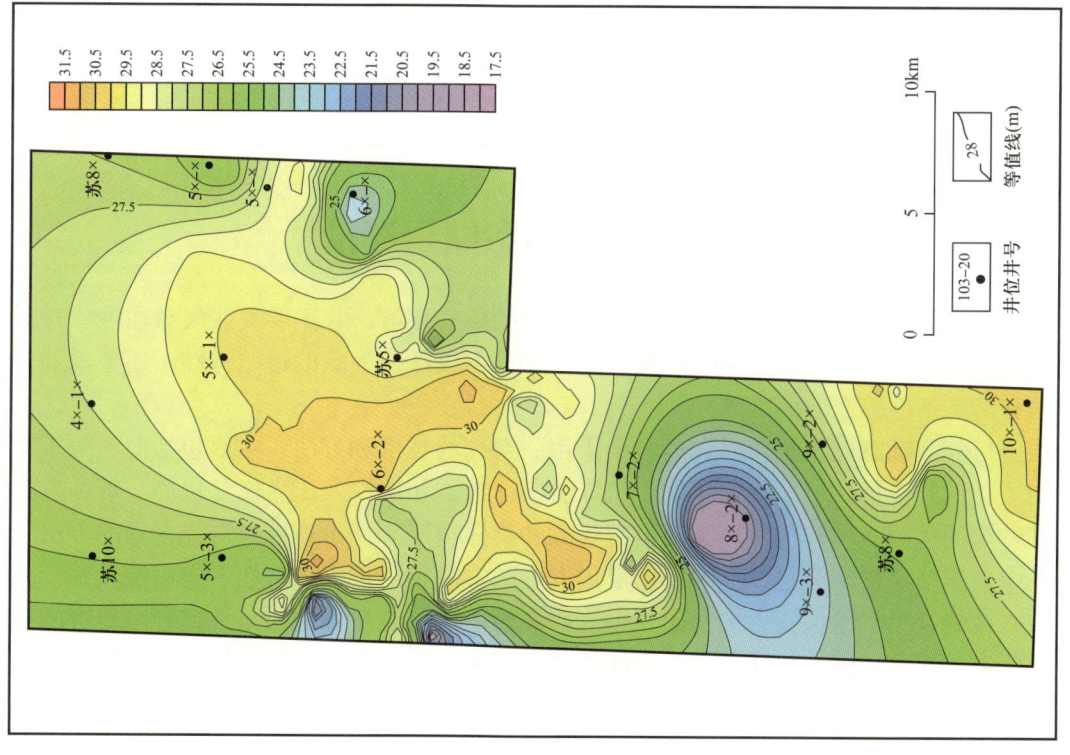

图 6-1-34 2017—2020 年苏 75 区块气井静压测试等值线图

根据近三年区块内各井的地层压力，折算到3500m后，采用算术平均计算气藏平均地层压力为14.26MPa。

苏75区块存在部分低压区，压力系数小于0.8的气井有56口，主要受周边采出程度高的影响。例如2020年通过对苏7×-5×-3×和苏7×-5×-3×两井丛共7口井进行测试，发现苏7×-5×-3×井、苏7×-5×-3×井存在低压异常，分析可能受邻井采出程度高的影响。苏7×-5×-3×井受邻井苏7×-5×-3×井（累计产量$2830×10^4m^3$）、苏7×-5×-3×井（累计产量$2174×10^4m^3$）产出程度高的影响，苏7×-5×-3×井受邻井苏7×-6×-3×井（累计产量$7707×10^4m^3$）产出程度高的影响。是否存在邻井间的干扰现象，需要通过系统的干扰试井测试确定（表6-1-7）。

表6-1-7 苏75区块分区部分历年老井测压与投产前测压数据对比表

序号	分区	井号	投产前压力测试	（MPa）	后期测静压	（MPa）	年均降幅（%）
1	西区	苏7×-×4-3×	2016/10/22	24.76	2023/1/6	13.71	7.14
2	西区	苏7×-×5-2×	2017/12/1	30.58	2023/4/15	10.03	12.61
3	西区	苏7×-×6-2×	2016/12/2	30.44	2017/8/18	26.68	18.44
4	西区	苏7×-×7-2×	2016/11/27	28.40	2017/8/18	18.24	47.70
					2020/10/10	13.83	12.83
5	西区	苏7×-×8-2×	2015/11/27	29.06	2020/6/20	12.33	12.57
					2022/8/24	12.29	8.55
6	西区	苏7×-×8-3×	2015/11/27	30.14	2020/5/5	9.55	15.46

第二节 气藏动态储量评价

气藏动态储量评价是油气勘探和开发过程中的核心环节，它主要关注气藏在现有开采技术和条件下，能够产出的天然气总量。这一评价不仅涉及气藏的地质特性，还考虑到开采技术和经济条件等多方面因素。

在进行气藏动态储量评价时，通常会采用一系列的技术和方法。主要包括但不限于物质平衡法、试井分析法、产量累积法、压降法、弹性二相法以及压力恢复法等。每种方法都有其特定的适用条件和优势，需要根据气藏的具体情况和评价目标来选择合适的方法组合。其中，压降法被认为是计算可动储量最准确的方法，适用于渗透性、连通性较好，并能较准确地确定平均地层压力的封闭气藏。而针对一些具有特殊地质条件或开采难度的气藏，如低渗透气藏或强非均质气藏，可能需要采用更为复杂和综合的评价方法，如流动物质平衡法、产量不稳定分析法、动态指标评价法等。

一、压降法

1. 单井动储量评价

压降法实质是定容封闭气藏的物质平衡法，根据气藏的累积采气量与地层压力下降的关系来推算储集空间的储量（图 6-2-1）。其物质平衡方程为

$$\frac{p_R}{Z} = \frac{p_i}{Z_i}\left(1 - \frac{G_p}{G}\right) \quad (6-2-1)$$

$$\frac{p}{Z} = a - bG_p \quad (6-2-2)$$

式中　p_R——上覆岩层岩力，MPa；
　　　p_i——原始地层压力，MPa；
　　　G_p——累积产气量，$10^8 m^3$；
　　　G——天然气地质储量，$10^8 m^3$；
　　　Z——气体偏差系数，无量纲；
　　　Z_i——原始气体偏差系数，无量纲。

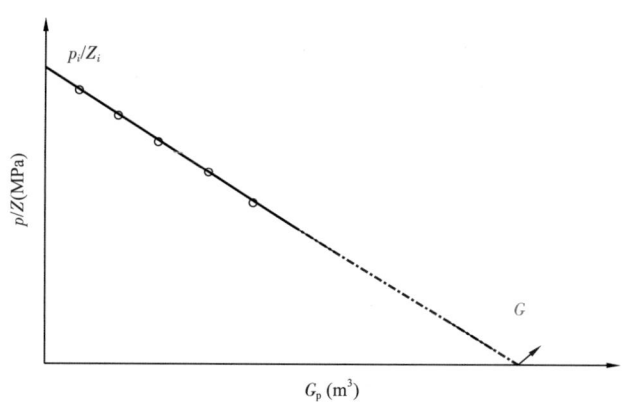

图 6-2-1　定容封闭消耗式气藏的压降图

当地层压力降为零时，对应的累计采气量即为气井控制的动储量。

根据压降法的基本原理，其存在以下两个适用条件：（1）采出程度达到10%：采出程度过低，地层压力降不明显，累计产气量相对较小，造成计算结果误差较大；（2）在生产阶段应有两个或两个以上实测或计算的地层压力，压力数据越多，更能真正反映气井的生产过程，分析所得结果越准确。

下面以动态分类三口井为例，分析压降法的使用情况。

动态 I 类井：苏 7×-7×-2× 井（图 6-2-2）。该井于 2014 年 12 月投产前测试地层压力 28.64MPa，截至 2018 年 8 月已累计采出天然气 $1667.39×10^4 m^3$，地层压力为 18.65MPa，根据曲线可计算得到：$G=4773.3×10^4 m^3$。

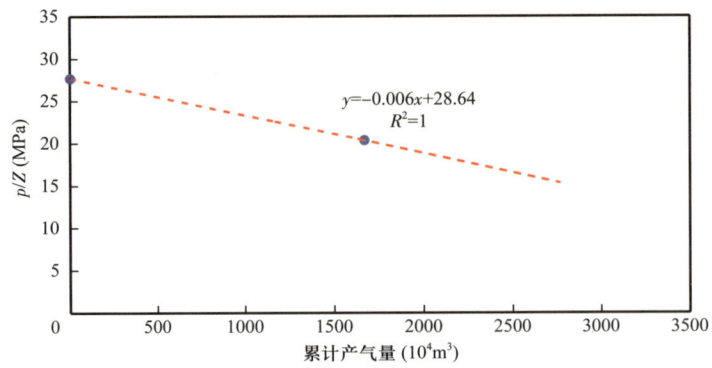

图 6-2-2　苏 7×-7×-2× 井气井压降曲线图

动态 II 类井：苏 7×-5×-3× 井（图 6-2-3）。该井于 2015 年 11 月投产前测试地层压力 30.14MPa，截至 2020 年 5 月已累计采出天然气 $1391.80×10^4m^3$，地层压力为 9.55MPa，根据曲线可计算得到：$G=2037.3×10^4m^3$。

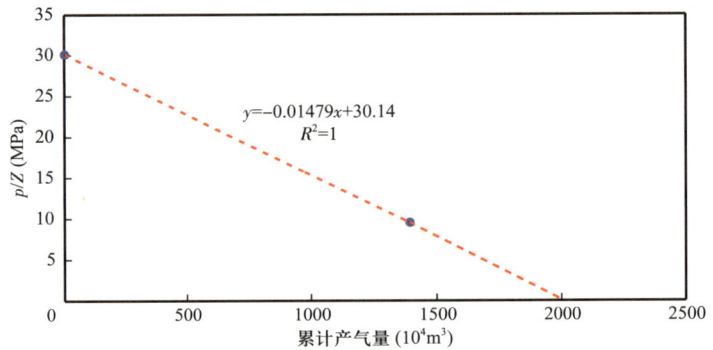

图 6-2-3　苏 7×-5×-3× 井气井压降曲线图

动态 III 类井：苏 7×-6×-2× 井（图 6-2-4）。该井于 2018 年 6 月投产前测试地层压力为 27.78MPa，截至 2023 年 7 月已累计采出天然气 $584.2×10^4m^3$，地层压力为 10.69MPa，根据曲线可计算得到：$G=945.9×10^4m^3$。

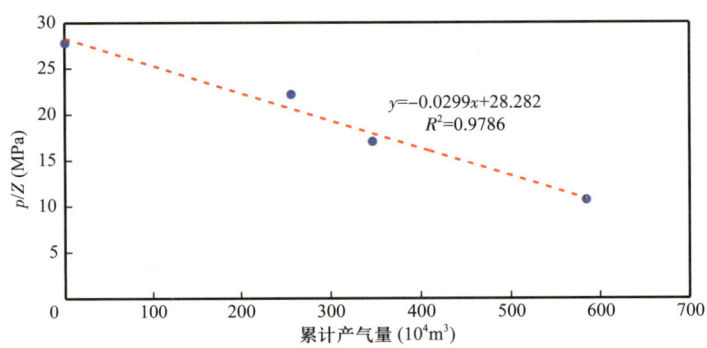

图 6-2-4　苏 7×-6×-2× 井气井压降曲线图

压降法是关井条件下常采用的方法，主要影响因素是井底积液、压力恢复程度等，井底积液影响可以通过环空液面测试进行校正，或是取关井天数相同的点加以排除。该方法适用于生产历史较长的Ⅰ类气井、Ⅱ类气井，Ⅲ类气井由于压力恢复缓慢或是生产时间较短及井底积液多等因素，应用效果差一些。

统计苏 75 区块各类典型井 32 口，其中Ⅰ类气井 8 口，平均单井动储量 $4164.7 \times 10^4 m^3$；Ⅱ类气井 15 口，平均单井动储量为 $2593.9 \times 10^4 m^3$；Ⅲ类气井 9 口，平均单井动储量为 $869.3 \times 10^4 m^3$；区块单井平均单井动储量为 $2542.6 \times 10^4 m^3$。

2. 区块动储量评价

统计历年 313 口井压力测试数据，数据点覆盖区块各个分区，能够有效反映区块压力变化情况（表 6-2-1）。

表 6-2-1　历年地层压力数据

年份	2009	2010	2011	2012	2013	2014	2015	2016
地层压力（MPa）	30.2	28.8	26.4	25.5	24.9	21.4	20.9	19.0
累计产气量（$10^4 m^3$）	0	54604	134178	214787	296027	378098	460731	544776
年份	2017	2018	2019	2020	2021	2022	2023	
地层压力（MPa）	18.0	17.5	16.0	14.5	14.2	13.8	12.4	
累计产气量（$10^4 m^3$）	626972	709324	788701	868314	948216	1032249	1115701	

区块 2009 年测试地层压力 30.2MPa，2023 年测试地层压力 12.4MPa，累计产气量 $111.5701 \times 10^8 m^3$，根据曲线可计算动储量 $183.3186 \times 10^8 m^3$（图 6-2-5）。

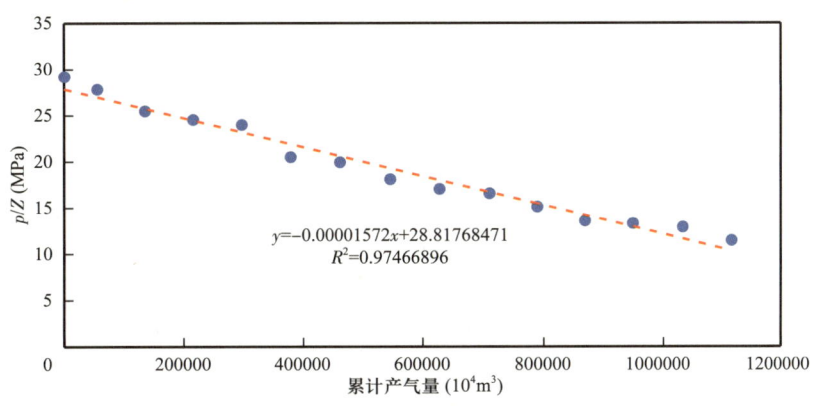

图 6-2-5　苏 75 区块压降曲线图

二、流动物质平衡法

从渗流力学的角度来分析，对于一个有限外边界封闭的油气藏，当地层压力波达到地层外边界一定时间后，地层中的渗流将进入拟稳定流状态，这时地层中各点压降速度相等并等于一常数，如图 6-2-6 所示，压降漏斗曲线将是一些平行的曲线，在井底依然。由此得到启示，对气藏物质平衡方程，若在同一张坐标中作静止视地层压力 p/Z 与 G_p 曲线和流动压力 p_{wf}/Z 与 G_p 曲线，它们也应该相互平行，当然，当 $G_p=0$ 时，p_{wf} 即为静压，所以利用"流动物质平衡方程"也可以求解气藏动态储量。

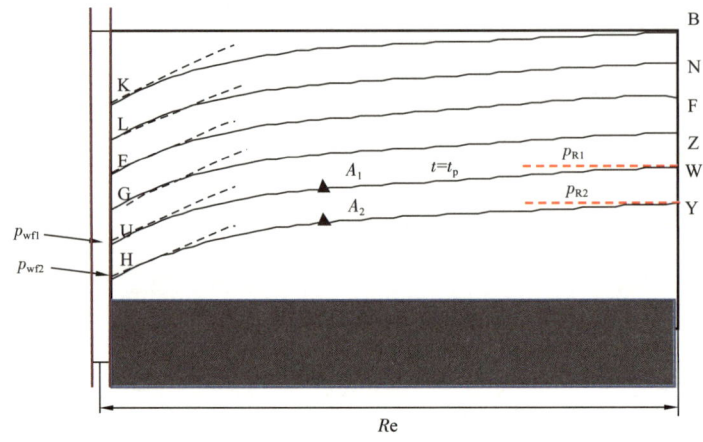

图 6-2-6　拟稳态流动示意图

类似地，还可以利用井口套压来求解动态储量，即套压所对应的视地层压力 p_c/Z 与 G_p 曲线应和 p/Z—G_p 曲线平行，求解储量示意图（图 6-2-7）。

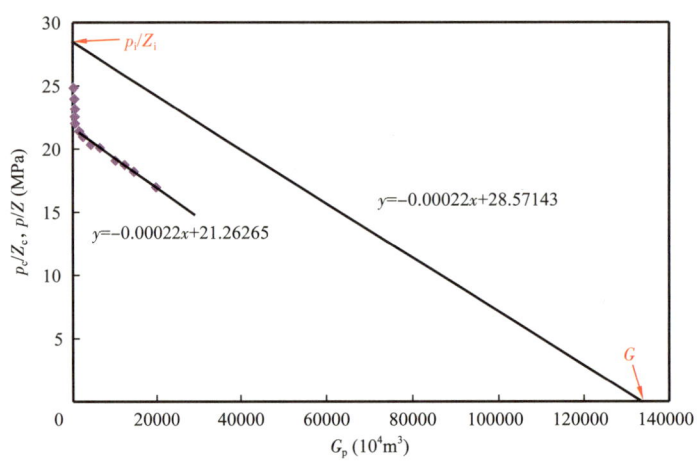

图 6-2-7　"流动"物质平衡法求解地质储量示意图

方法概述：根据气井各开采阶段井口视地层压力与单井累计采出气量，建立单井流动物质平衡（压降）曲线，过原始视地层压力点作压降线的平行线，再根据该直线方程求解动态储量。

即：p_c/Z_c—G_p 曲线→p/Z—G_p 直线→动态储量 G

$$\frac{p_c}{Z_c} = a' - \frac{p_i}{Z_i G} G_p = a' - bG_p \tag{6-2-3}$$

$$\frac{p}{Z} = \frac{p_i}{Z_i} - \frac{p_i}{Z_i G} G_p = a - b G_p \qquad (6\text{-}2\text{-}4)$$

式中　p_c、Z_c——井口套压与套压相对应的天然气偏差因子；

a'——p_c、Z_c—G_p 关系曲线中直线段的截距。

流动物质平衡法相对物质平衡法的优势在于不需要关井求取地层压力。该方法根据气井流动达到拟稳态条件下储层内压降分布特征，利用井底流压代替平均地层压力，建立关系曲线来计算气井的动态储量。在求解储量过程中，尽量取物质平衡曲线的后期直线段，此时地层中的渗流将进入拟稳定流状态，计算更准确。苏 7×-5×-2× 井流动物质平衡法计算的结果如图 6-2-8 所示，动态储量为 $0.96 \times 10^8 \text{m}^3$。

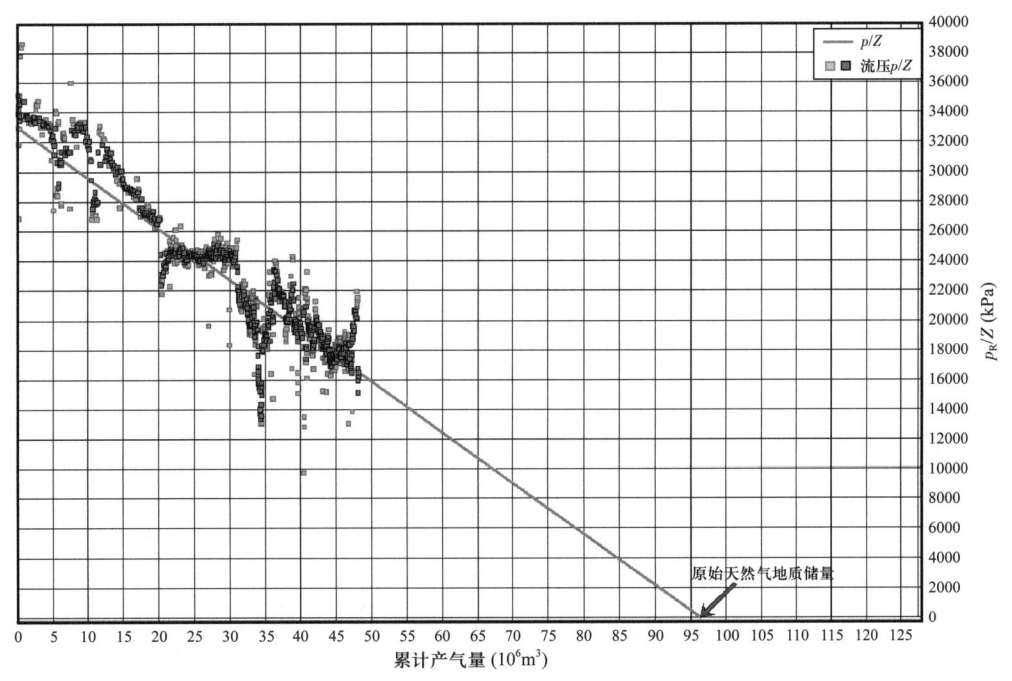

图 6-2-8　苏 7×-5×-2× 井流动物质平衡法计算图

三、产量不稳定分析法

利用单井的生产动态历史数据（即产量和流压），进行物质平衡分析，计算单井控制动储量，其分析过程（图 6-2-9）。

该方法适用范围广，要求数据简单，仅需产量和井口压力数据。在给定废弃条件（井底流压控制为 1.5MPa、废弃产量为 1000m³）下，可以进行生产动态预测，确定气井的最终可采储量。

采用 RTA 软件的 FMB 法、Blasingame 法、AG 法和 NPI 法四种方法计算的苏 7×-7×-2× 井动态储量如图 6-2-10、图 6-2-11、图 6-2-12、图 6-2-13 所示，苏 75 研究区块的动态储量如表 6-2-2 所示。

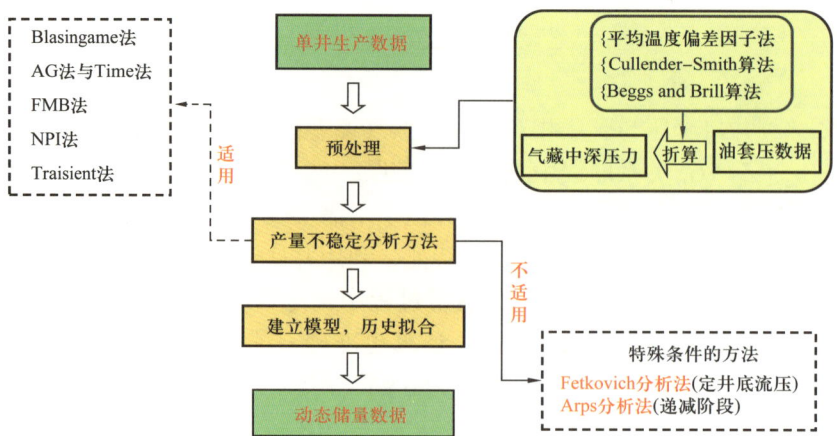

图 6-2-9 产量不稳定分析流程图

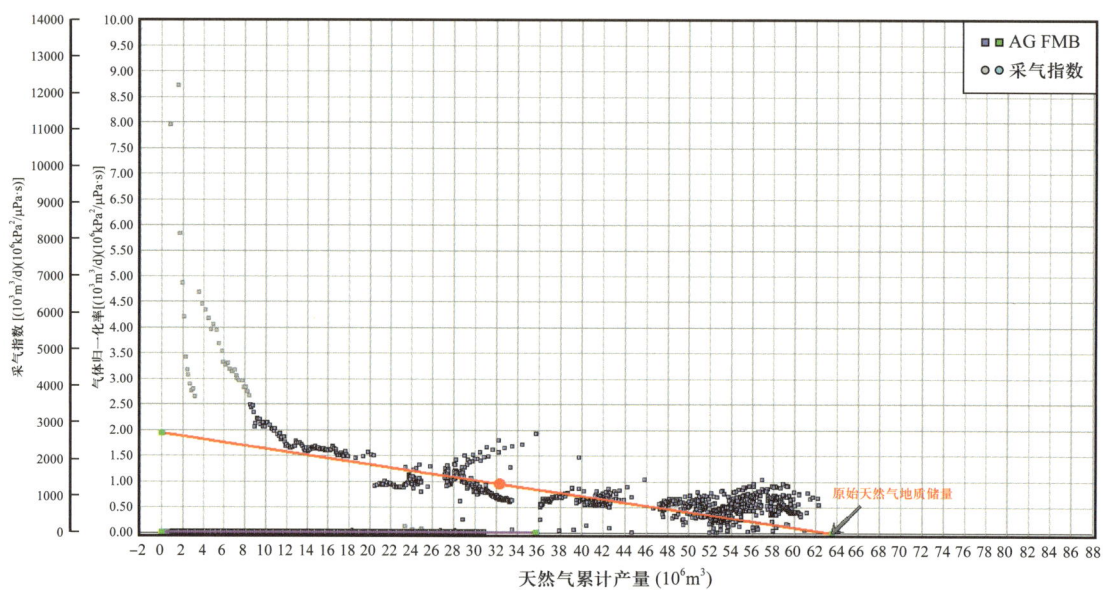

图 6-2-10 苏 7×-7×-2× 井 FMB 图版拟合结果图

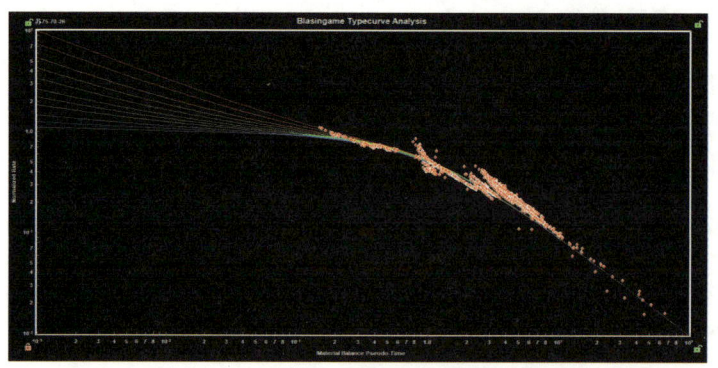

图 6-2-11 苏 7×-7×-2× 井 Blasingame 图版拟合结果图

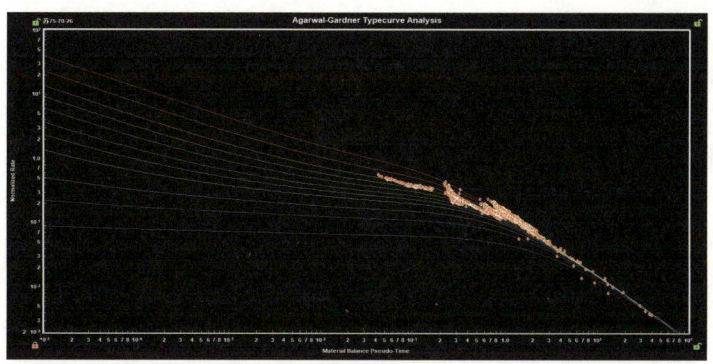

图 6-2-12　苏 7×-7×-2× 井 Agarwal-Gardner 图版拟合结果图

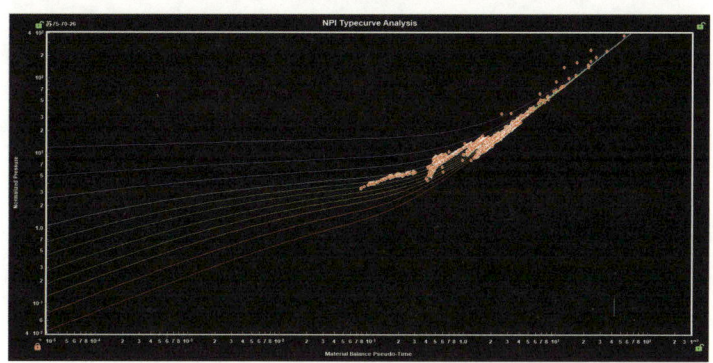

图 6-2-13　苏 7×-7×-2× 井 NPI 图版拟合结果图

表 6-2-2　气藏动态储量计算结果统计表

区块	井数（口）	计算方法	地质储量（10⁸m³）	K（mD）	裂缝半长（m）	泄气面积（km²）	泄气半径（km）
苏75研究区	58	FMB	22.13			5.941	1.375
		Blasingame 法	21.33	0.016	675.0	5.726	1.350
		AG 法	21.47	0.015	677.2	5.763	1.354
		NPI 法	22.06	0.020	686.5	5.922	1.373
		综合取值	21.75	0.017	679.6	5.838	1.363

根据区块 58 口井的实际生产数据，利用 RTA 软件的四种方法分别计算了苏 75 研究区块的动态储量，综合分析认为区块平均单井的动态储量为 $21.75 \times 10^8 \mathrm{m}^3$。

四、产量递减法

根据油气藏产量递减率的定义：

$$D = -\frac{1}{q}\frac{\mathrm{d}q}{\mathrm{d}t} \tag{6-2-5}$$

式中　　D——递减率，%；
　　　　q——产量，$10^4\text{m}^3/\text{d}$；
　　　　t——生产时间，d。

Arps 将常用的几种递减归纳为如下通式：

$$\frac{D}{D_i} = \left(\frac{q}{q_i}\right)^N \quad (6-2-6)$$

式中　　q_i——初始递减产量，$10^4\text{m}^3/\text{d}$；
　　　　N——递减指数。

将式（6-2-5）代入式（6-2-6）得

$$-\frac{1}{qD_i}\frac{dq}{dt} = \left(\frac{q}{q_i}\right)^N \quad (6-2-7)$$

将式（6-2-7）变形，并对时间 t 积分得

$$q = \frac{q_i}{\left(1+ND_i t\right)^{\frac{1}{N}}} \quad (6-2-8)$$

式（6-2-8）为描述油气藏产量递减方程的通式。在 N 取不同的值时，将得到几种常见的递减形式。

当 $N=0$ 时，由式（6-2-8）可以得到指数递减方程

$$q = q_i e^{-D_i t} \quad (6-2-9)$$

当 $N=0.5$ 时，由式（6-2-8）可以得到衰减方程

$$q = \frac{q_i}{\left(1+0.5D_i t\right)^2} \quad (6-2-10)$$

当 $N=1$ 时，由式（6-2-8）可以得到调和递减方程

$$q = \frac{q_i}{1+D_i t} \quad (6-2-11)$$

当 $0<N<1$ 时，由式（6-2-8）可以得到双曲递减方程。

气藏递减阶段的累计产量可以用下式表示

$$G_p = \int_0^t q\,dt \quad (6-2-12)$$

国内外学者认为对大多数气井，递减指数取 0.4~0.5 是合适的，因此本次采用衰减方程进行气井的产量变化规律研究。

将式（6-2-8）代入式（6-2-12）得

$$G_p = \int_0^t \frac{q_i}{(1+0.5D_i t)^2} dt \quad (6\text{-}2\text{-}13)$$

求解式（6-2-13）得

$$G_p = \frac{q_i}{0.5D_i} - \frac{q_i}{0.5D_i(1+0.5D_i t)} \quad (6\text{-}2\text{-}14)$$

化简得

$$\frac{1}{G_p} = A + B\frac{1}{t} \quad (6\text{-}2\text{-}15)$$

式中 $A = \dfrac{0.5D_i}{q_i}$，$B = \dfrac{1}{q_i}$

由式（6-2-15）可以看出，以 $1/t$ 为横坐标，$1/G_p$ 为纵坐标，可以得到一条直线，其截距为 A，斜率为 B，通过对直线进行线性回归确定出 A、B 后，就可以进行油气藏动态指标的预测。

式（6-2-8）分子、分母同时除以 q_i，得到预测不同时间产量的模型为

$$q = \frac{1}{B\left(1+\frac{A}{B}t\right)^2} \quad (6\text{-}2\text{-}16)$$

由式（6-2-15）得到累计产量表达式为

$$G_p = \frac{t}{At + B} \quad (6\text{-}2\text{-}17)$$

对于致密气藏，简单采用衰减曲线会出现较大的偏差，为此提出修正衰减曲线分析方法。该方法就是通过修正系数 A，使得预测模型能够很好拟合实测数据。通过修正，使得常规衰减曲线分析方法扩展到致密气藏，具体过程如图 6-2-14 所示。

为了消除气井不同投产时间对气井产量的影响，首先将不同投产时间的气井拉齐到相同的起始时间，随后进行气井产量变化规律分析，主要采用投产时间较长的 28 口老井生产数据。

（1）Ⅰ类井。

将累计产量的倒数与 $1/t$ 的相应数据绘于坐标图上，进行回归可得到一条非常好的直线。（图 6-2-15）

直线的截距 $A=0.000283$，斜率 $B=0.0089$，将 A、B 的值代入得到预测不同时间产量的相关经验公式，并绘图（图 6-2-16）。

$$q = \frac{112.3}{(1+0.031785t)^2} \quad (6\text{-}2\text{-}18)$$

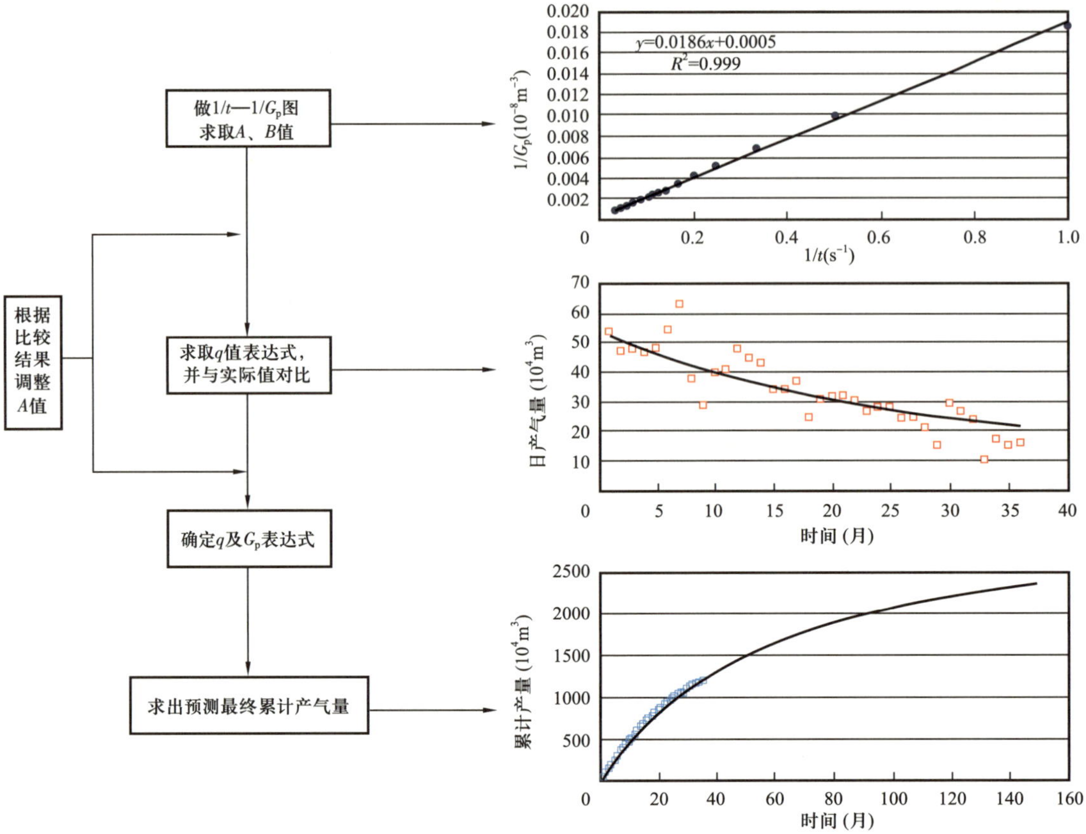

图 6-2-14　修正衰减曲线计算流程图

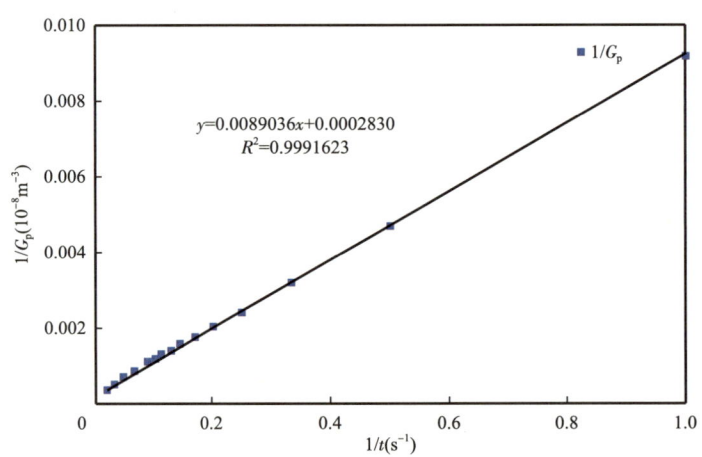

图 6-2-15　Ⅰ类气井 $1/G_p$ 与 $1/t$ 的关系曲线图

进行修正后，最终确定Ⅰ类井的产量变化预测公式及曲线。

$$q = \frac{119.35}{(1+0.0301t)^2} \qquad (6\text{-}2\text{-}19)$$

$$G_p = \frac{q_i t}{1+0.5D_i t} = \frac{t}{0.00838+0.000252t}$$ （6-2-20）

当时间趋于无穷大时，便可得到气井的控制动储量，利用公式求得Ⅰ类井控制动储量平均为 $3965 \times 10^4 m^3$，考虑投产前4口Ⅰ类井试采平均每口井放空 $365 \times 10^4 m^3$，则Ⅰ类井平均单井控制动储量为 $4330 \times 10^4 m^3$（图6-2-17）。

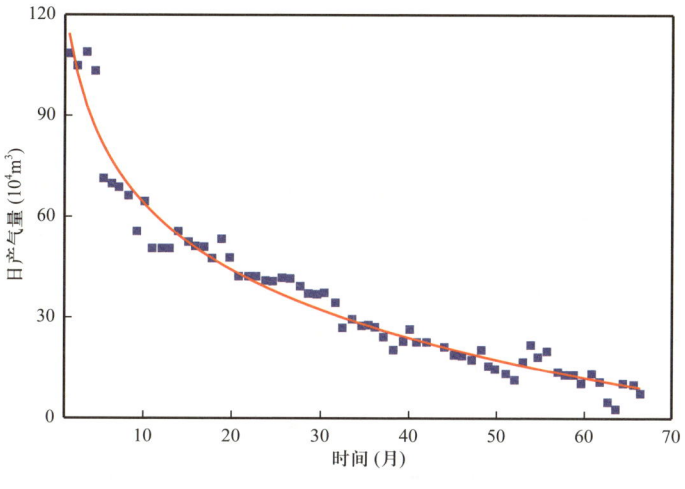

图6-2-16　Ⅰ类井产量历史拟合曲线

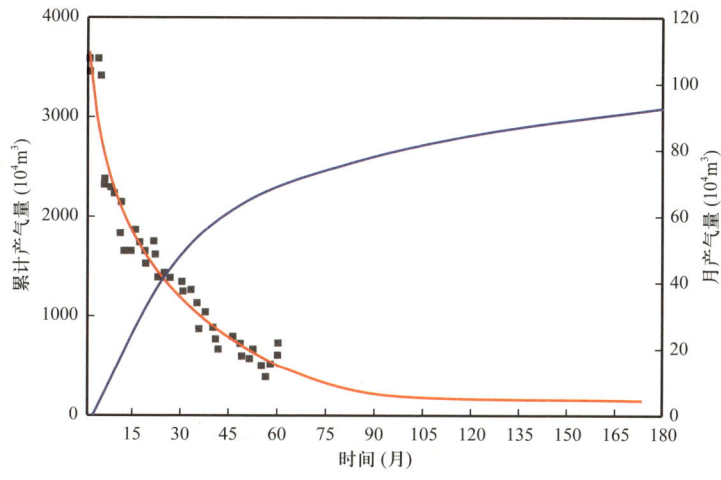

图6-2-17　Ⅰ类井产量、累计产量历史拟合曲线

气井经济极限产量取 $0.10 \times 10^4 m^3/d$，则月经济极限产量为 $3.0 \times 10^4 m^3$，可得气井的经济开采量为 $3280 \times 10^4 m^3$，加上递减前累计产量 $365 \times 10^4 m^3$，则Ⅰ类井最终经济可采储量为 $3646 \times 10^4 m^3$。其动态储量采收率为84.2%。

（2）Ⅱ类井。

同上方法可得，Ⅱ类井的产量变化预测公式，评价平均控制动储量为 $2694 \times 10^4 m^3$，最终经济可采储量为 $2103\times10^4\mathrm{m}^3$。其动态储量采收率为 78.1%（图 6-2-18）。

$$q=\frac{70.3}{(1+0.0261t)^2} \tag{6-2-21}$$

$$G_\mathrm{p}=\frac{q_it}{1+0.5D_it}=\frac{t}{0.01422+0.000371t} \tag{6-2-22}$$

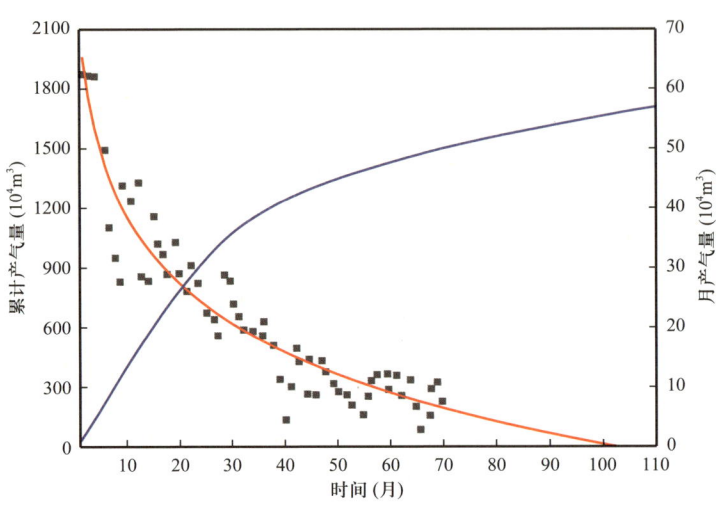

图 6-2-18　Ⅱ类井产量、累计产量历史拟合曲线

（3）Ⅲ类井。

同上方法可得，Ⅲ类气井的产量变化预测公式，评价平均控制动储量为 $1480\times10^4\mathrm{m}^3$，最终经济可采储量为 $1035\times10^4\mathrm{m}^3$。其动态储量采收率为 69.9%（图 6-2-19）。

$$q=\frac{38.8}{(1+0.0262t)^2} \tag{6-2-23}$$

$$G_\mathrm{p}=\frac{q_it}{1+0.5D_it}=\frac{t}{0.0258+0.0006759t} \tag{6-2-24}$$

（4）全部气井。

同上方法可得，平均单井的产量变化预测公式，评价平均控制动储量为 $2850\times10^4\mathrm{m}^3$，最终经济可采储量为 $2250\times10^4\mathrm{m}^3$。其动态储量采收率为 80.0%（图 6-2-20）。

$$q=\frac{75.276}{(1+0.0264t)^2} \tag{6-2-25}$$

$$G_\mathrm{p}=\frac{q_it}{1+0.5D_it}=\frac{t}{0.01329+0.0003509t} \tag{6-2-26}$$

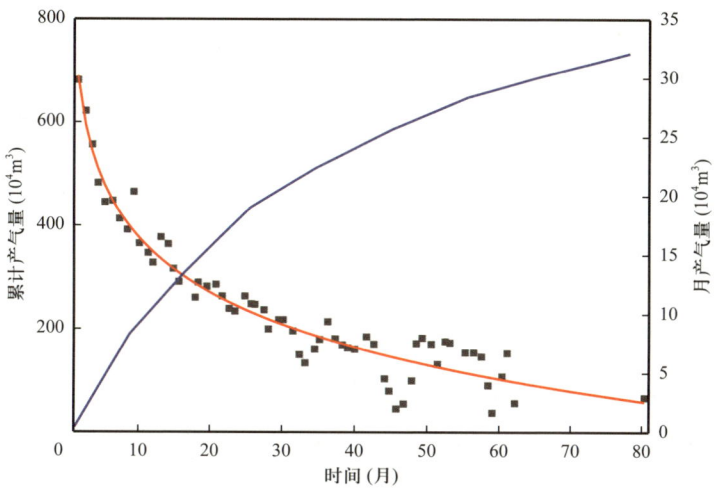

图 6-2-19　Ⅲ类井产量、累计产量历史拟合曲线

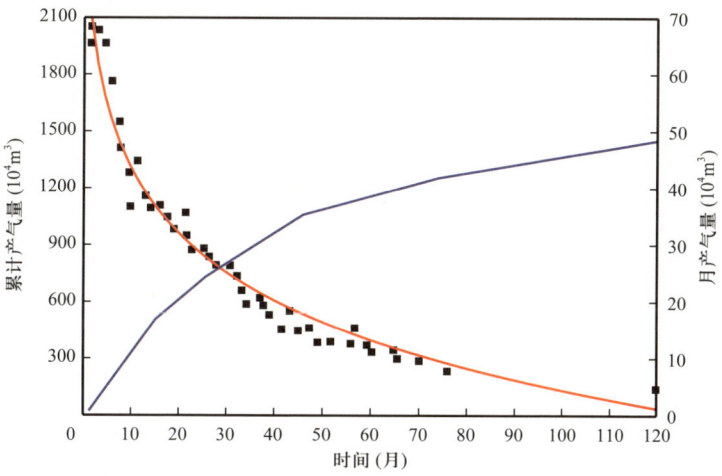

图 6-2-20　平均单井产量、累计产量历史拟合曲线

第七章 致密砂岩气藏井网优化部署

第一节 致密砂岩气藏井网设计

一、致密砂岩气藏井网设计考虑的因素

井网设计的依据需考虑气藏形状和大小、构造特征、储层分布特征和单井控制储量等因素，其目标是在最大限度动用储量的同时，又能实现合理的开发。气藏布井不同于注水油田开发，气藏一般采用非正规井网，普遍采用均匀井网或非均匀高点布井方式。

低渗透气田往往单井控制储量低、气井产量低、压降快，压力恢复缓慢，稳产能力差，所以应该采取小井距开发，其井网形式及井距应以该区块的地质、实施现状等具体情况而定。主要从以下几个方面进行考虑：

1. 致密砂岩气藏的储层特性

储层横向连通性和连续性：由于致密砂岩气藏储层横向连通性以及连续性不好，设计井网时需要采用比较密集的开发方式。

岩性稳定性：致密砂岩气藏在不同地层的展布可能导致岩性无法稳定，进而影响钻头钻进和井网布局。

2. 井距和单井控制面积

井距和单井控制面积是井网设计的基础参数，需要根据气井的有效控制面积来确定合理的井网几何形态。过大的井距可能导致产能不足，而过小的井距则可能增加成本且不利于资源充分利用。

3. 井网几何形态

根据致密砂岩气藏的有效砂体分布特征，选择合适的井网几何形态，如均匀井网、不均匀井网、环状井网、线状井网等。井网形态的选择应充分考虑砂体的形状变化、展布方向、连续性等因素，以实现最大化产气能力。

4. 丛式井组和水平井组优化

丛式井组和水平井组的设计需要考虑储层分布特征、渗流特征以及压裂工艺等因素，以实现最佳的采收率。水平井技术的发展和应用对于提高致密砂岩气藏的采收率具有重要意义。

5. 技术实施和经济效益

井网设计需要考虑技术实施的可行性，包括钻井技术、完井技术、增产工艺技术等。同时，经济效益也是井网设计的重要考虑因素，包括投资成本、运营成本、产量预测、经济效益分析等。

综上所述，致密砂岩气井网设计是一个综合考虑储层特性、井距和单井控制面积、井网几何形态、丛式井组和水平井组优化、技术实施和经济效益以及风险评估和应对策略等多个因素的过程。通过科学的井网设计，可以最大化致密砂岩气藏的产气能力，提高经济效益和社会效益。

二、苏 75 区块井网设计

苏 75 区块储层为河流相，根据目前的最新认识，储层虽基本上呈北东-南西向条带状分布，但砂体的摆动性强，且多套小层上下叠置，平面上变化较大，储层非均质性较强，所以在方案设计中采用矩形井网进行布井，在具体实施过程中可根据实际情况进行适当调整，调整起来灵活方便，比较适宜该气藏开发。

1. 考虑地应力的影响

由于苏里格气田为特低渗透气田，储层物性差，渗透率低，大部分井需要压裂以后才能达到一定的产能。实际的试气和试采过程中的资料也反映压裂效果的好坏直接影响着气井产量的大小。因此，在井网研究时应该充分考虑人工压裂形成的裂缝方向对井网的影响。

六臂地层倾角测井的三井径曲线或四臂地层倾角测井的双井径曲线中的 I 号极板方位曲线可以确定椭圆井眼长轴方位，而椭圆井眼长轴方位与现代应力场最大、最小水平主应力方位有直接的联系。其中，苏 7×-4×-1× 井、苏 7×-9×-2× 井进行了六臂地层倾角测井，苏 7×-3×-× 井、苏 7×-8×-3× 井进行了四臂地层倾角测井。因此利用上述 4 口井的倾角测井曲线来确定其主力气层段石盒子组、山西组的最大、最小水平主应力方位（表 7-1-1）。

表 7-1-1 苏 75 区块最大水平主应力方位统计表

井号	井段（m）	扩径极板	I 号极板方位（°）	最小水平主应力方位（°）	最大水平主应力方位（°）	平均最大水平主应力方位（°）
苏 7×-4×-1×	3114.5～3115.5	C1-4	340	340	70	70
	3351.0～3353.5	C1-4	340	340	70	
苏 7×-9×-2×	3211.0～3214.0	C1-4	162	162	252（72）	71
	3488.0～3490.0	C1-4	160	160	250（70）	

续表

井号	井段（m）	扩径极板	I号极板方位（°）	最小水平主应力方位（°）	最大水平主应力方位（°）	平均最大水平主应力方位（°）
苏7×-3×-×	3213.0～3225.0	C1-3	174	174	84	72
	3277.0～3281.0	C1-3	158	158	68	
	3300.0～3311.0	C2-4	64	154	64	
苏7×-8×-3×	3291.0～3295.0	C1-3	25	25	115	115

由表7-1-1可以清晰地看出，苏7×-4×-1×井、苏7×-9×-2×井、苏7×-3×-×井最大水平主应力平均方位为72.3°，最大主应力方向为北东东向。苏7×-8×-3×井最大水平主应力方位为115°，最大主应力方向为北西西向。综合分析以后确定，该区域最大水平主应力方向应该为近东西向，因此，苏75区块人工压裂的裂缝方向应该为近东西向。

在井网部署时，应在考虑砂体展布的同时，适当的将东西向的井距适当扩大，部署正方形井网，以减少压裂裂缝延伸方向对气井开采效果的影响，保证气井实现最佳的开采效果。

2. 二维地震资料重新采集后的井网部署

开发早期苏75区块部署实施的二维地震测网密度为1.2km×3km，共部署二维地震测线60条。其中，东西向54条，715km；南北向6条，325km，共计新采集二维地震测线长度1040km。已完成了地震采集，并已开展了大量的解释研究工作（图7-1-1）。

在早期井网部署时应充分考虑测网形式，尽量将尽可能多的生产井部署在已有测线上，这些位置地质认识相对清楚，钻井成功率相对较高，可以有效降低产能建设实施风险（图7-1-1）。

3. 利用丛式井开发

利用丛式井进行开发具有占地少、日常生产管理方便、安全环保以及污染小的优

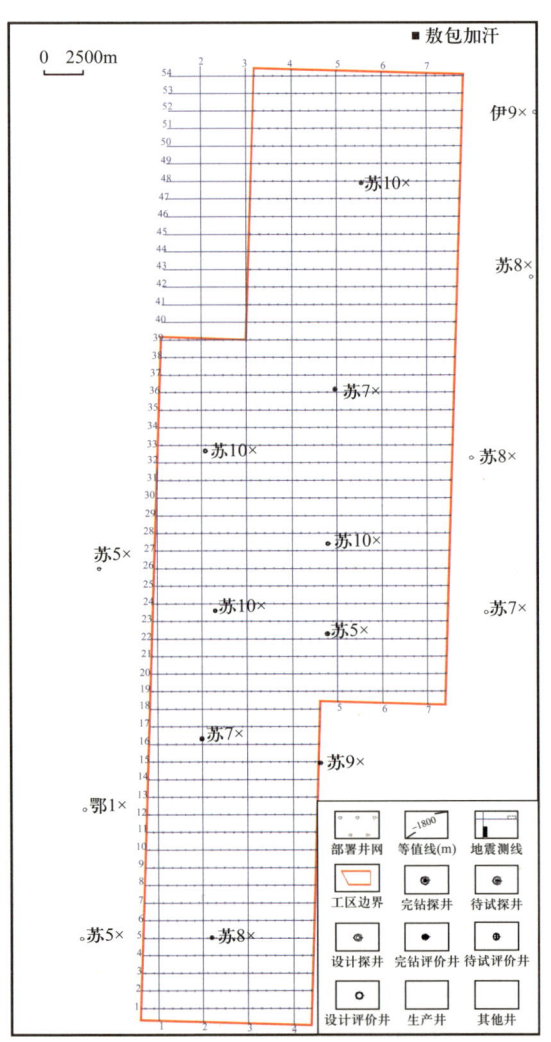

图7-1-1 苏里格气田苏75区块地震测线部署图

点，具有良好的社会效益。按照股份公司的要求，井网设计时考虑尽可能地利用丛式井进行开发。通过研究分析以后认为，矩形井网具有适应性较强，实施过程中变形灵活，有利于大规模开展丛式井进行开发的优势（图 7-1-2）。

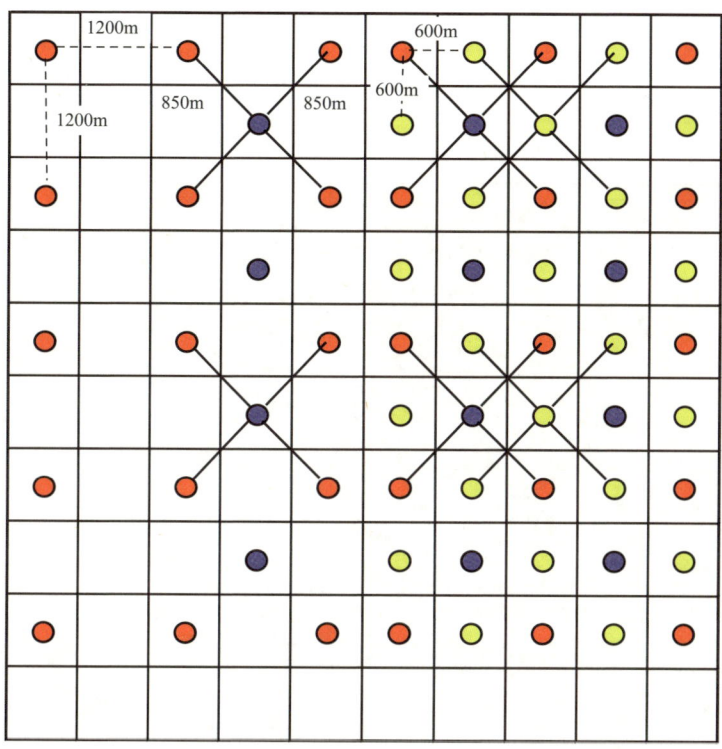

图 7-1-2 苏里格气田苏 75 区块矩形井网变化图

由图中可以看出，随着认识程度的加深，可以由较大井距的井网进一步变形为 850m×850m 甚至为 600m×600m 的开发井网，并且随着井网的变化，丛式井的比例也逐步增加，投资可进一步节省，有利于安全环保并进一步创造明显的社会和经济效益。

综上所述，在井网部署时，应该同时考虑到砂体展布、地震测网形式、最大主应力方向、井网的适应性以及尽可能利用丛式井进行开发的要求，应该考虑将东西向井距适当扩大，苏 75 区块整体使用矩形井网进行布井，在方案实施过程中可根据实际情况进行适当调整。

第二节　苏 75 区井网优化

一、井网对砂体的适应性分析

根据国内外低渗透气田的开发经验，该类气藏宜采用小井距进行开发，开发井网根据情况可以采用一次成型、多次成型相结合的布井方式。根据四川、长庆的开发经验，对于这类低渗透气藏在开发过程中，往往必须采用压裂的方法而获得必需的产量。那么，从扩大气藏的开采规模和保持一定的稳产期角度出发，设计的井距应不大于 800m。当然井距也并非越小越好，否则会出现生产一段时间后发生井间干扰，影响气井正常生产的现象。

长庆苏里格气田的苏 6 区块加密井的钻探成果表明，盒 8 段有效砂体的规模小，宽度一般小于 1000m，且含气砂体大部分呈孤立状分布，在 800m 井距条件下基本没有井间干扰。12 口加密井共钻遇含气砂体 28 个，其中宽度大于 1600m 的 1 个（3.6%），800～1600m 的 6 个（21.4%），小于 800m 的 21 个（75%），说明大部分含气砂体宽度规模小于 800m（图 7-2-1）。

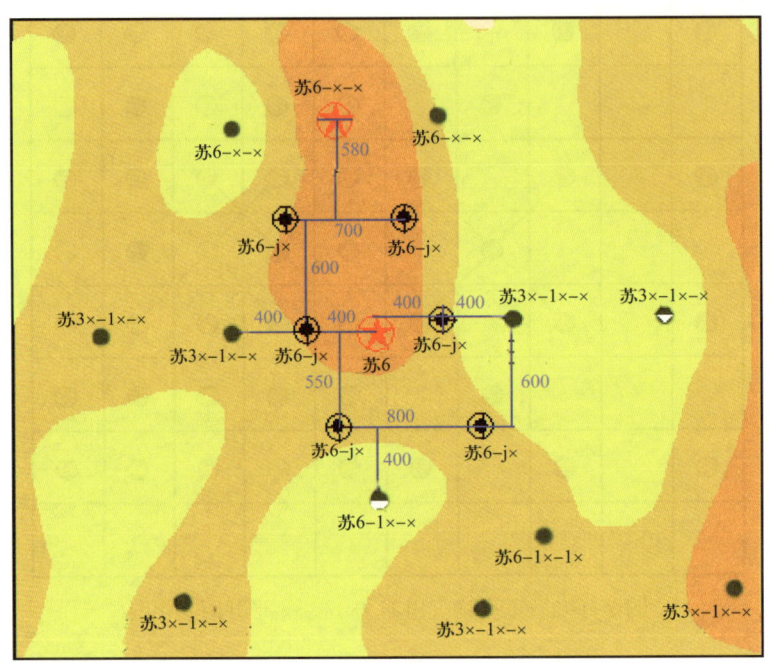

图 7-2-1 苏 6 井周围加密井位部署图

另外从苏里格投入开发的区块看，单井压裂的裂缝半长在 150～200m，井距过小也会导致井间干扰。2007 年在苏 6 井周围按照 400m×600m 井网实施了 6 口加密井，其中 2 口井已经投产，其余 4 口井关井恢复压力，未投产。从 6 口加密井压力恢复情况看，4 口井没有明显井间干扰现象，但是其中 2 口井出现了井间干扰现象，且基本证实与东西向 3 口井关系较大而南北向没有影响。这一情况充分表明在 400m 井距条件下，气藏沿东西向具有连通性，有井间干扰现象，以 600m 排距情况下暂不存在井间干扰现象。因此建议苏 75 区块的井距应不小于 500m。

气井试井解释成果认为，连通的有效含气砂体一般宽度为 300～1000m，长度为 1000～1500m。而根据苏 25 区块的苏 1×-1× 井的试井解释结果可知，该井分布在宽度小于 400m 的条带气砂体中（图 7-2-2，表 7-2-1）。

以上情况表明苏里格气田的井距不宜过大，而且井网设计在考虑砂体规模的同时还要考虑单井控制储量，井距过小虽对砂体控制程度增加，但降低单井采出量。所以合理井距应该在 500～800m。

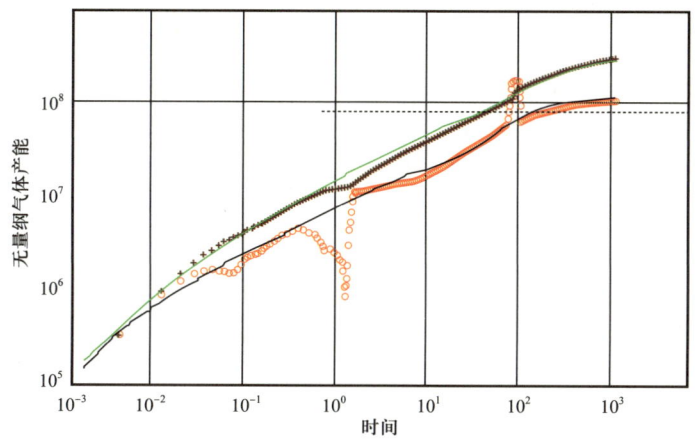

图 7-2-2 苏 1×-1× 井终关井压力恢复曲线双对数图

表 7-2-1 苏 1×-1× 井试井解释结果表

参数	终关井
C（m^3/MPa）	10.3
S_f	0.007
K_h（$10^{-3}μm^2·m$）	6.85
K（mD）	0.926
X_f（m）	118
L_1（m）	312
L_2（m）	52
拟合压力（MPa）	28.04

二、井网对储层物性的适应性分析

为了研究确定合理的井网井距等开发指标，按照苏 75 区块实际的储层物性基础参数，初步建立该区的三维机理模型，采用数值模拟方法开展了相关的方案指标预测和对比研究等工作，并针对不同区域的物性特点考虑部署不同井网（表 7-2-2）。

表 7-2-2 合理井网井距论证研究方案对比表

分类	基本论证	敏感性分析
研究内容	1800m、1200m、800m、600m、400m 等多套方案的对比论证	在基本论证的基础上，进行储层物性、储量丰度和非均质性等多项敏感性分析
方案个数	10	70

为了得到在现有认识条件下的合理井网，利用数值模拟方法对合理的井距、排距进行充分的对比、论证和优选。

1. 井距优选

由开发指标预测对比结果来看，开采 10 年末，随着井距由 400m 上升到 600m 左右时，单井累积产气量由 $1750 \times 10^4 \text{m}^3$ 上升到 $2036 \times 10^4 \text{m}^3$，变化明显。当井距大于 600m 以后累积产气量变化较小（图 7-2-3，表 7-2-3）。

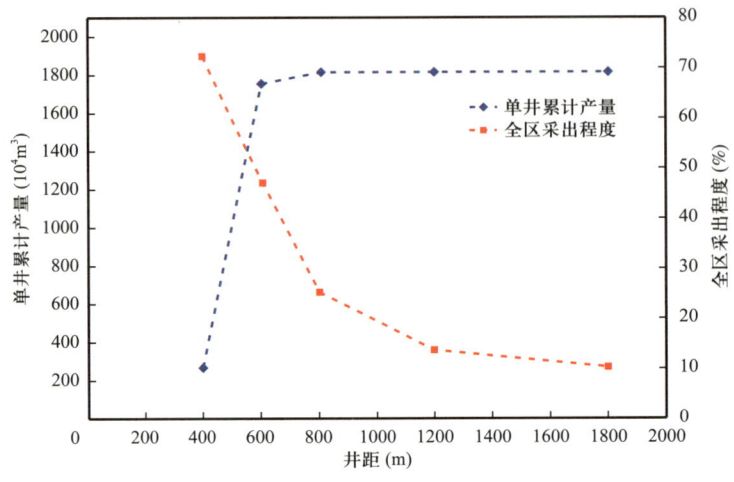

图 7-2-3　不同井距 10 年末开发效果对比图

表 7-2-3　不同井距条件下各方案开发指标预测对比表

井距(m)	10 年末		15 年末		20 年末	
	累计产气量（10^8m^3）	采出程度（%）	累计产气量（10^8m^3）	采出程度（%）	累计产气量（10^8m^3）	采出程度（%）
400	1750	72.3	1750	72.3	1750	72.3
600	2036	47.1	2306	53.4	2306	53.4
800	2044	25.4	2393	29.7	2593	32.2
1200	2044	13.5	2393	15.8	2593	17.1
1800	2044	10.1	2393	11.9	2593	12.9

由开采 15 年末和 20 年末的开发指标可以看出，随着生产时间的延长，单井累积产气量逐渐增加。当井距扩大到 800m 左右以后时，单井累积产气量变化较小。综合采出程度分析，井距为 600m 时，采出程度相对较高，可以达到 53.4% 左右，开采效果较好。由此可以看出，认为合理的井距应该控制在 600m 左右，开发效果最好（图 7-2-4、图 7-2-5）。

2. 排距优选

由开采曲线（图 7-2-6）可以看出，开采 10 年末，在井距 600m 时，随着排距由 400m 上升到 600m 左右时，单井累积产气量由 $1871 \times 10^4 \text{m}^3$ 急剧上升到 $2036 \times 10^4 \text{m}^3$，变化明显。当排距大于 600m 以后累积产气量变化较小。

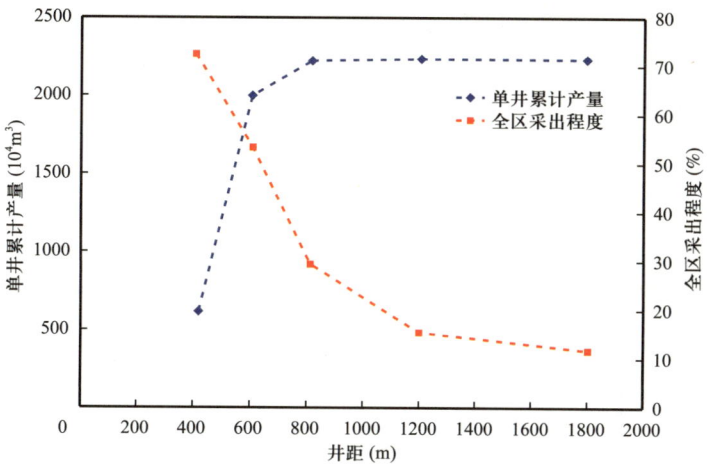

图 7-2-4　不同井距 15 年末开发效果对比图

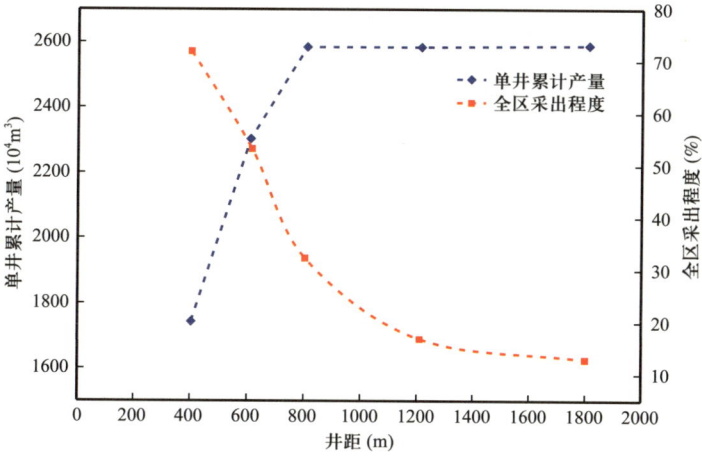

图 7-2-5　不同井距 20 年末开发效果对比图

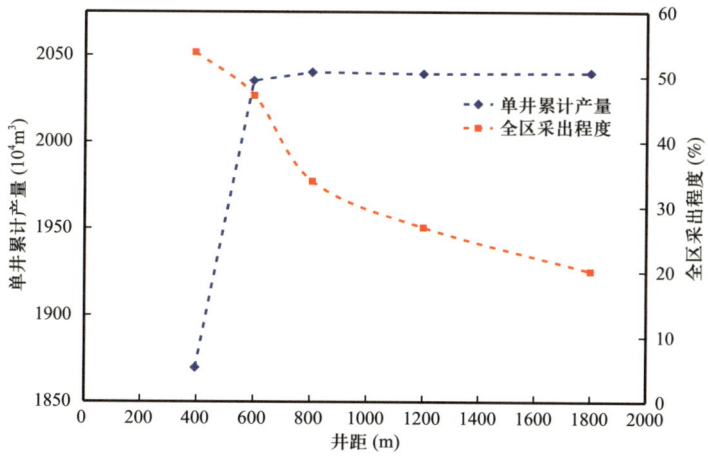

图 7-2-6　井距 600m 10 年末开发效果预测图

由开采 15 年末和 20 年末的开采曲线（图 7-2-7、图 7-2-8）可以看出，随着生产时间的延长，单井累积产气量逐渐增加。当排距扩大到 800m 时，单井累积产气量变化较小，均在 $2400 \times 10^4 m^3$ 左右。综合采出程度分析，排距为 600m 时，采出程度相对较高，可以达到 53.4% 左右，开采效果较好。综合以上分析，认为合理的排距也应该控制在 600m 左右，开发效果最好。

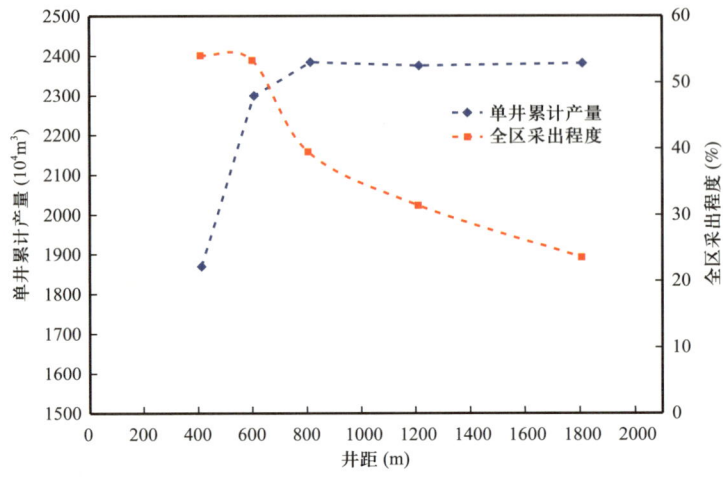

图 7-2-7　井距 600m 15 年末开发效果预测图

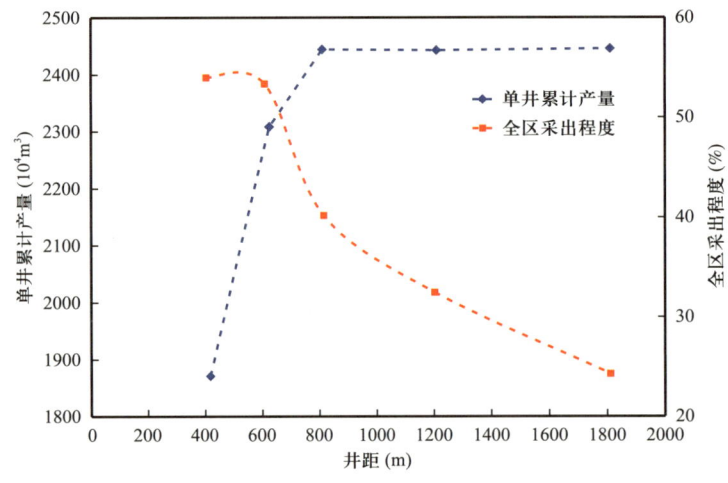

图 7-2-8　井距 600m 20 年末开发效果预测图

3. 储层物性变化对井距的影响

由于苏 75 区块内，储层平面上非均质性较强，气层的渗透率在 0.1~4.07mD 之间变化，为平均渗透率的 0.1~6 倍（表 7-2-4）。为了研究不同井区不同物性条件下的合理井距，进一步开展了渗透率敏感性分析。目的是在确定合理的井距、排距情况下，论证不同区域不同物性采用不同井网的可行性。

表 7-2-4 苏 75 区块气层段测井解释渗透率统计表

序号	井号	层位	K（mD）		
			最大值	最小值	平均值
1	苏 7×	盒 8 段	0.241	0.241	0.241
2	苏 9×	盒 8 段	0.310	0.310	0.310
3	苏 10×	盒 8 段	0.301	0.301	0.301
		山 1 段	0.905	0.532	0.664
4	苏 10×	盒 8 段	0.322	0.248	0.272
		山 1 段	0.385	0.385	0.385
5	苏 10×	山 1 段	1.308	0.347	0.725
		山 1 段	3.214	0.123	2.157
6	苏 10×	盒 8 段	0.725	0.253	0.509
		山 1 段	1.101	0.157	0.816
7	苏 7×-10×-2×	盒 8 段	3.440	0.464	1.801
		山 1 段	4.066	0.564	3.452

由方案对比可知，在相同井距、排距条件下，随着渗透率的增加，单井累计产气量逐渐增加，由 $2040 \times 10^4 m^3$ 上升到 $2764 \times 10^4 m^3$，开采效果逐渐变好。随着渗透率的增加，井距可适当增加。通过方案对比可知，当 $K=0.5$ 倍时，各方案差别不大；当 $K=1$ 倍时，600m 井距较好；当 $K>2$ 倍时，800m 井距较好（图 7-2-9、图 7-2-10）。

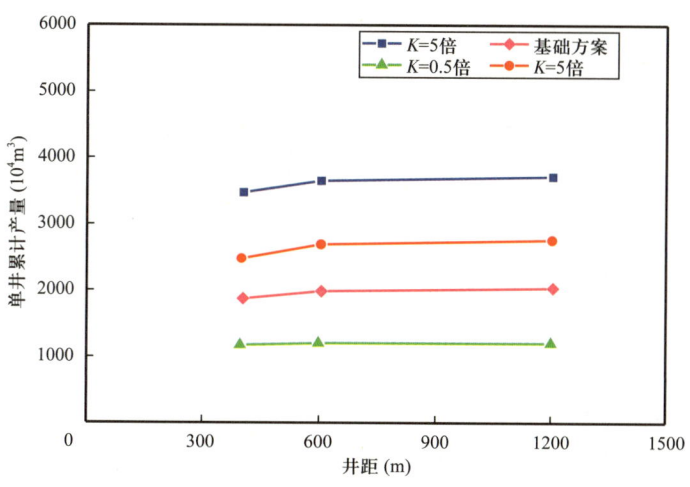

图 7-2-9 不同储层物性条件下开发效果对比图

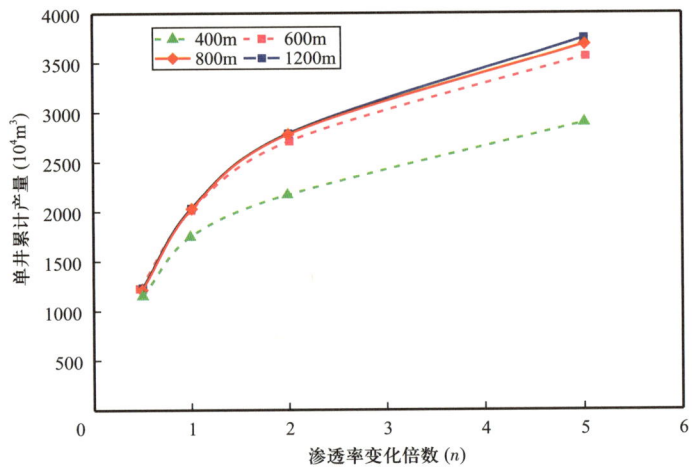

图 7-2-10 不同渗透率倍数方案 10 年末开发效果对比图

4. 储量丰度变化对井距的影响

在相同井距、排距条件下，随着储量丰度的增加，单井累计产气量逐渐增加，开采效果逐渐变好（图 7-2-11、图 7-2-12，表 7-2-5）；由对比可知，随着储量丰度的增加，井网可进一步调整，储量丰度小的区域井距可适当增加；储量丰度大的区域井距可适当缩小。

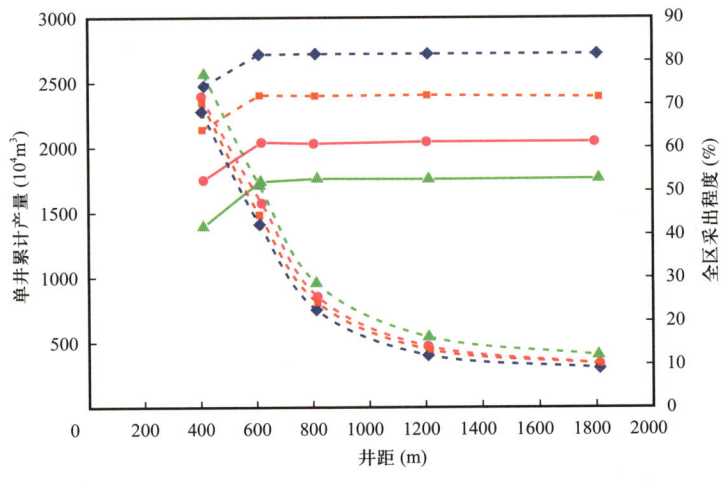

图 7-2-11 不同储量丰度方案 10 年末开发效果对比图

由现有资料可知，苏 75 井区的平均单储系数为 0.12。根据数值模拟研究结果，井距为 600m 时，可采储量可以达到 45% 以上；而统计资料显示，单井经济合理的累积产气量应该在 $1950 \times 10^4 m^3$ 以上。从这一情况看，当气层厚度在 8~10m 时，井网应为 850m×850m 的正方形井网（表 7-2-6）。

当气层厚度为 11m 左右时，600m×600m 井网的天然气可采储量可以达到 $2138 \times 10^4 m^3$，大于单井经济合理的累积产气量（$1950 \times 10^4 m^3$）要求。表明：当储层厚度大于 10m 时，可考虑采用 600m×600m 正方形井网（表 7-2-7）。

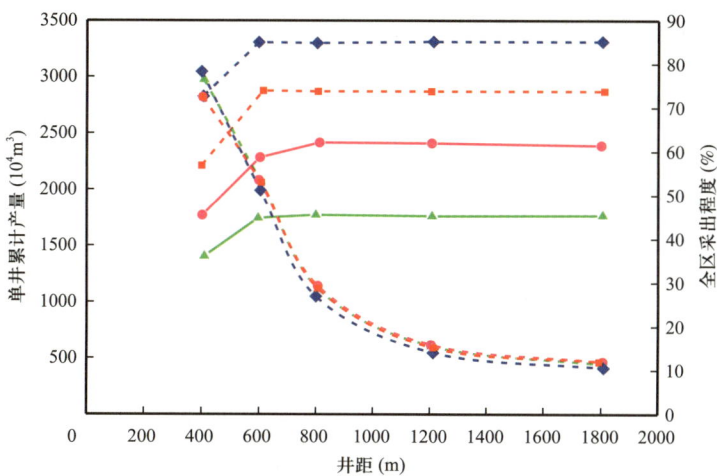

图 7-2-12 不同储量丰度方案 10 年末开发效果对比图

表 7-2-5 不同储量丰度方案开发指标对比表

储量丰度	10 年末		15 年末	
	累计产气量（10^8m^3）	采出程度（%）	累计产气量（10^8m^3）	采出程度（%）
0.9	1751	54	1751	54
1.2	2036	47.1	2306	53.4
1.5	2405	44.5	2868	53.1
1.8	2733	42.2	3302	51

表 7-2-6 不同井距条件下可采储量指标对比表

井距（mm）	单井控制面积（km^2）	单井控制储量（10^8m^3）	采收率（%）	可采储量（10^8m^3）
400×400	0.16	0.1536～0.192	72	0.1106～0.1382
600×600	0.36	0.3456～0.432	45	0.1555～0.1944
850×850	0.72	0.6912～0.864	25	0.1728～0.216
1200×1200	1.44	1.3824～1.728	14	0.1935～0.2419

表 7-2-7 不同井距条件下可采储量指标对比表

井距（mm）	单井控制面积（km^2）	单井控制储量（10^8m^3）	采收率（%）	可采储量（10^8m^3）
400×400	0.16	0.211	72	0.1521
600×600	0.36	0.475	45	0.2138
850×850	0.72	0.950	25	0.2376
12030×1200	1.44	1.901	14	0.2661

三、井网对经济的适应性分析

在技术指标对比分析的基础上,利用经济评价的方法对井网的适应性进行了综合分析。该方法综合考虑了地质、开发和经济因素,可计算出极限的井网密度和合理的井网密度。

1. 经济极限井距法

由于气体的易流动性,常规气藏的井距都比较大,即井网密度小。然而对于储层非均质性强烈的气田,由于储层平面的连通性差,大井距(井网密度小)难以有效地动用地质储量,造成气藏的最终采收率很低。20世纪80年代初,美国JPT汇总了有代表性专家的意见,即密井网是解决不连续油气层最终采收率的主要方法。随着井网密度的增加,气藏采收率增加,但同时投资费用上升。因此,井网密度同时受经济条件的制约。当单井累计采气量的价值小于单井投资时,此井网密度条件下的气藏开发是无经济效益的。为此必须进行经济极限井网密度(井距)的研究。

经济极限井网密度指总产出等于总投入,即总利润为零时的井网密度。为了确定经济极限井网密度,首先必须确定气井的最小累计采出量。

采用经济静态方法,气井最小累计采气量的计算等式为:总收入=总投资。可进一步写为

$$G_p = \frac{I \times 10^3}{f \cdot P - L - L_1} \tag{7-2-1}$$

式中 G_p——气井极限累计采气量,$10^4 m^3$;

f——天然气商品率,%;

P——天然气价格,元/$10^3 m^3$;

L——单位成本与费用,元/$10^3 m^3$;

L_1——各种税金,元/$10^3 m^3$;

I——单井投资总计,万元。

经济极限井网密度系指总产出等于总投入,即总利润为零时的井网密度:

$$F_{\min} = \frac{E_R \alpha N(1-Ta)(P-O)}{AI(1+R)^{\frac{T}{2}}} \tag{7-2-2}$$

$$D_{\min} = 2 \times \left(\frac{100000}{3.1415926 F_{\min}}\right) \tag{7-2-3}$$

式中 $F_{\min}$——经济极限井网密度,口井/km^2;

E_R——采收率,%;

α——气商品率,%;

N——地质储量,$10^8 m^3$;

Ta——气税收率,小数;

P——气体单价，元/m³；
O——气操作费用，元/m³；
A——含气面积，km²；
I——单井总投资，万元；
R——贷款利率，小数；
T——评价年限，年；
D_{min}——经济极限井距，m。

在获得气井的经济极限累计采气量后，便可确定气井要求的最小控制储量和气井要求的最小控制面积，进而得到在不同储量丰度条件下的经济极限井网密度和经济极限井距。具体计算参数如表 7-2-8 所示。

表 7-2-8 苏 75 区块井网计算参数表

商品率（%）	天然气价格（元/10³m³）	单位成本与费用（元/10³m³）	各种税金（元/10³m³）	单井总投资（万元）
93	850	160	20	800

将以上参数带入公式计算得到，在储量丰度 $1.2 \times 10^8 m^3/km^2$ 时，气井要求的最小控制面积为 $0.239 km^2$，经济极限井排距为 600m×398m（表 7-2-9）。

表 7-2-9 经济极限井网密度计算结果表

储量丰度（10⁸m³/km²）	0.9	1.2	1.5	1.8
最小控制面积（km²）	0.324	0.239	0.194	0.162
经济极限井网密度（口/km²）	3.09	4.19	5.15	6.18
经济极限井距（m）	600	600	600	600
经济极限排距（m）	539	398	324	270

2. 经济合理井网密度

考虑合理利润以后，可以得到其经济合理累计采气量。以上公式可以进一步变形为

$$G_p = \frac{I \times 10^3}{f \cdot P - L - L_1 - L_R} \quad (7-2-4)$$

式中 L_R——合理利润，元/10³m³；
f——天然气商品率，%；
I——单井投资总计，万元；
G_p——气井极限累计采气量，10⁴m³；
P——天然气价格，元/10³m³；
L——单位成本与费用，元/10³m³；
L_1——各种税金，元/10³m³。

同理可以计算得到苏 75 区块经济合理的井网、井距。具体计算结果如表 7-2-10 所示，通过计算可知，在储量丰度为 $1.2\times10^8m^3/km^2$ 时，气井要求的合理控制面积为 $0.331km^2$，经济合理井排距为 600m×552m（正方形井网 575m×575m）。

表 7-2-10　经济合理井网密度计算结果表

储量丰度（$10^8m^3/km^2$）	0.9	1.2	1.5	1.8
合理控制面积（km^2）	0.448	0.331	0.269	0.224
经济合理井网密度（口/km^2）	2.23	3.02	3.72	4.46
经济合理井距（m）	600	600	600	600
经济合理排距（m）	747	552	448	374

四、井网推荐

综上所述，为了实现苏 75 区块气藏的稳定高效开发，在厚度较大、储层发育的有利区域，推荐主体采用 600m×600m 井距的正方形井网进行布井。在厚度较小的区域可以考虑采用 850m×850m 甚至是 1200m×1200m 井距的正方形井网进行布井。

另外，由于气田布井很难一次完成，一般是在骨架井网的基础上进一步进行加密来实现。考虑到在骨架井网完成后，可获得更多的地质资料，进一步加深对储层平面连续性的认识。因此，建议在井网部署时初期首先采用 1200m×2400m 的矩形井网进行布井，评价富集区域。然后在有利区域大规模采用 850m×850m 的正方形骨架井网进行整体布井（图 7-2-13），以获得更加合理清晰的认识，在储层发育的有利区域集中加密成 600m×600m 井距的正方形井网，以获得较高的可采储量，提高开发的效果。

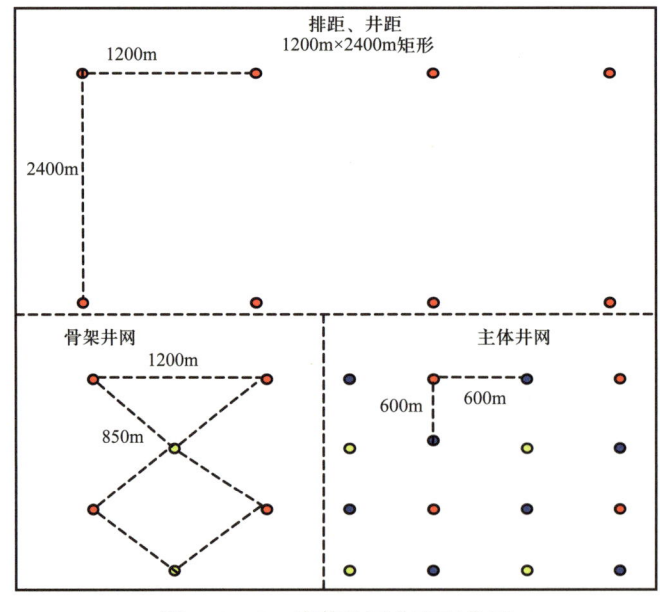

图 7-2-13　推荐井网合理变化图

参 考 文 献

毕明威, 陈世悦, 周兆华, 等, 2015. 鄂尔多斯盆地苏里格气田苏6区块盒8段致密砂岩储层微观孔隙结构特征及其意义[J]. 天然气地球科学, 26 (10): 1851-1861.

陈民锋, 王兆琪, 孙贺东, 等, 2017. 考虑应力敏感影响的改进Blasingame产量递减分析方法[J]. 石油科学通报, 2 (1): 53-63.

陈民锋, 杨子由, 秦立峰, 等, 2021. 低渗透各向异性油藏菱形井网储量动用评价及设计优化[J]. 石油与天然气地质, 42 (5): 1223-1233.

樊爱萍, 赵娟, 杨仁超, 等, 2011. 苏里格气田东二区山1段、盒8段储层孔隙结构特征[J]. 天然气地球科学, 22 (3): 482-487.

范继武, 许珍萍, 刘莉莉, 等, 2022. 苏里格气田强非均质致密气藏水平井产气剖面[J]. 新疆石油地质, 43 (3): 341-345.

伏海蛟, 汤达祯, 许浩, 等, 2012. 致密砂岩储层特征及气藏成藏过程[J]. 断块油气田, 19 (1): 47-50.

付金华, 范立勇, 刘新社, 等, 2019. 鄂尔多斯盆地天然气勘探新进展、前景展望和对策措施[J]. 中国石油勘探, 24 (4): 418-430.

付金华, 范立勇, 刘新社, 等, 2019. 苏里格气田成藏条件及勘探开发关键技术[J]. 石油学报, 40 (2): 240-256.

高树生, 刘华勋, 叶礼友, 等, 2019. 致密砂岩气藏井网密度优化与采收率评价新方法[J]. 天然气工业, 39 (8): 58-65.

高树生, 熊伟, 叶礼友, 等, 2011. 川中须家河组低渗砂岩气藏渗流规律及开发机理研究[M]. 北京: 石油工业出版社.

高阳, 王志章, 易士威, 等, 2019. 鄂尔多斯盆地天环地区盒8段致密砂岩岩石矿物特征及其对储层质量的影响[J]. 天然气地球科学, 30 (3), 343-352.

公言杰, 柳少波, 姜林, 等, 2014. 致密砂岩气非达西渗流规律与机制实验研究——以四川盆地须家河组为例[J]. 天然气地球科学, 25 (6): 804-809.

郭平, 任俊杰, 汪周华, 2011. 非达西渗流效应对低渗透气藏水平井产能的影响[J]. 天然气工业, 31 (1): 55-58.

郭平, 张茂林, 黄全华, 等, 2009. 低渗透致密砂岩气藏开发机理研究[M]. 北京: 石油工业出版社.

郭智, 贾爱林, 何东博, 等, 2016. 鄂尔多斯盆地苏里格气田辫状河体系带特征[J]. 石油与天然气地质, 37 (2): 197-204.

韩载华, 赵靖舟, 陈梦娜, 等, 2020. 苏里格气田西区盒8段储层流体包裹体特征与成藏期次[J]. 西安石油大学学报 (自然科学版), 35 (1): 18-27.

胡勇, 李熙喆, 万玉金, 等, 2013. 致密砂岩气渗流特征物理模拟[J]. 石油勘探与开发, 40 (5): 580-584.

李波, 贾爱林, 何东博, 等, 2015. 苏里格气田强非均质性致密气藏水平井产能评价[J]. 天然气地球科学, 26 (3): 539-549.

李树同, 姚宜同, 乔华伟, 等, 2018. 鄂尔多斯盆地姬塬地区长8致密储层溶蚀作用及其对储层孔隙的定量影响[J]. 天然气地球科学, 29 (12): 1727-1738.

李祖兵, 崔俊峰, 宋舜尧, 等, 2020. 渤海湾盆地黄骅坳陷歧北—东光地区二叠系碎屑岩储层特征及控制因素[J]. 天然气地球科学, 31 (10): 1415-1427.

廖明, 王琪, 唐俊, 等, 2014. 鄂尔多斯盆地环县—华池地区长8砂岩储层成岩作用及孔隙演化[J]. 中南大学学报 (自然科学版), 45 (9), 3200-3210.

刘东琴,李晓恒,汪关妹,等,2013.AVO 技术在苏 75 区块含气性检测中的应用[J].石油地球物理勘探,48(增刊1):109-114.

刘翰林,杨友运,王凤琴,等,2018.致密砂岩储集层微观结构特征及成因分析——以鄂尔多斯盆地陇东地区长 6 段和长 8 段为例[J].石油勘探与开发,45(2):223-234.

罗超,李晓颜,刘渠洋,等,2023.砂质辫状河储层构型差异特征分析——以苏里格气田盒 8 下亚段为例[J].吉林大学学报(地球科学版),53(1):30-43.

马尚伟,魏丽,王一军,等,2022.鄂尔多斯盆地南部盒 8 段致密砂岩储层微观孔隙结构表征与评价[J].地质与勘探,56(8):1321-1330.

毛朝瑞,2022.苏里格气田东区二叠系盒 8 段致密砂岩储层特征及成岩演化[J].地下水,44(3):147-150.

蒲秀刚,周立宏,王文革,等,2013.黄骅坳陷歧口凹陷斜坡区中深层碎屑岩储集层特征[J].石油勘探与开发,40(1):36-48.

曲希玉,陈修,邱隆伟,等,2015.石英溶解型次生孔隙的成因及其对储层的影响——以大牛地气田上古生界致密砂岩储层为例[J].石油与天然气地质,36(5):804-813.

任战利,于强,崔军平,等,2017.鄂尔多斯盆地地热演化史及其对油气的控制作用[J].地学前缘,24(3):137-148.

盛军,徐立,王奇,等,2018.鄂尔多斯盆地苏里格气田致密砂岩储层孔隙类型及其渗流特征[J].地质论评,64(3):764-776.

师晶,黄文辉,汪远征,等,2018.鄂尔多斯盆地西部盒 8 段—山 1 段砂岩次生孔隙特征及成因[J].煤炭学报,43(12):3461-3470.

孙龙德,邹才能,贾爱林,等,2019.中国致密油气发展特征与方向[J].石油勘探与开发,46(6):1015-1026.

田冷,李鸿范,马继翔,等,2017.基于启动压力梯度与应力敏感的致密气藏多层多级渗流模型[J].天然气地球科学,28(12):1898-1907.

王爱国,王震亮,冷先刚,等,2018.柴北缘 N1 井储层的源控成岩演化与钙质夹层成因[J].中国石油大学学报(自然科学版),42(5),1-13.

王国亭,贾爱林,郭智,等,2023.苏里格气田致密气开发井网效果评价与调整对策[J].天然气工业,43(8):66-79.

王昔彬,刘传喜,郑荣臣,2005.大牛地致密低渗透气藏启动压力梯度及应用[J].石油与天然气地质,26(5):698-702.

王晓晨,罗静兰,李文厚,等,2017.鄂尔多斯盆地苏 77、召 51 区块山 2～3 段储层成岩作用与孔隙演化定量分析[J].现代地质,31(3):565-573.

王艳忠,操应长,葸克来,等,2013.碎屑岩储层地质历史时期孔隙度演化恢复方法——以济阳坳陷东营凹陷沙河街组四段上亚段为例[J].石油学报,34(6):1100-1111.

魏千盛,魏克颖,李桢禄,等,2021.苏里格西部致密砂岩气藏储层成岩作用特征及孔隙度定量演化[J].地质与勘探,57(2):439-449.

吴林钢,李秀生,郭小波,等,2012.马朗凹陷芦草沟组页岩油储层成岩演化与溶蚀孔隙形成机制[J].中国石油大学学报(自然科学版),36(3),38-43.

吴正,江乾锋,周游,等,2023.鄂尔多斯盆地苏里格致密砂岩气田提高采收率关键技术及攻关方向[J].天然气工业,43(6):66-75.

徐延勇,申建,张兵,等,2022.鄂尔多斯盆地中东部上古生界致密气成藏条件差异性分析[J].断块油气田,29(5):577-586.

杨浩珑,向祖平,袁迎中,等,2018.低渗气藏压裂气井稳态产能计算新方法[J].天然气地球科学,29

（1）：151-157.

余浩杰，王振嘉，李进步，等，2023.鄂尔多斯盆地长庆气区复杂致密砂岩气藏开发关键技术进展及攻关方向［J］.石油学报，44（4）：698-712.

张杰，李熙喆，高树生，等，2019.致密砂岩气藏产水机理及其对渗流能力的影响［J］.天然气地球科学，30（10）：1519-1530.

章星，杨胜来，张洁，等，2011.致密低渗气藏启动压力梯度实验研究［J］.特种油气藏，18（5）：103-104.

钟大康，2017.致密油储层微观特征及其形成机理——以鄂尔多斯盆地长6—长7段为例［J］.石油与天然气地质，38（1）：49-61.

钟大康，祝海华，孙海涛，等，2013.鄂尔多斯盆地陇东地区延长组砂岩成岩作用及孔隙演化［J］.地学前缘，20（2）：61-68.

周恒，马世忠，何宇，等，2023.苏里格盒8下段砂质辫状河心滩构型模式及剩余气分布规律［J］.特种油气藏，30（5）：18-27.

朱筱敏，潘荣，朱世发，等，2018.致密储层研究进展和热点问题分析［J］.地学前缘，25（2）：141-146.

祝海华，钟大康，姚泾利，等，2015.碱性环境成岩作用及对储集层孔隙的影响——以鄂尔多斯盆地长7段致密砂岩为例［J］.石油勘探与开发，42（1）：51-59.

邹才能，杨智，何东博，等，2018.常规—非常规天然气理论、技术及前景［J］.石油勘探与开发，45（4）：575-587.